KB183732

SMOKE & PICKLES

SMOKE & PICKLES

EDWARD LEE

PICKLES

에드워드 리 지음 정연주 옮김   스모크 & 피클스

위즈덤하우스

Smoke and Pickles by Edward Lee
Copyright © 2013 by Edward Lee
All photographs copyright © 2013 by Grant Cornett, except pages 111, 132, and 225,
which are copyright © 2013 by Dan Dry, and pages 41, 69, 129, 158, 185, and 254

A version of the Pigs & Abattoirs chapter opener first appeared in the Spring 2012 issue of Gastronomica:
The Journal of Food and Culture (12:1) published by University of California Press Journals. Reprinted with
permission.

이 책은 ㈜한국저작권센터(KCC)를 통한 저작권자와의 독점계약으로 ㈜위즈덤하우스에서 출간되었습니다. 저작권법에 의해
한국 내에서 보호를 받는 저작물이므로 무단전재와 복제를 금합니다.

Recipes AND Stories
from a Korean Kitchen to a
Southern Table

한국에서 이 책을 펼친 독자들에게

셰프로서 저는 늘 그저 맛있는 음식을 만드는 것 이상의 무언가를 하려고 노력해왔습니다. 언제나 제 요리를 통해서 이야기를 전하려고 애썼지요. 저에게 있어 최고의 음식이란 보기에 아름답고 맛도 유일무이하지만, 그와 동시에 셰프의 영혼을 들여다보는 창이 되어야 한다고 생각합니다. 우리 각자의 이야기는 가족과 전통, 고향, 역사 등 많은 요인의 영향을 받습니다. 우리가 주변을 둘러싼 세상을 스스로 어떻게 해석하는가에 따라, 이야기들이 더욱 현실감 있고 설득력을 갖게 됩니다. 셰프로서 우리의 역할은 평범한 재료를 평생 기억에 남을 만한 추억으로 바꾸는 것입니다. 우리는 물감이나 단어, 음표 대신 자연이 제공한 재료를 사용하고 접시를 빈 캔버스 삼는 예술가입니다.

저는 10살 때부터 셰프가 되고 싶다고 생각했습니다. 부모님께 그 말이 무슨 뜻인지 미처 제대로 알지도 못한 채로 셰프가 되겠다고 말한 기억이 납니다. 다만 레스토랑은 마법 같은 곳이고, 음식은 제가 풀고 싶은 수수께끼라는 사실만을 알고 있었습니다. 왜 셰프가 되는 길을 선택했는지에 대한 질문을 언제나 받는데, 제 대답은 항상 동일합니다. 제가 셰프가 되기로 선택한 것이 아닙니다. 요리라는 세상이 저를 선택했고, 저는 그 길을 따랐을 뿐입니다.

그 길은 고등학교와 대학교 시절의 여름마다 여러 작은 레스토랑의 주방에서 일했던 뉴욕에서 시작되었습니다. 그 길이 저로 하여금 25살이라는 나이에 맨해튼 시내에 첫 레스토랑을 열게 했습니다. 당시 저는 젊고 참을성이 없었어요. 다른 셰프의 레시피로 음식을 요리하고 싶지 않았지요. 대신 어머니와 할머니에게 주로 배웠던, 색다른 한국 음식을 작은 접시에 담아서 제공하는 작지만 야심 넘치는 식당 클레이Clay를 열었습니다. 바쁘고 떠들썩한 곳이었습니다. 우리는 유명 인사와 예술가, 힙스터, 셰프를 위해 요리를 했습니다. 오래가지는 못했지만 그 당시에는 즐거웠습니다. 소셜 미디어가 없던 시절, 심지어 핸드폰에 아직 카메라도 달려 있지 않던 시절이었습니다. 지금 우리가 그렇듯 기록에 남는 일은 없었죠. 하지만 저는 그 장소를 특별하게 만들어준 사람들의 기억 속에만 존재하다가 사라져버렸다는 점이 클레이의 아름다운 부분이라고 생각합니다.

저는 9.11 테러 이후에 클레이 레스토랑을 닫았습니다. 좌절하고 파산한 상태였습니다. 자동차 여행을 떠났고 어느 순간, 켄터키 더비 기간인 루이빌에 도착해 있었습니다. 당시에는 몰랐지만 제 인생을 바꾼 여행이었어요. 원래는 2주만 머무를 계획이었습니다. 그렇게 22년을 머물렀습니다. 저는 제게 미처 필요한지도 몰랐던 천국을 여기서 발견했습니다. 미국 남부의 음식을 먹기 시작하자 제가 심히 사랑하는 한국 음식과 닮은 점이 보였어요. 대담하고 매콤하면서도 마늘과 피클이 가득합니다. 주로 육류가 메인 요리로 나오고 반찬과 피클을 곁들여서 골고루 맛을 보지요. 수천 마일이나 떨어진 두 문화에서 제 안의 공통점을 발견했다는 사실에 저는 충격을 받았습니다.

저는 켄터키에서 결혼했습니다. 딸도 켄터키에서 태어났습니다. 그리고 켄터키에서 제 목소리를 찾았습니다. 저는 항상 한국 음식을 요리하고 싶었지만, 저만의 방식으로 만들고 싶었습니다. 뉴욕의 첫 레스토랑에 있을 때는 그저 레시피에 적힌 대로 요리했을 뿐, 제 영혼을 담지 않았다는 사실을 깨달았습니다. 저는 좀 더 성숙해져야 했고 사랑과 슬픔, 그리고 승리의 성취감을 느끼며 살아야 했습니다. 성장해야 할 필요가 있었어요. 미국 남부에서 22년이라는 여정을 보내고서야 제 영혼을 찾았고, 지금 제가 만들어내는 음식을 요리할 수 있게 되었습니다. 제가 켄터키에서 배운 모든 것을 이 책에 담았습니다. 2013년에 출판된 제 첫 번째 요리책입니다. 제 딸이 태어난 해이기도 하죠.

지금 이 책을 다시 펼쳐보니 큰 기쁨과 상당한 놀라움이 밀려옵니다. 제가 여전히 여기 실린 레시피에 기대어 메뉴에 오를 음식을 만들고 있다는 사실이 믿기지 않습니다. 아직도 많은 사람이 이 책을 보고 요리를 하고, 온라인으로 저에게 그 사진을 보내준다는 점도 믿기지 않아요. 또한 제가 처음으로 글을 쓴 책이기도 합니다. 저는 대필 작가를 고용하지 않았습니다. 제 이야기를 제가 쓴 글로 전하고 싶었습니다. 저에게 있어서 매우 특별한 책입니다. 제가 가진 모든 것을 쏟아부은 책입니다.

저는 머나먼 길을 빙빙 돌아 걸어왔습니다. 그 모든 것이 이 책에서 시작되었는데, 바로 이 책을 한국에 소개할 수 있게 되어 매우 자랑스럽습니다. 표지에 적힌 한글을 보고 눈물이 흘렀습니다. 제가 그 표지를 보고 얼마나 기뻤는지는 어느 누구도 상상할 수 없을 거예요. 이 책은 미국 남부와 한국이라는 저의 두 세계가 하나로 합쳐졌다는 상징입니다. 저의 이야기만큼이나 레시피도 즐겨주시길 바랍니다.

에드워드 균 리

일러두기

- 이 책의 계량은 1컵 기준 236ml입니다.
- 단수수 시럽은 꿀이나 메이플 시럽으로 대체 가능합니다.

CONTENTS

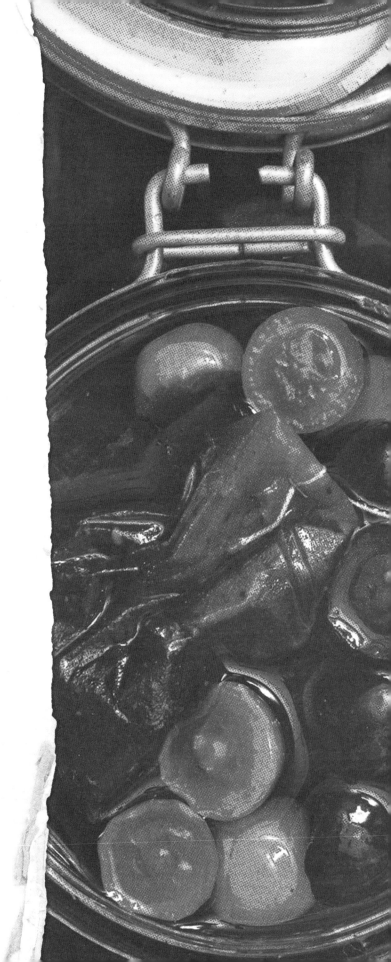

PREFACE 서문

"무엇을 요리하시나요?"

내가 항상 받는 질문이다. 여기에 대해서는 짧은 대답과 긴 대답이 있다.

짧은 대답은 간단하다. 농장에서 식탁까지, 들판에서 포크까지, 토양에서

입까지, 로컬에서 글로벌로, 새로운 아시아 요리, 새로운 남부식 요리,

무엇이든 새로운 것... 기타 등등의 꼬리표를 언급한다.

꽃이 만개한 우리 정원의 사진, 아직 가장자리에 흙이 조금 묻어 있는

과일과 채소가 담긴 바구니, 여러 해 동안 수집해온

재래종 씨앗 한 줌을 보여줄 수도 있다.

그리고 지역 내 농장과 최고로 신선한 식재료에 대해 장광설을 늘어놓는다.

진실성이 없는 것은 아니지만 이미 확실하게 사전 준비가 되어 있다. 가장 단순한 질문이 가장 대답하기 어려운 이유는 그 순수한 말 뒤에 더욱 복잡한 대답이 숨어 있기 때문이다. 이 책은 그에 대한 긴 대답이다.

내가 요리하는 것이 곧 나 자신이다

우리 할머니는 매일 요리를 하셨다. 평생 그러했다. 창문 하나 없는 자그마한 브루클린의 부엌에서 냄비 몇 개와 서로 짝이 맞지 않는 뚜껑, 플라스틱 채반 한두 개, 가짜 긴수 칼(70년대 후반부터 널리 알려진 저렴한 스테인리스 스틸 칼 브랜드 – 옮긴이)만 가지고 미국으로 이민 오기 전에 배웠던 모든 한국 요리를 재현했다. 할머니는 본인의 정체성도 요리도, 그 외의 어떤 것도 의심하지 않았다. 그저 눈앞에서 파괴된 고국을 그리워하는 한국인 과부였다. 매일 반복하는 요리와 성경 읽기는 더 이상 존재하지 않는 농업 국가로서의 한국, 잿더미에서 거대한 대도시로 성장하며 더 이상 할머니를 필요로 하지 않는 한국과의 마지막 연결고리였다. 할머니의 음식은 영원히 지워지지 않는 정체성과

의 연결고리였던 셈이다. 하지만 그건 우리 대부분도 마찬가지이지 않은가? 뭉근하게 끓는 냄비를 휘젓는 이탈리아 사람의 팔에서 볼로네제 소스만 분리해낼 수 있을까?

여기서 우리 할머니의 재미있는 점은 '미국 음식' 만들기를 거부했다는 것이다. 우리 집 찬장에는 항상 땅콩버터와 잼이 있었지만 땅콩버터 잼 샌드위치가 먹고 싶으면 내가 직접 만들어야 했다. 할머니가 불쾌해 했기 때문인지, 아니면 할머니 특유의 조용한 조부모다운 방식으로 한국계 미국인 아이로 살아가야 하는 삶에 반응해서 나만의 요리 정체성을 만들 수 있도록 이끌어준 것인지는 잘 모르겠다. 내가 너무 과대하게 해석하고 있는 것일지도 모른다. 하지만 실제로 내 정체성(의 위기)은 곧 언어(비속어), 옷(찢어진 청바지), 머리(길고 지저분한), 그리고 당연히 땅콩버터 잼 샌드위치로 시작해 켄터키까지 이어진 음식에 그대로 적나라하게 드러났다.

미국인의 위대한 점은 타고난 정체성이 아니라 우리가 직접 이를 재창조한다는 것이다. 우리는 하나의 가족으로 시작해서 마법처럼 우리 자신을 원하는 사람으로 재

창조할 수 있다. 어렸을 때 나는 친구 마커스네 집에 가서 케첩과 꿀을 두른 푸에르토리코식 플랜테인(바나나와 비슷한 열매의 일종 - 옮긴이)을 밥 위에 얹은 요리를 먹곤 했다. 집 안은 언제나 쉴 새 없이 대화를 나누는 사람들과 계속 켜져 있는 라디오로(우리 집에는 라디오가 없었다) 시끄러웠다. 그날 밤만은 나도 매 끼니가 파티인 축제 분위기의 푸에르토리코 가정에서 태어난 아들이었다. 아래층 이웃은 유대인이었는데 부모님이 모두 야근을 하는 날이면 가끔 나를 돌봐주곤 했다. 그들의 음식에서는 병원에서 날 법한 냄새가 났고 가구와 소독한 회색 줄무늬 고양이도 마찬가지였다. 하지만 최선을 다해 내게 아끼는 마음을 전해주었다.

그들은 나와 함께 자리에 앉아 인생에 대해 조언하며 항상 정직하고 말썽을 피우지 말아야 한다고 이야기했다. 그리고 책을 읽고 피아노를 배워야 한다고 권했다. 마치 부모처럼 엄격하면서도 동시에 따뜻했다. 내가 지금까지도 가장 뚜렷하게 기억하는 건 식탁에 차려져 있던 너무 푹 익은 깍지콩이 아니라 영양분이 가득했던 그들의 이야기다. 만일 내 부모님에게 무슨 일이 생기면 그들은 두말할 것도 없이 나를 받아줄 것만 같았다. 그렇게 희한한 방식으로, 그들은 나를 받아줬다.

나의 첫 번째 요리, 그래피티

중학교 때 무단 결석을 하던 친구들은 모두 그래피티에 푹 빠져 있었지만, 대부분은 공책에 낙서를 하는 정도였다. 아무도 감히 벽에 낙서를 하지는 못했다. 하지만 8학년 때 담벼락 예술가라는 소문이 돌던 신비한 아이가 하나 있었다. 우리보다 열 살은 더 먹은 것처럼 수염이 나 있었고 어두운 과거가 있다고들 했다. 담배를 피우고 욕을 하고 학교를 빠지는 데다 혼자 산다는 소문이 돌았다. 에릭(이라고 부르기로 하자)은 낙오자로 가득한 학교에서 가장 멋진 아이였다. 우리는 친구가 되었다.

아이들이 공공 재산을 훼손하는 데에는 반항심도 있겠지만 악명을 얻고 싶어서, 또는 관심을 끌기 위한 외침, 하다못해 지루함 등 수많은 이유가 있다. 나는 나만의 정체성을 원했고 그것이 필요했다. 당시 내게 어두운 색 후드티와 크라이런 페인트 스프레이로 가득 찬 배낭, 밤늦게 울타리를 뛰어넘고 외벽을 칠하는 것보다 더 멋있는 일은 없었다. 대체로 나는 에릭의 망보기꾼이

자 견습생이었다. 에릭은 나에게 윤곽을 그릴 때는 가느다란 캡을, 안쪽을 채울 때는 굵은 캡을 사용해야 한다는 것과 흘러내리지 않게 스프레이를 뿌리는 법 등의 기술을 가르쳤고, 동시에 나만의 스타일을 찾고 들키지 않게 그래피티를 하는 법을 알려주었다. 어느새 나는 밤마다 도시의 벽을 따라가며 차가운 노즐을 휘두르는 전혀 다른 사람이 되어 있었다. 나는 범법자였다. 내 마음속에서 난 전설이 되었다. 원래의 나는 수학을 잘하고 농구는 끔찍하게 못하는 지루한 한국 아이에 불과했으니 말이다.

한국인 조상 대대로 내려온 절임 음식에 대한 사랑은 미국 남부 사람들의 피클에 대한 사랑에 필적한다.

그래피티의 아이러니한 점은 스프레이 페인트와 차이나 마커의 영구성이 다음 사람이 그 위에 덧그리기를 결정하기 전까지만 지속된다는 것이다. 당신의 그래피티는 일주일이나 하룻밤, 때로는 단 몇 시간밖에 살아남지 못하고 필연적으로 다른 사람이 새롭게 칠한 페인트 아래에 묻힌 추억이 되고 만다. 그리고 대부분의 거리 예술가들은 마땅히 그래야 한다는 점에 동의할 것이다. 그래피티는 결코 오래 지속될 수 없다. L 열차의 예술 작품이나 145번가의 벽화를 기억하는 사람이 얼마나 될까? 인생에서 가장 붙잡기 힘든 것은 사라지고 싶어 하는 것들이다.

그 후로 20년이 지난 지금, 나는 브루클린의 어린 시절과는 거리가 먼 버지니아 주 칠호위에 자리한 존 쉴즈의 레스토랑에서 우리 수셰프와 함께 조용히 심사숙고하여 일생일대의 식사를 하며 이 시간이 내게 실제로 이어진 것보다 더 오래 지속되기를 바라고 있다. 사진이나 트윗으로는 그 순간을 다 표현할 수 없다. 오늘 밤 또한 곧 다른 식사로 덮일 추억이 될 테니.

무상함을 추구하다

나는 2003년에 루이빌로 이주했다. 담배와 버번 위스키, 단수수, 경마, 컨트리 햄이라는 관점을 통해 요리와 개인적 정체성을 모두 재창조해야 했다. 처음 버터밀크를 맛봤을 때는 시큼해

서 상해버린 것이라고 생각하고 내버렸다. 그 신맛 때문에 요리에 사용한다는 점을 알게 된 것은 놀라운 발견이었다. 그리고 버터와는 전혀 다른 맛이 난다는 것도. 시간이 지나면서 루이빌, 더 나아가 미국 남부는 나를 입양아로 받아들였다. 그리 놀랍지는 않았다. 자연스러운 일이었다. 오히려 내가 예상하지 못했던 것은 내가 한 바퀴를 빙 돌아 결국 한국인 이민자 자녀로서의 나 자신을 재발견하게 될 것이라는 점이었다. 남부 풍경에 널리 퍼진 사랑스럽고 풍성한 전통이 나를 할머니의 매콤하고 마늘 맛이 강한 음식이 있던 부엌으로 다시 이끌었다. 나로 하여금 부드러운 그리츠는 죽을, 육포는 말린 오징어를, 중국식 절임은 김치를 떠올리게 했다. 우리 한국인 조상 대대로 내려온 절임 음식에 대한 사랑은 미국 남부 사람들의 피클에 대한 사랑에 필적한다. 양념장과 '럽'이라는 다소 복잡한 기술이 필요한 바비큐는 이 두 요리 문화의 근간을 이룬다. 어디에나 쓸 수 있는 사랑스러운 버터밀크는 나의 미소 된장이 되었다. 드레싱에서 양념장, 디저트에 이르기까지 모든 요리에 버터밀크를 넣을 수 있지만 이 친구는 항상 다른 식재료를 빛나게 할 뿐 전면에 등장하지 않는다. 나는 이곳 루이빌에서 내 요리가 지닌 본연의 목소리를 찾았다. 내가 자란 곳과는 매우 다르면서도 전혀 다르지 않은 문화를 발견

한 것이다. 나는 내 본연의 모습을 편안하게 느끼게 되었고, 내 손가락에서 자연스럽게 흘러나오는 요리방식을 익혔다. 그와 동시에 나를 둘러싸고 있는 풍미들에 계속해서 놀라고 있었다. 계속해서 드러나는 끝없는 역사와 내가 배워야 할 것들을 접하면서 나는 점차 내가 원하던 모습의 셰프가 된 것은 물론, 내가 항상 되고 싶었던 사람으로 성장하고 있다는 것을 깨달았다.

어느 날 루이빌에서 육포를 만들어 판다는 한 남자로부터 신기한 레시피를 받았다. 사실 레시피라기보다는 설명서에 가까웠다. 믹서에 오래된 콘브레드와 단수수 시럽 약간, 버터밀크 한 잔을 부어서 곱게 갈아 머그잔에 따라서 마시는 것이다. 그는 이것을 단순하게 아침 식사라고 불렀다. 이런 종류의 일들이 나로 하여금 우리 할머니의 뼛속 깊이 배어 있는 전통에 대한 자부심 어린 태도를 떠올리게 했다. 할머니는 스스로를 설명해야 할 필요가 없었다. 할머니는 언제나 당신의 방식에 편안함을 느꼈던 것이다. 내가 그래피티에서 위안을 얻었던 것처럼.

지금 내가 켄터키라는 그 어떤 변명도 하지 않는 땅에 이끌린 것은 당시 그래피티에 매료되었던 것과 같은 이유다. 우리 주변에 존재하는 불완전한 것으로부터 아름다움을 추출해내는 본성 때문이다. 켄터키 주변에는 바다가 없기 때문에 우리는 메

기를 잡는다. 켄터키의 여름은 무덥기 때문에 버번을 나무통에서 숙성시키는 데 그 기후를 활용한다. 정원에 야생 민트가 만발하면 행복하게 앉아서 줄렙을 마시며 오후를 즐긴다. 그래피티가 요리를 예술로 접근하는 법을 가르쳐준 내 첫 번째 수업이었다고 말하는 것은 바로 이런 의미에서다. 그래피티 운동은 사소하면서도 잡다한 요소(지하철, 스프레이 캔, 힙합 등)가 한 도시에 모여서 연소되며 일어나고 한 세대를 매료시킨 하위 문화를 만들어낸다.

대부분의 예술 운동은 우연의 산물이다. 어렸을 때 나는 가는 곳마다 우연히 그래피티를 만났다. 지금도 음식에 대해 생각할 때면 위대한 지하 예술가들이 자신의 흔적을 남기기 위해 했던 것과 같은 방식으로 접근할 수밖에 없다. 그들은 시간과 장소의 인과관계에 굴복하지 않고 뒤틀린 강철과 콘크리트에서는 불가능할 법한 우아함을 만들어냈다. 지금 내 주변을 둘러보면 버번을 즐기는 자신만만한 믹솔로지스트와 역사학자인 컨트리 햄 생산자, 요리사, 농부, 유리공예가, 목수, 예술가가 모두 모여 독특하고 기억에 남는, 그러면서도 그래피티처럼 덧없는 무언가를 만들어내는 모습이 보인다.

나를 둘러싸고 있는 풍미들에 계속해서 놀라고 있다.

한국계 브루클린 출신이 루이빌에서 자신의 자리를 찾을 수 있다는 것은 이 도시와 우리가 살고 있는 시대의 증거이자, 우리가 이 순간을 살아가는 동안에도 지식의 폭을 넘어서는 문화적인 힘이 존재한다는 증거다. 지금 루이빌에서는 무엇인가 일어나고 있다. 미국 남부 전역에서 무언가가 격렬하게 끓어오르고 있다. 주변을 둘러볼 때마다 대담하고 새로운 표현으로 자랑스러운 깃발을 흔드는 남부 요리 문화가 보인다. 그리고 이러한 표현 방식은 남부 요리에 국한되지 않은 미국 자체의 정체성에 대한 이야기이기 때문에 사람들의 관심을 끈다. 나는 전문 셰프로 일하는 짧은 기간 동안 프랑스에서 이탈리아, 일본, 스페인으로, 그리고 누벨 퀴진에서 편안한 컴포트 푸드, 그리고 분자 요리로 이어지며 모든 요리 문화에 스포트라이트가 집중되는 것을 보았다. 하지만 지금 미국 남부에서 일어나는 것은 단순한 트렌드의 일부가 아니다. 영감을 얻기 위해 외부가 아닌 내부를 직시하는 요리 운동이다. 앞으로 나아가는 모든 혁신은 과거의 어떤 기억까지 함께 끌어낸다. 포크너의 유명한 말처럼, "과거는 결코 죽지 않는다. 과거가 되지도 않는다".

남부 요리에서 중요한 것은 기술보다는 태도에 관한 것이다.

내 친구의 아침 식사 레시피를 예로 들어보자. 맛있지만 못생겼고, 푸짐하지만 검소하고, 탐닉적이지만 단순하다. 하지만 무엇보다도 선형적이다. 역사이자 이야기이며, 좋은 실타래를 엮어내는 아이러니와 모순으로 가득 차 있다. 누군가는 이를 전통이라고 부르겠지만, 그건 너무 온화한 표현이겠다.

한 줌의 연기와 피클을 더하다

누구나 저마다의 사연과 레시피를 가지고 있다. 그것이 각자의 재창조를 의미하기 때문에 소중하게 여긴다. 우리의 레시피는 우리가 어떤 사람이었는지, 지금은 어떤 사람인지, 그리고 앞으로 어떤 사람이 되고 싶은지를 보여준다. 그리고 이는 미국 전역의 가정과 레스토랑, 뒷마당, 카운티 박람회와 푸드트럭에 자리한 최고의 요리사가 만드는 음식에 반영되어 있다. 우리는 직접 식량을 재배하고, 수확하고, 이름을 붙이고, 먹는 방식의 풍경을 재정의하고 있다. 더 적절한 용어가 없어서 미국식 요리 American Cuisine라고 부르고 마는 우리의 요리 문화에는 풍부한 다양성이 존재하며, 이는 우리가 추구하는 재창조를 위한 끝없는 탐구심으로 정의된다.

내 방식대로라면 모든 요리는 훈연 연기와 피클로 시작할 것이며 이외의 것은 장식에 불과할 것이다.

내 이야기는 연기와 피클smoke and pickles에 대한 것이다. 짠맛과 단맛, 신맛, 쓴맛에 이어지는 다섯 번째 맛은 감칠맛이라고들 한다. 나는 연기로 인한 훈연이 여섯 번째 맛이라고 생각한다. 어린 시절의 지글지글 달궈지는 한국식 그릴에서 남부에 스며든 바비큐 문화에 이르기까지, 나는 항상 음식이 연기라는 담요로 포근히 둘러싸이는 환경에서 살아왔다. 친구들은 철저한 뉴요커인 내가 남부로 이사를 온다는 사실을 처음엔 이상하게 여겼다. 하지만 나에게는 본능적인 선택이었다. 연기는 나의 두 세계를 연결하는 교차점이다. 연기는 숯이나 나무를 가득 채운 야외 그릴 외에도 다양한 형태로 존재한다. 까맣게 탄 오크통 안쪽에서 구운 향을 받아오는 버번 위스키나, 베이컨, 훈제 컨트리

햄, 당밀과 단수수, 훈제 향신료, 흑맥주, 담뱃잎, 무쇠팬에서 거뭇하게 구운 고기를 넣으면 어떤 요리든 훈연의 풍미를 더할 수 있다. 그리고 연기가 피어오르는 곳에는 언제나 피클이 있다. 피클은 정말 기적 같은 음식이다. 원래 피클은 소금과 설탕, 때로는 식초와 시간의 비율에 지나지 않는 존재다. 하지만 이 몇 되지 않는 재료로 수많은 요리 문화의 근간이 되는 다양한 절임 채소와 절임 과일을 만들 수 있다. 남부에서 피클과 바비큐는 당연히 함께 가는 존재인데, 날카로운 맛의 피클만큼 강렬한 훈연의 맛을 깔끔하게 해주는 것은 없기 때문이다. 이 둘은 완벽한 음과 양의 조화를 보여준다. 내 방식대로라면 모든 요리는 훈연 연기와 피클로 시작할 것이며 이외의 것은 장식에 불과할 것이다.

내 안의 한국계 브루클린 아이가 남부의 앞치마를 잡아당기는 것처럼, 나는 남들은 모순으로 여길 수 있는 부분에서도 연결점을 찾아낸다. 이것이 바로 나의 이야기다. 빈틈과 부정확함이 가득하지만 레시피를 통해 모든 것이 연결된다. 구식 레이스가 가득한 남부 전통 요리책에서 볼 수 있는 것과는 다르다. 내 레시피는 훈연 풍미와 피클이 가득한 한편 요리에 쓰는 동물을 키우고, 나와 함께 야생 동물 사냥을 하며, 단수수를 삶고, 기도하고, 노래하고, 문샤인을 만드는 사람들의 모습도 반영되어 있다. 이 사람들은 내일이 없는 것처럼 먹고 마신다. 그리고 내 레시피는 이런 풍요로움 속에서 자라났다. 이 독특한 장소와 시간, 지금 이 순간이 아니면 어디에도 존재하지 않는 바로 이곳에 속해서.

WHAT I COOK

IS WHO I AM.

들어가며: 밥과 레물라드
INTRODUCTION:
RICE & RÉMOULADE

젓가락은 절대 밥그릇에
똑바로 세워 꽂으면 안 된다.
제삿밥이 되니까.
— 한국 미신

아시아 식탁의 기본이자 선(禪)의 근본인 밥부터 이야기를 시작해보자.
내 어린 시절의 모든 식사마다 올라오던, 김이 모락모락 나고
쫀득하고 달콤하며 마음을 편안하게 해주는 밥 한 그릇.
기억이라는 건 4~5세부터 시작된다는 걸 알고 있지만,
맹세컨대 눈만 감으면 이가 하나도 나지 않은 입속에 나를 달래며 넣어주던
따뜻한 전분 덩어리가 선사하는 그 편안한 감각을 다시 떠올릴 수 있다.
아기에게 밥을 먹이면 질식할 수 있다고 경고하는 온갖 육아서는 무시하자.

강건하고 까다로운 우리 가족은 대대로 찰진 밥을 먹고 자랐고, 나 또한 마찬가지다. 밥은 나를 튼튼하고 똑똑하게 키웠고 수학과 과학, 역사에서 뛰어난 능력을 발휘하게 했다. 쌀은 내 시력을 예리하게 만들었고 치아는 가지런하게, 손톱에는 윤기가 흐르도록 해주었다. 그땐 착한 일을 하면 매콤한 돼지고기 요리를 갓 지은 밥 한 그릇에 얹어 먹을 수 있었다. 나쁜 짓을 하면 고양이 사료로 저녁을 먹게 될 거라는 경고를 듣기도 했다. 그렇다. 아시아계 이민자 가족은 알뜰한 영양 섭취를 위해 밥 위에 간장을 뿌리고, 고양이 사료를 올려 먹는다는 도시전설 같은 이야기다!

내 머릿속 깊은 곳엔 밥은 기적과 같다는 생각이 박혀 있다. 우리의 조지루시 밥솥은 매일 조용히 순종적으로 하얀 김을 내뿜었다. 명절이 되면 할머니가 밥솥에 팥과 밤을 넣기도 했지만 그 외의 모든 시간은 항상 동일했다. 가끔 믿음직한 밥솥이 고장 나 불빛이 깜박거릴 때면 할머니는 전통 방식 그대로 무거운 냄비에 밥을 짓곤 했다. 하지만 냄비를 가스 불 위에 올리고 계속 지켜봐야 했기에 그 방식을 좋아하지는 않으셨다. 냄비 바닥에 밥이 들러붙어서 바삭바삭해지다 순식간에 타버리기 때문에 아무래도 실수를 하게 될 가능성도 높다. 하지만 밥솥은 매번 똑같은 결과물을 내준다. 미리 세팅한 설정을 따라 버튼을 누르고 20분 후에 돌아오면 된다. 그 결과물은 항상 완벽하고 일정하다. 반면 가스 불 위에서 지은 밥은 위아래로 층이 나뉘어 있다. 가볍고 폭신한 밥 위에는 종이처럼 얇은 막이 생겨 있고, 아래쪽의 바닥은 바삭바삭하게 된다. (저녁 식사로 폭신한 밥을 먹은 다음 뜨거운 보리차를 냄비에 부어서 바닥에 달라붙은 누룽지를 긁어내 식후의 디저트처럼 먹는 것이 한국의 관습이다.) 밥의 상태는 변덕스러웠고 밥맛 또한 매번 달랐다. 이 과정은 우리 할머니를 짜증나게 했다. 마치 가난과 혼란, 전쟁으로 점철된 할머니의 일생을 떠올리게 하는 듯이. 할머니는 밥솥의 현대적인 편리함을 좋아했다. 그 일관성은 할머니를 차분하게 만들었다.

하지만 밥솥으로 한 밥맛이 그렇게까지 좋지 않다는 것은 알고 계셨을 것이다. 하는 수 없이 냄비에 밥을 지어야만 했을 때, 할머니가 냄비 바닥에 남은 갈색 누룽지를 집어 드시는 모습을 여러 번 목격하곤 했다. 그 바삭함은 정말이지 거부하기 힘들다. 불완전함이 선사하는 즐거움이라고나 할까. 어린 시절의 이 냄비밥은 내 음식 세계를 처음 소개하기에 가장 좋은 레시피다. 재료는 단 두 가지, 30분의 시간, 그리고 세심한 배려. 어린 시절에는 밥에 관한 모든 것에 몰두했지만, 세상에는 더 많은 것이 있다는 사실을 알게 되었다. 열두 살 시절이었다. 나는 맨해튼이라는 멀리 떨어진 낙원에서야 찾을 수 있을 것들을 갈망했다. 가판대에서 〈고메〉 잡지를 〈플레이보이〉 보듯 들여다보며 보정된 누드 화보를 생각하듯 양고기 로스트와 타르트 타탱을 욕망했다. 레시피를 소리 내어 되뇌이면서 말이다. 집에서 밥과 양배추를 한 그릇 더 먹어야 하는 고통에 시달리던 열두 살 나의 머릿속에는 말린 살구와 신선한 펜넬처럼 이국적인 재료에 대한 생각이 줄곧 가득했다. 그 후 20년이라는 세월을 거쳐 남부로 이주하는 여정을 지나고 나서야 그 소박한 밥 한 그릇의 복합성을 완전히 이해할 수 있었지만, 그때 나는 고작해야 열두 살이었으니까. 호르몬 분비는 왕성했고 화가 가득했으며 반항적이었다. 사슴고기를 물어뜯고 카푸치노를 벌컥이고 싶었다.

RECIPE FOR AN IMPERFECT BOWL OF RICE
불완전한 밥 한 그릇을 위한 레시피

이 방법으로 밥을 지을 때는 냄비 바닥에 얇게 구워진 누룽지 층을 만드는 것이 목표다.
바삭한 누룽지와 폭신한 밥의 대조적인 질감이 일품이다.
나는 25cm 크기의 무쇠 프라이팬을 사용한다. 한식당에서 사용하는 돌솥을 구해도
좋지만 무쇠 프라이팬으로도 충분하다. 밥이 익는 동안 좋아하는 고명을 준비하자.
모두 완성되면 따뜻한 밥을 바삭한 누룽지까지 퍼서 나누어 담고 식사를 시작한다.

분량 대형 밥그릇 4인분 또는 전체 크기 그릇 6인분

쌀(아시아 장립종 쌀) 2컵

소금 1작은술

1. 대형 볼에 쌀을 담고 찬물 4컵을 붓는다. 물이 뿌옇게 될 때까지 손으로 쌀을 둥글게 휘젓는다. 채반에 밭쳐서 물기를 제거하고 쌀을 다시 볼에 담는다. 다시 찬물 4컵을 부어 30분간 불린다.

2. 쌀을 다시 채반에 밭쳐서 물을 따라낸 다음 잘 털어서 여분의 물기까지 제거한다. 25cm 크기의 무쇠 프라이팬에 쌀을 넣는다. 찬물 3컵을 붓고 소금을 뿌려 골고루 잘 섞은 뒤 중강 불에 올려 한소끔 끓어오르면 불을 최대한 약하게 낮춘 다음 딱 맞는 뚜껑을 닫고 18분간 익힌다. 불에서 내린 다음 뚜껑을 닫은 채로 10분간 뜸을 들인다.

3. 뚜껑을 열고 중간 불에 올려서 팬 바닥의 쌀이 노릇노릇하고 바삭바삭해질 때까지 건드리지 않고 그대로 3~5분간 가열한다. 이 밥은 먹기 전까지 팬에 담은 채로 따뜻하게 보관한다.

유대인 친구들은 성인식^{bar mitzvah}이라는 멋진 열세 살 생일 파티를 하는데 나는 고작해야 오후에 오락실에 갔다가 고래 모양의 카벨 아이스크림 케이크(미국의 대형 아이스크림 프랜차이즈 브랜드 – 옮긴이)나 먹고 말 것이라는 사실에 죄책감을 느끼면서도 부모님을 원망했다. 내 한국식 성인식은 언제 하는 거지? 제대로 된 식사법도 모르는데 어떻게 존경받는 의사가 될 수 있을까? 아무도 이런 고민에 대해 진지하게 생각해주지 않을 것이었다. 최소한 외식이 귀찮은 일이 아니라 스포츠로 대접받는 이 미국에서는 말이다. 부모님은 생일 선물 삼아 나를 야구 캠프에 보내려고 했다. 나는 야구가 싫었다. 나는 파인 다이닝 대표팀에 들어가고 싶었다! 당시 파인 다이닝의 판테온과도 같았던 '사인 오브

더 도브^{Sign of the Dove}'에 가고 싶었다. 무턱대고 조르는 것은 아무 소용이 없었지만, 금액적인 부분에서 설득력이 있었다. 사인 오브 더 도브에서의 저녁 식사가 야구 캠프보다 저렴했던 것이다. 자칫하면 거액이 들 수 있는 부상의 위험도 없었다. 바로 그거였다. 나는 그길로 식당 예약을 하고 인생 최초로 멋진 옷차림을 갖춘 저녁 식사를 하기 위해 온 가족과 함께 L 기차를 탔다.

MASTER RECIPE FOR PERFECT RÉMOULADE
완벽한 레물라드를 위한 기본 레시피

긴 재료 목록에 당황하지 말자. 모든 재료를 그릇에 넣고 섞기만 하면 된다.

대표 레시피이니 기초를 익히고 나면 원하는 방식으로 변주해서 맛을 낼 수 있다.

마음껏 즐겨보자. 햄버거부터 생 채소까지 모든 것에 곁들여 먹을 수 있다.

가능하면 하루 전에 미리 만들어두자.

하룻밤 동안 모든 풍미가 멋지게 합쳐져 맛이 조화로워진다.

분량 약 3컵

다진 오크라 피클(다진 코르니숑으로 대체 가능) 1/2컵

곱게 다진 샬롯 1/3컵

곱게 간 마늘(그레이터 사용 또는 곱게 다지기) 2쪽 분량

다진 생 타라곤 2작은술

다진 생 이탤리언 파슬리 1작은술

달걀(대) 2개

마요네즈(듀크Duke's 또는 수제 추천) 적당량

시판 홀스래디시 1큰술

우스터 소스 3/4작은술

그레인 머스터드 1과 1/2작은술

케첩 1작은술

생 레몬즙 2작은술

스위트 파프리카 가루 3/4작은술

카이엔 페퍼 1/4작은술

코셔 소금 3/4작은술

설탕 1/2작은술

검은 후추 간 것 1/2작은술

오렌지 제스트 1개 분량

레몬 제스트 1개 분량

타바스코 소스 3번 가볍게 탁탁 털어 넣기

1. 소형 냄비에 물을 붓고 달걀을 넣어서 중간 불에 올려 한소끔 끓인다. 4분간 끓인 다음 달걀을 건져 바로 얼음물에 담가 식힌다. 건져서 물기를 제거한다.

2. 반숙 달걀의 껍질을 벗긴 뒤 큰 볼에 넣어 거품기로 잘 으깬다. 노른자는 아직 흐르는 상태일 것이다. 조금 익어서 굳었더라도 걱정하지 말자. 나머지 재료를 모두 넣고 나무 주걱으로 잘 섞는다. 이때 나무 주걱 뒷면에는 묻어나지만 볼을 기울이면 줄줄 흐를 정도의 걸쭉한 상태여야 한다. 빈 병에 옮겨 담고 냉장고에 넣어 최소 1시간 이상 차갑게 식힌다. 이 레물라드는 냉장고에서 5일까지 보관할 수 있다.

그날의 저녁 식사에 대해 내가 기억하는 것은 세 가지다. 첫 번째는 아버지가 스카치 위스키를 마시며 뭐가 이렇게 오래 걸리냐고 불평하던 것이다. 나는 코스 사이에 지적인 대화를 나누기 위해 일부러 이렇게 하는 것이라고 설명했다. 살짝 화를 내며 말했다. 아버지는 남은 저녁 식사 내내 한마디도 하지 않았다. 두 번째는 장소에 딱 맞는 세팅이었다. 나는 그것들에 완전히 매료되었다. 모든 방 접시에 전부 같은 무늬가 그려져 있었고, 커트러리는 모두 똑같은 세트였을 뿐만 아니라 광택이 나고 묵직한데다 깔끔하게 정렬되어 있었다. 그때 내 순진한 생각으로는, 완벽했다. 나는 식탁보에 가만히 뺨을 대어보았다. 우리 집에서 사용하는 모든 접시와 유리잔, 포크는 브루클린 벼룩시장 판매대에서 가져온 것이었다. 접시가 깨지면 한 세트를 모두 버리지 않고 같은 크기와 색상의 다른 접시로 교체했다. 하지만 그 불완전성은 단순히 필요성이나 검소함에서 비롯되었다기보다 하나의 성명서와 같았다. 우리 집 가구들은 서로 조화를 이루지 않았다. 옷은 항상 너무 크거나 너무 작았다. 텔레비전의 초점이 맞지 않아도 고치지 않았다. 흐릿한 영상에 우리 눈을 적응시키는 것이 곧 의무였다. 아시아 문화와 공동체, 개인에 대해 거창하게 일반화해서 말하고 싶기도 하지만, 그러면 아마 한심한 소리처럼 들릴 것이다. 어쨌든 나는 뭔가 다른 것을 갈망하고 있었다는 점만 말해두자.

그런 사실은 그날 저녁 레물라드의 형태로 나에게 다가왔다. 레물라드가 무엇인지 기억해낼 틈도 없이, 그저 지금까지 이런 것은 먹어본 적이 없다는 생각만 가득했다. 크리미하고 아삭하면서 새콤달콤한 맛. 나는 덥석 베어 물면서 생각했다. "대체 입 안을 감싸는 이 맛있는 음식의 정체는 뭐지?" 지금까지와는 다른 방향으로 나아가면 더 나은 것들이 있지 않을까 하는 내 끈질긴 의심이 더욱 힘을 얻는 순간이었다. 우리가 마요네즈를 먹는 사이에 백인은 레물라드를 먹고 있었다. 내가 모르는 또 다른 사치스러운 무엇이 더 있을까? 다른 사람들은 당연히 여기지만 나는 존재하는지조차 몰랐던 그런 것들이. 나는 그 이후로 한동안 매일 밤 불안하게 잠을 설쳤다. 그 작은 뇌 주름 사이 어딘가에서 무언가 철컥 소리가 났고, 나는 남은 인생을 음식이라는 유혹을 좇으며 살게 될 거라는 것을 알게 되었다. 레스토랑 주방을 본

적은커녕 제대로 된 칼을 만져본 적도 없었지만 그러고 싶다는 사실을 알았다. 그러다 보면 부모님이 나를 위해 마련한 세상을 뒤집어버릴 것이라는 것도 알았다. 나는 완전히 변해버릴 것이고 친구도 사귀기 어려울 것이었다. 내 인생은 밥과 레물라드 사이의 마법 같은 교차점, 내 안에 겹쳐져 있는 두 개의 이질적인 문화, 여기도 저기도 아니고 결함이 있으면서도 동시에 바람직한 그 접점을 찾기 위한 투쟁이 될 터였다. 그것이 바로 부엌이었다.

이 책에 실린 레시피에는 맛만큼이나 그 속에 담긴 이야기가 있다. 미국에서 자라며 요리의 역사를 배우면서 나는 다른 문화라는 관점을 통해 요리 문화를 발견하는 것이 나만의 독특한 경험이 아니라는 사실을 깨달았다. 〈미국의 음식: 미식 이야기〉의 저자 에반 존스Evan Jones는 이를 "해외에서 새로운 요리법을 들여와서 미국 스타일에 접목하는 패턴으로 첫 정착민이 도착한 이후 계속해서 발전해 왔다"라고 설명한다. 그러니 나에게 있어서 피시 소스를 사용하는 것은 코카콜라로 요리하는 것만큼이나 자연스러운 일이었다. 두 세계가 모두 팔을 뻗으면 닿을 거리에 있었다.

누구나 저마다의 이야기와 레시피를 가지고 있다.

이 책의 각 챕터는 대부분 내가 간단히 '덮밥'이라고 부르는 레시피 한두 개로 시작한다. 무한한 변형이 가능하다. 나에게 밥은 빈 캔버스와 같다. 토핑을 어떻게 결정하느냐에 따라 나 자신이 어떤 사람인지 보여줄 수 있으니까. 나에게 밥그릇은 문자 그대로이자 은유적으로 내 요리 세계를 표현하는 자연스러운 방법이다. 소박하고 일상적인 식사를 상징하지만 동시에 나는 여기에 현대적인 기술과 세계 각국의 풍미, 독특한 조합 등 기본적으로 내가 배워왔고 또 배우는 중인 모든 것의 총합을 더해 활기를 불어넣는다. 그리고 여기에 일종의 레물라드를 얹어야만 비로소 완성된다. 내가 만든 몇 가지 요리를 맛보고 나면 여러분도 자신만의 여정에 따라 저마다의 변주를 생각해낼 수 있는 영감을 얻게 될 것이다. 각 챕터는 먼저 가벼운 레시피를 배치한 다음 더 복잡하고 풍미가 강한 레시피가 나오도록 구성했다. 어떤 요리에는 와인이, 또 어떤 요리에는 맥주가 어울리기 때문에 각 요리에 무엇을 곁들여 마시

고 먹을지에 대해 적절한 제안을 덧붙였다. 하지만 자유롭게 마음대로 요리하기를 바란다. 나는 여러분을 믿는다.

나는 '퓨전'이라는 단어를 꺼리는데, 구식이기도 하지만 동양 문화권 음식은 근본적으로 너무나 달라서 인위적으로 도입하거나 서양 요리와 '융합^{fused}'해야만 정당성을 부여할 수 있다는, 일종의 요리적 인종차별을 내포하고 있기 때문이다. 내가 레스토랑에서 일하는 동안에는 요리사와 종업원이 둘러앉아 스태프 밀을 먹으면서 커리와 살사 베르데, 간장, 타바스코, 마요네즈, 데리야키 소스, 녹인 버터, 그리고 모든 레스토랑 주방에 존재하는 끔찍한 '수탉 소스' 플라스틱 병(스리라차)으로 음식에 맛을 내는 것이 일반적인 관행이었다. 정작 우리가 식사를 할 때는 이런 방식을 선호하면서 일단 레스토랑 문을 열면 젊은 셰프들은 기꺼이 품는 현대적인 풍미를 절대 받아들이지 않는 전통과 한계에 얽매인 요리로 되돌아간다는 점이 언제나 참 우습게 느껴졌다.

무언가가 우리 언어의 일부라면, 그것은 우리 찬장의 일부이기도 하다. 이는 내가 집과 레스토랑에서 요리를 할 때 따르려고 노력하는 단순한 격언이다. 어째서 무엇이든 배제하려고 하는가? 내가 돼지껍데기를 좋아하고 동시에 생참치를 선호한다면 당연히 한 접시에 같이 넣어볼 방법을 찾기 위해 노력할 것이다. 누군가의 강요로 인한 것이 아니다. 내 요리 언어의 폭은 넓어졌고 계속해서 커져가고 있다. 지금은 남부의 풍요로움에 둘러싸여 나의 뿌리와 뉴욕의 젊은 셰프로서 겪은 경험을 다시 짚어보고 있다. 이것이 나의 이야기이고 이것이 나의 레시피이다. 부디 맛있게 즐길 수 있기를 바란다.

LAMB & WHISTLES
양과 휘파람

밤에 휘파람을 불면
뱀이 집 안으로 들어온다.
— 한국 미신

★ ★ ★

내 인생에서 음식과의 관계는 세 단계로 발전해왔다.

첫째는 추억, 둘째는 역사, 그리고 셋째는 재료다.

양고기를 예로 들어보자. 양고기에 대한 첫 기억은 누나와 함께 먹었던 것이다.

어렸을 때는 양고기를 먹어본 적이 없었다.

양고기는 한국 요리에 자주 쓰이는 식재료가 아닌데,

양고기에는 한국식 양념이 잘 어울리기에 내겐 그 점이 참 이상하게 느껴진다.

하지만 나도 누나가 아니었다면 양고기를 먹어보겠다는 생각조차 해보지 못했을 것이다.

누나는 모험심이 강한 사람이었다.

주말이면 누나와 나는 라커웨이 파크웨이에서 지하철을 타고 펜 스테이션까지 가서 부모님이 운영하던 20번가 의류 공장까지 여덟 블록을 걸어가곤 했다. 요즘으로 치면 노동력 착취의 현장이라고 말할 수도 있겠다. 어린 시절에 주말을 그런 곳에서 보냈다고 하면 끔찍하게 들리겠지만 사실 별로 나쁜 시간은 아니었다. 나는 옷걸이와 플라스틱 옷 덮개 사이를 오가면서 놀았다. 뛰어서 비상구를 오르내리는 것은 일상이었다. 그러다 점심시간이 되면 어머니가 우리에게 밥을 사 먹고 오라고 10달러를 쥐어주셨다. 일주일 내내 밥과 양배추로 연명하던 아이에게는 엄청난 일이었다. 우리는 햄버거나 핫도그, 가끔씩은 중국 음식 따위를 사서 돌아왔고 어머니는 아무도 보지 않을 때 한 입씩 몰래 드시곤 했다.

우리 누나는 문제를 일으키는 쪽이었다. 점심시간이면 우리는 항상 가까이 가지 말라는 말을 들었는데도 불구하고(혹은 들었기 때문에) 펜 스테이션에 조금씩 가까이 가보곤 했다. 1980년대의 펜 스테이션은 마약 중독자와 사기꾼, 온갖 종류의 범죄자가 득실거리는 곳이었다. 모든 상점에서 포르노를 팔고 있었고 하루 종일 취객이 돌아다녔다. 그들에게도 주말이었으니까. 어느 토요일, 우리는 그리스 식당에서 양고기 자이로(고기를 마늘로 양념하여 빵에 얹어 먹는 그

리스식 샌드위치 - 옮긴이) 두 개를 사 들고 돌아와 엄마를 기겁하게 했다. 그것이 나쁜 일이었던 이유는 첫째로 우리가 펜 스테이션에 갔다는 사실을 엄마가 알게 된 것이고 둘째로는 엄마가 양고기를 싫어했다는 것이다. 어머니는 우리를 꾸짖으며 다시는 펜 스테이션에 가지 않겠다는 약속을 받아냈다. 양고기는 위험하다고 했다. 더러운 음식이라고 했다. 하지만 이미 너무 늦은 상태였다. 나는 이미 양고기에 푹 빠지고 말았던 것이다. 그때부터 주말마다 어머니 몰래 점심으로 자이로를 먹는 방법을 찾아내는 것이 새로운 미션이 되었다. 우리의 자이로를 구하기 위해 사기꾼과 취객, 범죄자 사이로 나를 끌고 다니던 누나의 모습을 떠올리면 지금도 감회가 새롭다. 그리스 식당의 기름기가 묻어나는 타일 벽에는 예쁜 금발 소녀가 크로노스 자이로 Kronos gyro를 먹고 있는 낡은 포스터가 붙어 있었다. 가게에 들어서면 그 포스터가 가장 먼저 눈에 들어왔다. 누나는 카운터에 있는 안쪽 자리까지 순식간에 뚫고 들어가 고기와 요구르트 소스, 핫 소스를 추가한 자이로 하나를 주문했다. 우리는 자이로를 반으로 잘라 노란 택시가 잔뜩 지나가는 광경을 바라보며 먹었다. 그런 다음 전혀 먹을 생각이 들지 않는 피자 조각을 들고 다시 작업장으로 돌아왔다. 누나가 떠올린 생각이었다. 우리 중 똑똑한 쪽 또한 누나였다.

물론 그건 누나가 욕심을 부리기 전까지의 이야기다. 펜 스테이션을 가득 채운 악당 중 가장 더러운 놈은 스리카드 야바위꾼이었다. 스리카드는 까만 카드 두 장, 빨간 카드 한 장, 박스 상자로 만든 테이블, 그리고 바람잡이 하나면 시작되는 야바위 게임이다. "까만색 말고 빨간색 카드를 찾아요." 나쁜 일이었지만 이기기만 한다면 돈을 두 배로 불릴 수 있고, 자이로를 반으로 나눠 먹을 필요도 없고, 비 오는 날에 쓸 수 있는 잔돈까지 손에 넣을 수 있을 터였다. "까만색 말고 빨간색 카드를 찾아요." 누나는 지폐 두 장을 꼭 쥐고서 바람잡이가 40달러, 60달러를 따는 동안 야바위꾼의 손을 가만히 지켜보고 있었다. "까만색 말고 빨간색 카드를 찾아요." 이걸 못 맞힐 사람이 있을까? 빨간 카드를 지켜보다가 야바위꾼이 카드를 뒤집은 다음 주는 돈을 받기만 하면 되는 일이었다. 카드를 섞는 속도가 빠르지도 않았다. 쉬워 보였달까. 심각하게 간단했다. 분명 빨간 카드는 가운데에 있었다. 그래야만 했다. 내 두 눈으로 섞는 과정을 똑똑히 지켜봤으니까. 나는 누나에게 몸을 돌리고 손가락으로 카드를 가리켰다. 그리고 내 점심값이 상자 속으로 떨어지고, 스페이드 10 카드가 햇빛 아래 드러나는 모습을 지켜봤다. 시끄럽고 날카로운 호루라기 소리가 들렸고, 그 순간 우리는 놀라서 어안이 벙벙한, 배고픈 빈털털이 상태로 길모퉁이에 홀로 남겨지고 말았다. 우리가 서 있는 곳에서 멀리 그리스 식당이 보였다. 세상의 그 어떤 눈물 방울도 우리에게 점심을 사주지는 못했다. 우리는 점심식사를 사 오다가 차에 치일 뻔해서 땅에 떨어뜨리고 말았다는 변명을 지어내야 했다. 이것도 누나가 떠올린 생각이었다. 그리고 우리는 싸구려 드레스 상자에 앉아서 조용히 밥과 양배추를 먹었다.

나는 이후로 오랫동안 양고기를 먹지 않았다. 그다음은 프랑스에서였다. 당시 나는 요리사가 되어 프랑스에서 여름을 보내며 안시로 가는 길에 마크 베라^{Marc Veyrat}의 미쉐린 3스타 레스토랑에서 식사를 할 겸 시골을 여행하기로 했다. 나는 피에르 가니에르가 아주 어린 시절에 셰프로 처음 일했던 리옹의 작은 비스트로인 탕트 알리스^{Tante Alice}에서 임시로 일하게 되었다. 바 뒤쪽 벽에 피에르 가니에르의 사진이 걸려 있었는데, 정말 피에르 가니에르인지는 알 수 없었지만 그 일화만큼은 마음에 들었다. 음식은 괜찮았지만 영감을 받을 정도는 아니었다. 셰프는 요리보다 나와 영어 말

하기 연습을 하는 데에 더 관심이 많았다. 2주 후 내가 지루해 한다는 것을 느낀 셰프는 나를 점심에도 저녁에도 수백 명의 손님이 오가는 대형 브라스리(주류와 음식을 판매하는 비교적 자유로운 분위기의 프랑스식 식당 – 옮긴이)로 보냈다. 그런 곳에 가면 항상 처음에는 크넬^{quenelle}(생선이나 육류 등으로 부드러운 반죽을 만들어 작은 타원형 모양으로 빚은 프랑스식 경단. 그 모양을 뜻하기도 한다 – 옮긴이)을 제대로 만드는 법을 배우게 된다. 브라스리의 요리사는 나를 별로 좋아하지 않았다. 그들은 내가 기술이나 몇 가지 배워서 미국으로 돌아가 돈을 받고 그 레시피를 팔아넘기러 온 줄로 생각했다. 그리고 모든 것을 매춘에 빗대어 이야기했다. 나는 일한 대가를 받지는 못했지만 며칠에 한 번씩 셰프가 맥줏값으로 용돈을 조금 쥐여주곤 했다. 현금은 따로 모으고 식료품 저장실에서 따뜻한 파스티스(아니스 향료를 넣은 술 - 옮긴이)를 몇 모금 훔쳐 마셨다.

그곳에서 처음 맞이했던 일요일에 나는 처음으로 리옹 시내를 탐험했다. 리옹은 프랑스의 미식 중심지이자 폴 보퀴즈의 고향이고 프랑스 최고의 농산물 시장이 열리는 곳이다. 나는 가보고 싶은 모든 곳을 목록으로 만들어두었었다. 며칠 뒤면 마르세유로 이동해서 해산물 레스토랑으로 가야 했기 때문에 리옹을 구경할 수 있는 유일한 기회였다. 나는 마르세유에서 일주일간 일한 후 프로방스로 향했다가 최종 목적지인 안시로 갈 예정이었다. 요리사들에게 내 일요일 일정표를 보여주니 애꿎은 데에 돈을 쓰는 것보다는 낫다고 응원해주었다. 토요일 밤, 나는 마치 끝장날 크리스마스이브를 맞이한 것처럼 잠자리에 들었다.

리옹에 대해 조금이라도 아는 사람이라면 일요일엔 모든 곳이 문을 닫는다는 것 또한 알고 있을 것이다. 시장, 빵집, 와인 가게, 먹을 만한 레스토랑 전부 문을 닫은 채였다. 나는 주먹을 꽉 쥔 채로 수 시간을 걸어 다녔고, 일정표는 서서히 구겨진 공 모양으로 변했다. 요리사들은 내 얘길 재미있는 농담거리 정도로 생각했던 것이다. 정처 없이 돌아다니던 나는 북아프리카 이민자가 붐비는 동네에 닿았다. 그리고 담배 몇 개비를 피우기 위해 담배 가게 앞에 삼십 분간 줄을 서서 기다려야 했다. 화가 머리끝까지 치밀었다. 식사할 곳을 겨우겨우 찾았을 즈음에는 여기가 알제리인이 운영하는 모로코 식당이라는 사실조차도 신경이 쓰이지 않았다. 그냥 앉아서 식사를 주문했다. 브래왓^{braewats}(모로

코에서 먹는 얇은 페이스트리에 달콤하거나 짭짤한 속을 채워 만든 파이 같은 과자 - 옮긴이)과 비스티야^{bisteeya}(닭고기와 견과류, 허브 등을 채워서 만드는 모로코 파이 - 옮긴이), 그리고 양고기 국물을 먹었는데 순간 너무 맛있어서 의자에서 떨어질 뻔했다. 나는 담배를 피우고 차를 마시며 먼지처럼 들리는 낯선 언어로 이어지는 난해한 논쟁을 엿들었다. 잠시 집에 돌아갔다가 몇 시간 후 저녁식사를 하기 위해 다시 같은 식당으로 돌아왔다. 나는 양고기 타진(다양한 재료와 향신료를 넣어 만드는 모로코의 전통 스튜로 고깔 같은 그 특유의 냄비를 지칭하기도 한다 - 옮긴이)과 또 다른 브래왓, 그리고 바클라바(튀르키예의 전통 과자로 버터와 견과류 등을 넣어 달콤하게 굽는 페이스트리 - 옮긴이)처럼 생겼지만 훨씬 달콤한 무언가를 먹었다. 프랑스에서 먹은 최고의 식사 중 하나였다. 어쩌면 너무나 배가 고팠기 때문일지도 모른다. 그리고 그냥 최고의 식사가 맞았기 때문일지도 모른다. 그날 나는 북아프리카 역사의 맥락 속에 살아 있는 양고기를 먹었다. 그들이 대대로 먹어온 방식 그대로의 양고기였다. 그들의 이야기였고, 나는 그저 엿들었을 뿐이다.

그들의 이야기였고, 나는 그저 엿들었을 뿐이다.

다음 날, 브라스리의 요리사가 농담 섞인 투로 쉬는 날을 어떻게 보냈냐고 물어왔다. 나는 그들에게 꺼지라고 말하고는 작별 인사를 하지 않기 위해 하루 일찍 마르세유로 떠났다. 프로방스에 도착한 후 안시로 향했고, 르 벨베데르에서 일주일간 요리를 한 다음 마크 베라의 오베르쥬를 방문했다. 나는 긴 저녁 식사를 맛보며 즐겼지만 솔직히 비싼 돈을 지불한 만큼 즐겨야 한다는 생각이 있었다. 메뉴에는 양고기가 있었지만 주문하지 않았다. 대신 새끼 비둘기 요리를 시켰다.

그 이후로 양고기를 요리한 적은 많았지만 대체로 타진이나 나바랭(감자를 비롯한 채소를 다양하게 넣어서 만드는 양고기 스튜 - 옮긴이) 등의 흉내 내기에 불과했다. 그러다 버지니아 주 패트릭 스프링스에 자리한 크레이그 로저스의 농장에서 하루를 보낸 후에야 비로소 양고기를 내 식재료로 여기게 되었다. 크레이그의 양고기 맛은 내가 생각한 야생 동물 고기의 맛과 전혀 달랐다.

심지어 우리 어머니도 맛있어했다. 향기로운 향신료에 며칠이고 삶아야 할 필요도 없었다. 태고의 식재료 그 자체로, 마치 선물과도 같았다. 크레이그의 양고기를 처음 맛봤을 때는 너무나 부드럽고 크리미하면서도 허브 향이 풍겨서 내가 변주할 수 있는 수많은 풍미가 머릿속에 떠오르기 시작했다. 그저 다진 고기에 마른 향신료를 섞어서 로티세리에 구운 것 이상의 맛을 느꼈다. 마음을 완전히 사로잡히고 말았다. 그렇게 나는 긴 세월에 걸쳐 양고기를 요리하는 법을 익혔다. 아주 늦게 깨우친 편이었지만, 때로는 그런 과정을 거쳐야만 무언가를 배울 수 있기도 한 법이다.

크레이그도 서두르는 사람이 아니었다. 말이 너무 많아서 속도가 느렸지만 나는 그런 점이 마음에 들었다. 그는 나에게 날카로운 휘파람 소리를 내는 법을 보여줬고, 나는 그의 보더콜리가 군인처럼 정확하게 반응하는 모습을 지켜봤다. 무리를 통제하려는 것은 개들의 원초적인 본능이고, 양들은 그에 기꺼이 순종한다. 개와 양의 이러한 관계는 얼마나 오래된 것일까? 가축화가 이루어진 세월만큼이나, 인간이 처음으로 초원에 정착한 날만큼이나, 최초의 휘파람 소리만큼이나, 최초의 사기극만큼이나 오래된 것이다. 이 모든 농업의 흐름이 우연한 휘파람 소리로부터 시작되었을지 모른다고 생각하면 재미있는 일이다. 휘파람, 개, 양, 농장, 식량. 실제로 그렇게 된 것은 아닐 가능성이 높지만 그래도 생각해보는 것은 재미있는 일이다.

이 챕터의 모든 레시피는 크레이그의 양고기로 만들었다. 향신료가 잔뜩 들어간 이전의 양고기 요리와는 달리 꾸밈없고 단순하게 만들기 때문에 이 부분이 아주 중요하다. 운 좋게도 현재 미국에는 훌륭한 양고기 생산업자가 많다. 가까운 농산물 시장에서 양고기를 구입해보자. 목초 비육에 호르몬제를 사용하지 않으며 우리에 가두지 않고 인도적으로 사육한 양고기를 고르자. 양고기는 시중에서 파는 것보다 살짝 옅은 색을 띠고 담백하면서 깔끔한 냄새가 나야 한다.

좋은 요리는 언제나 단순하다. 반드시 간편하지는 않지만 언제나 단순하다. 내가 수년간 지켜오고 있는 진리다. 아, 그리고 또 하나의 진리가 있다. 점심값을 절대 교묘한 속임수와 맞바꾸지 말라는 것이다.

RICE BOWL WITH LAMB

AND AROMATIC TOMATO-YOGURT GRAVY

향기로운 토마토 요거트 그레이비
양고기 덮밥

맛있는 덮밥에 한계라는 것은 없다. 이 레시피가 그를 증명한다. 미트로프는 내가 어렸을 때 아주 좋아했던 뉴욕식 그리스 자이로에 들어간 고기와 아주 비슷하다. 하지만 여기서는 신선한 허브를 잔뜩 넣어서 훨씬 우아하게 만들었다. 말린 허브는 거들떠보지도 말자. 나는 양고기를 전통 미트로프를 만들 때처럼 로프 팬에 넣어서 구운 다음 바삭한 질감을 내기 위해 썰어서 팬에 튀기듯이 굽는 과정을 거친다.

분량 메인 4인분 또는 전채 6인분

밥(20쪽 참조) 4컵

양고기 간 것(지방 15%) 450g

다진 양파 1/2컵

다진 마늘 1쪽 분량

녹색 부분만 곱게 다진 실파 1단 분량

다진 생 오레가노 1작은술

다진 생 마조람 1작은술

다진 생 로즈메리 1작은술

조리용 옥수수 오일

소금 1과 1/2작은술

검은 후추 갓 간 것 1/2작은술

피멘톤 파프리카 가루 1/2작은술

1. 중형 볼에 양고기와 허브, 소금, 후추, 피멘톤을 넣고 잘 섞는다.

2. 푸드 프로세서에 양파와 마늘을 넣어서 곱게 갈고 체에 걸러 건더기에서 물기를 최대한 꾹꾹 눌러 짜내 즙만 모은다. 양파와 마늘 혼합물을 양고기 볼에 붓고 골고루 치대며 섞은 뒤 냉장고에 넣고 40분간 차갑게 식힌다.

3. 오븐을 150℃로 예열한다.

4. 양고기 혼합물을 푸드 프로세서에 넣고 부드럽고 뻑뻑한 반죽이 될 때까지 짧은 간격으로 1분간 섞는다. 1분 이상 갈아야 할 경우에는 얼음을 한 조각 넣어서 반죽이 차가운 상태로 유지되도록 한다. 반죽을 20x10cm 크기의 로프 팬에 넣고 윗면을 살짝 둥글게 올라온 모양으로 다듬는다.

5. 미트로프를 오븐에 넣고 35분간 구운 다음 온도를 160℃로 올린다. 10분 더 굽는다. 미트로프의 내부 온도를 조리용 온도계로 확인한다. 65~70℃가 되어야 한다. 아직 온도가 낮으면 미트로프를 다시 오븐에 넣고 5분 간격으로 온도를 확인한다.

6. 접시에서 미트로프를 뒤집어 꺼낸 다음 실온에 두어 식힌다.

7. 토마토 요거트 그레이비를 만든다. 중형 프라이팬에 올리브 오일을 두르고 중간 불에 올린다. 양파와 쿠민 씨를 넣고 양파가 부드러워질 때까지 4~5분간 볶는다. 토마토와 화이트 와인, 토마토 페이스트, 생강, 마늘, 월계수 잎을 넣고 한소끔 끓인 다음 20분 더 익힌다. 불에서 내리고 5분간 식힌다.

8. 그레이비에 요거트와 버터, 소금, 후추를 넣고 거품기로 골고루 잘 섞는다. 월계수 잎을 제거하고 그레이비를 먹기 전까지 따뜻하게 보관한다.

9. 미트로프를 얇게 저민다. 대형 프라이팬을 센 불에 달군 다음 옥수수 오일을 0.5cm 깊이로 붓는다. 미트로프를 적당량씩 넣어서 한 면을 바삭바삭하게 약 4분간 굽는다. 뒤집어서 반대쪽을 1분 더 굽는다. 꺼내서 종이 타월에 얹어 기름기를 제거한다.

10. 그릇에 밥을 담는다. 튀긴 미트로프를 밥 위에 얹는다. 미트로프 위에 그레이비를 두르고 실파를 뿌린 뒤 순가락과 함께 바로 낸다. 전체적으로 잘 비빈 다음 먹는 것이 가장 맛있다.

고전적인 뉴욕식 자이로를 만들려면 미트로프를 썰어서 튀긴 다음 따뜻한 피타 빵에 넣고 오이 요거트 소스와 다진 생 토마토, 저민 양파를 조금씩 더한 다음 핫 소스를 듬뿍 뿌리고 알루미늄 포일로 단단하게 말아 즙이 줄줄 흐르지 않도록 봉한다.

토마토 요거트 그레이비 재료

다진 플럼토마토(길쭉한 원통형 모양의 유럽 토마토 품종으로 과육이 탄탄하다. 통조림으로 쉽게 구할 수 있다 - 옮긴이) 4개 분량

곱게 다진 양파 1개 분량

생 생강 간 것(그레이터 사용) 1/2작은술

다진 마늘 1쪽 분량

월계수 잎 2장

토마토 페이스트 1큰술

플레인 요거트 2큰술

부드러운 실온의 무염 버터 1큰술

올리브 오일 1작은술

쿠민 씨 1/2작은술

드라이 화이트 와인 1/2컵

천일염 1/2작은술

검은 후추 갓 간 것 1/4작은술

ORANGE LAMB-LIVER PÂTÉ

WITH BRAISED MUSTARD SEEDS

머스터드 씨 조림을 올린
오렌지 양 간 파테

파테를 닭이나 오리의 간으로만 만들 수 있다고 생각하는 것은 부끄러운 일이다. 양의 간에는 풍미와 영양소가 가득하다. 이 레시피에 들어간 오렌지 제스트는 파테에 은은한 향을 더한다. 간을 너무 많이 익히지 말아야 하고, 항상 파테 재료를 다 섞고 나면 고운 체에 내리는 단계를 거쳐야 한다. 이 추가 과정이 거친 파테와 벨벳처럼 크리미한 파테의 차이를 만들어낸다.

분량 전채 6인분

1. 머스터드 씨 조림을 만든다. 소형 냄비에 모든 재료를 넣고 중간 불에 올려서 한소끔 끓인다. 불 세기를 낮추고 18분간 뭉근하게 익힌다. 유리병에 옮겨 담고 식힌 다음 냉장고에 넣어 하룻밤 동안 보관한다.

2. 다음 날에 파테를 만들기 시작한다. 얼음물 볼에 양 간을 넣고 최소 1시간, 최대 2시간까지 둔다.

3. 양 간을 건져서 헹군 다음 종이 타월로 두드려 물기를 제거한 뒤 2.5cm 크기로 깍둑 썬다.

4. 30cm 크기의 프라이팬을 센 불에 올려 달군다. 무염 버터 2큰술을 넣고 거품이 일면 양파와 마늘을 넣고 2분간 볶는다. 양 간을 넣고 살짝 노릇해지도록 2분간 굽는다. 약한 불로 줄인 뒤 버번 위스키와 셰리 식초를 넣는다. 수분이 거의 날아갈 때까지 2~3분간 익힌다.

5. 익힌 양 간 혼합물을 믹서에 넣는다. 부드러운 실온 버터와 오렌지 제스트, 헤비 크림, 디종 머스터드, 소금, 후추를 넣고 강 모드로 2분간 곱게 갈아 되직한 밀크셰이크처럼 만든다.

6. 믹서 내용물을 고운 체에 걸러서 볼에 담고 체에 남은 건더기를 주걱 뒷면으로 꾹꾹 눌러 국물을 완전히 빼내고 건더기는 버린다.

7. 파테 혼합물을 85g들이 라메킨 또는 작은 커피잔 6개에 나누어 담는다. 냉장고에 3시간 이상 넣어 식힌 다음 먹는다. (파테는 1일 전에 미리 만들어둘 수 있다.)

8. 먹기 전 파테 위에 머스터드 씨 조림을 얹는다. 따뜻한 구운 빵과 포도 피클을 곁들여 낸다.

파테 재료

양 간 340g
다진 양파 1컵
다진 마늘 1쪽 분량
무염 버터 2큰술
+ 실온의 부드러운 무염 버터 2큰술
디종 머스터드 2작은술
헤비 크림 1/2작은술
버번 위스키 1큰술
셰리 식초 1작은술
오렌지 제스트 간 것 2작은술
코셔 소금 2작은술
검은 후추 갓 간 것 1/4작은술

머스터드 씨 조림 재료

옐로우 머스터드 씨 1/3컵
브라운 머스터드 씨 1/3컵
꿀 2큰술
디종 머스터드 2작은술
물 1/2컵
드라이 화이트 와인 1/2컵
사과 식초 2큰술
설탕 2큰술
천일염 1작은술

따뜻하게 구운 곁들임 빵
포도 차이 피클(194쪽)

DARKLY BRAISED LAMB SHOULDER

진한 양고기 목살 찜

양고기를 찜으로 만들면 마치 초콜릿과 단수수의 짙은 풍미가 되길 갈망했던 듯 숨어 있던 깊은 맛이 드러난다. 이런 종류의 레시피에서는 더치 오븐의 사용 여부가 맛에 큰 차이를 가져오지만 딱 맞는 뚜껑이 있는 무거운 냄비 종류로 대체해도 좋다. 양 목살을 구입하면 앞쪽 갈비뼈 세 개가 붙어 있을 수도 있다. 여분의 뼈는 국물에 풍미를 더해준다. 식탁에 차리기 전에 제거하기만 하면 된다. 부드러운 그리츠(229쪽)와 적양배추 베이컨 김치(182쪽)를 곁들여 내자.

분량 메인 6인분

로스트용 양고기 목살(1.36kg, 설명 참조)

서빙용 익힌 그리츠 또는 밥

잘게 썬 양파 1컵

잘게 썬 당근 1컵

잘게 썬 셀러리 1컵

잘게 썬 양송이버섯 1컵

다진 마늘 3쪽 분량

씨째 잘게 썬 할라페뇨 1개 분량

춘장(설명 참조) 1/4컵

케첩 1/4컵

카놀라 오일 2큰술

단수수 시럽 3큰술

닭 육수 6컵 또는 필요한 만큼

간장 1큰술

발사믹 식초 1큰술

버번 위스키 1/2컵

코셔 소금 1/4컵

검은 후추 갓 간 것 2큰술

잘게 썬 비터스위트 초콜릿 43g

1. 소형 볼에 소금과 후추를 섞어서 럽을 만든다. 양 목살에 전체적으로 문질러 바른 다음 실온에 약 30분간 재운다.

2. 대형 더치 오븐에 카놀라 오일을 두르고 중강 불에 올려 가열한다. 뜨거워지면 양고기 목살을 넣어서 한 면당 약 3분 정도씩 골고루 노릇노릇하게 지진다.

3. 냄비에 모든 채소 재료를 넣은 뒤 양고기를 사이에 끼워 넣어 채소들이 살짝 노릇해지게 한다. 약 3분 뒤에 버번 위스키와 케첩, 간장, 발사믹 식초, 단수수 시럽, 춘장, 초콜릿, 육수를 넣는다. 이때 양고기가 국물에 완전히 잠겨야 한다. 일부가 국물 위로 드러나면 육수나 물을 보충하고 중강 불에서 한소끔 끓인다. 올라오는 거품은 모두 제거한다. 불 세기를 낮추고 뚜껑을 닫고서 2시간 30분 동안 뭉근하게 익힌다.

4. 냄비의 뚜껑을 열고 30분 더 익힌다. 고기의 상태를 확인한다. 뼈에서는 쉽게 떨어지지만 팬에서 꺼내려고 하면 산산조각날 정도로 부드럽지는 않은 상태여야 한다. 그러면 다 된 것이다. 불에서 내리고 그대로 15분간 양고기를 휴지한다. (이 상태에서 식힌 다음 냉장고에 넣어서 보관하다가 나중에 데워 먹어도 좋다. 사실 다음 날이면 훨씬 맛이 좋아진다.)

5. 양고기를 꺼내서 도마에 얹는다. 결 반대 방향으로 저미거나 뼈에서 고기를 발라내 큼직하게 찢는다. 그리츠 또는 밥을 따뜻한 그릇에 담고 그 위에 고기를 얹는다. 채소와 조림 국물을 같이 떠서 고기 위에 올리고 바로 낸다.

양고기 목살을 구할 수 없다면 뼈를 제거한 로스트용 양 다리살 1.35kg로 대체할 수 있다. 덩어리로 썬 뼈 없는 로스트용 부위라면 무엇이든 사용 가능하다.

춘장은 발효된 검은콩 또는 녹두로 만든 중국의 조미료다. 짭짤하고 톡 쏘는 맛이 나며 가벼운 단맛이 느껴진다. 병에서 바로 떠서 먹기에는 맛이 너무 강하지만 깊은 감칠맛을 더하고 싶을 때 수프나 스튜에 넣으면 놀라운 효과를 발휘한다. 대부분의 마트 아시아 식품 코너에서 구입할 수 있다.

SIMMERED LAMB SHANKS

WITH CASHEW GRAVY

캐슈 그레이비를 곁들인 양고기 정강이 조림

양고기 목살로 이 요리를 처음 만들기 시작한 것은 목살을 구하기 쉬웠던 시절, 즉 농부들이 양고기 목살을 거의 공짜로 나눠주던 시절이었다. 하지만 지금은 셰프들이 목살의 맛을 알아차린 덕분에 크레이그에게 목살을 제발 팔아달라고 애원해야 할 지경이 되었다. 이 레시피도 목살을 구할 수 없을 가능성이 높아서 정강이살로 대체한 것이다. 정강이살도 마찬가지로 맛있고 구하기는 쉽다. 물론 농산물 시장에서 양고기 목살을 구할 수 있다면 꼭 이 요리로 만들어 보기를 추천한다. 캐슈 그레이비는 아주 다재다능한 소스다. 나는 미트볼에서 닭 날개에 이르기까지 모든 요리에 곁들이는데, 로스트한 콜리플라워에 얹어 먹어도 아주 맛있다.

나는 이 요리에 여름이면 신선한 고수 잎을, 겨울이면 석류 씨를 뿌린다. 강렬한 페어링 조합을 즐기고 싶다면 도그피시 헤드 임페리얼 IPA를 곁들여보자.

분량 메인 4인분

양고기 정강이 4개(각 약 450g)
곁들임용 일반 쌀밥 또는 바스마티 쌀밥
올리브 오일 2큰술
코셔 소금 1큰술
검은 후추 갓 간 것 1과 1/2작은술

1. 그레이비를 만들어보자. 대형 프라이팬에 버터를 넣고 중간 불에 올려서 거품이 일 때까지 가열한다. 캐슈와 양파, 마늘, 생강을 넣고 나무 주걱으로 잘 휘저어가며 캐슈가 살짝 노릇해질 때까지 4분간 볶는다. 쿠민 씨와 강황, 가람 마살라, 훈제 파프리카 가루를 넣고 되직한 페이스트가 될 때까지 약 2분간 볶는다. 닭 육수와 맥주, 코코넛 밀크, 라임 즙을 넣고 한소끔 끓인 다음 중약 불로 낮추고 캐슈가 아주 부드러워질 때까지 12~15분간 뭉근하게 익힌다. 불에서 내리고 약 5분간 그대로 식힌다.

2. 그레이비를 믹서에 넣는다. 강 모드로 2분간 갈아서 부드럽고 걸쭉한 그레이비를 완성한다. 너무 되직하면 물을 넣어서 농도를 조절한다. 땅콩버터처럼 보여서는 안 된다. 일정한 속도로 따를 수 있는 농도가 될 때까지 물을 첨가하자. 소금과 후추로 간을 한다.

3. 이제 양고기 정강이를 조리하자. 먼저 소금과 후추로 간하고 더치 오븐에 올리브 오일을 두른 뒤 중간 불에 올려서 달군다. 밑간한 양고기 정강이를 넣고 약 6분간 골고루 지진다.

4. 약한 불로 낮추고 캐슈 그레이비를 양고기에 골고루 두른다. 딱 맞는 뚜껑을 닫고 그레이비가 타지 않도록 15분 간격으로 잘 휘저어주며 2시간 동안 뭉근하게 익힌다. (뚜껑이 딱 맞지 않으면 그레이비가 너무 되직해지지 않도록 중간에 물을 조금 넣어야 할 수 있다.) 2시간 후에는 고기가 **뼈**에서 쉽게 떨어져 나오는 상태가 되어야 한다. 필요하면 조금 더 익혀서 완벽한 상태로 만든다.

5. 밥 위에 양고기를 올리고 그레이비를 넉넉히 둘러 낸다.

캐슈 그레이비 재료

생 캐슈 1과 1/2컵

다진 양파 1컵

다진 마늘 2쪽 분량

생 생강 간 것(그레이터 사용)
2작은술

쿠민 씨 1작은술

강황 1/4작은술

무염 버터 3큰술

라거 맥주 1병(340ml)

닭 육수 2컵

무가당 코코넛 밀크 1컵

라임 즙 1개 분량

가람 마살라 1큰술

훈제 파프리카 가루 1과 1/2작은술

코셔 소금 약간

검은 후추 갓 간 것 1/4작은술

PULLED LAMB BBQ

풀드 양고기 바비큐

단순하면서도 훈연 향과 흙 향기가 느껴지는 양고기 바비큐. 양고기는 돼지고기보다 지방이 적기 때문에 단맛을 절실히 추가할 필요가 없어 개인적으로 바비큐에서 가장 좋아하는 요소인 훈연 향을 내기에 아주 좋은 재료다. 풀드 양고기는 따뜻한 육즙만 곁들여서 찍어 먹어도 좋다. 또는 작은 버거 번에 얹어서 캐러웨이 피클과 듀크 마요네즈를 뿌려 내는 것도 추천한다. 풀드 양고기를 라르도 콘브레드 (224쪽)와 피클 튀김(262쪽)과 함께 접시에 담으면 피크닉 스타일의 점심이 된다.

분량 6~8인분

뼈를 제거한 로스트용 양고기 목살(약 1.36kg)

소 육수 5컵

사과 식초 1/4컵

간장 1큰술

타바스코 소스 1작은술

스파이스 럽 재료

드라이 머스터드 1큰술

훈제 파프리카 가루 1큰술

쿠민 가루 1큰술

마늘 가루 1큰술

카이엔 페퍼 1작은술

황설탕 1큰술

코셔 소금 2큰술

검은 후추 갓 간 것 1큰술

야외 그릴이 없다면 그릴 단계를 건너뛰고 양고기를 바로 로스팅 팬에 담아 오븐에 넣는다. 그리고 조리 시간을 5시간으로 늘린다.

1. 럽을 만들기 위해 소형 볼에 모든 재료를 넣고 잘 섞는다. 양고기에 럽을 골고루 최대한 두껍게 잘 묻힌다. 그대로 1시간 정도 재운다. (남은 럽은 밀폐용기에 담아서 냉장고에 1~2개월간 보관할 수 있다.)

2. 야외 그릴을 뜨겁게 가열한다. 히코리 나무 칩을 훈제 통에 담는다. 나무 칩에서 연기가 피어오르기 시작하면 양고기 목살을 그릴의 가장 온도가 낮은 부분에 올리고 뚜껑을 닫아서 1시간 30분 동안 훈제한다. 이 과정에서 이따금씩 온도를 확인해야 한다. 그릴 온도는 120℃를 넘어서는 안 되지만 나무 칩에서 계속 연기가 날 정도로는 뜨거워야 한다. 나는 온도를 확인할 때마다 양고기에 입힌 럽이 근사하게 짙어진 크러스트가 될 수 있도록 나무 칩을 한 줌씩 더 넣곤 한다.

3. 그동안 오븐을 150℃로 예열한다.

4. 양고기를 로스팅 팬에 옮겨 담고 소 육수와 사과 식초, 간장, 타바스코 소스를 넣는다. 팬 위에 알루미늄 포일을 느슨하게 덮어씌우고 오븐에 넣어서 3시간 동안 천천히 익힌다. 이때 고기가 아주 부드러워서 뼈에서 잘 떨어지는 상태로 되어야 한다.

5. 양고기를 로스팅 팬에서 꺼낸 뒤 팬은 그대로 두고 양고기가 아직 뜨거울 때 결대로 곱게 찢는다. 포크 두 개를 이용해서 찢거나 일회용 장갑을 끼고 손으로 작업해도 좋다.

6. 훈연 향이 깊이 밴 조림국물을 체에 거른 다음 양고기를 찍어 먹을 수 있도록 곁들여 낸다.

저렴한 훈연기
만들기

최고의 풀드 양고기 바비큐를 즐기려면 간접 훈연기가 달린 야외 그릴을 사용하도록 한다. 인내심과 약간의 경험이 필요하지만 원리는 생각보다 간단해서, 양고기에 훈연 풍미가 잘 배도록 낮은 온도를 일정하게 유지하는 것이 관건이다. 제대로 된 훈연기가 없다면 스토브에 여러 가지 방식으로 임시 방편용 훈연기를 설치할 수 있다.

스토브용 훈연기를 만들려면 먼저 딱 맞는 뚜껑이 있는 대형 육수용 냄비를 준비한다. 그리고 바닥에 알루미늄 포일을 이중으로 깐다. 그 위에 나무 칩을 한 줌 넣고 알루미늄 포일을 다시 한 장 더 깐다. 옆면이 똑바로 된 형태의 철제 튀김 바구니를 찾아서 냄비에 뒤집어 넣는다. (간혹 손잡이가 달려 있어서 냄비 안에 들어가지 않는 바구니도 있는데, 그럴 땐 손잡이를 절단기로 잘라내고 쓴다.) 고기를 철제 바구니 위에 올리고 냄비 뚜껑을 닫는다. 냄비를 스토브 앞쪽 버너에 센 불로 올린다. 5분 뒤에 뚜껑을 조심스럽게 1cm 정도 열어본다. 연기가 살짝 보이면 나무 칩이 타기 시작했다는 신호다. 연기가 보이지 않으면 뚜껑을 닫고 1분간 기다렸다가 다시 확인한다. 칩에서 연기가 나기 시작하면 약한 불로 낮추고 뚜껑과 냄비 상단이 맞물리는 가장자리 부분을 알루미늄 포일로 감싸서 완전히 밀봉한다. 이런 임시 즉석 훈연기는 야외 그릴보다 훨씬 뜨거워지므로 훈연 시간을 절반 이하로 줄여야 한다. 고기가 훈제되어 가볍게 껍질이 생기면 레시피에 따라 양고기를 오븐에 넣고 천천히 굽는다.

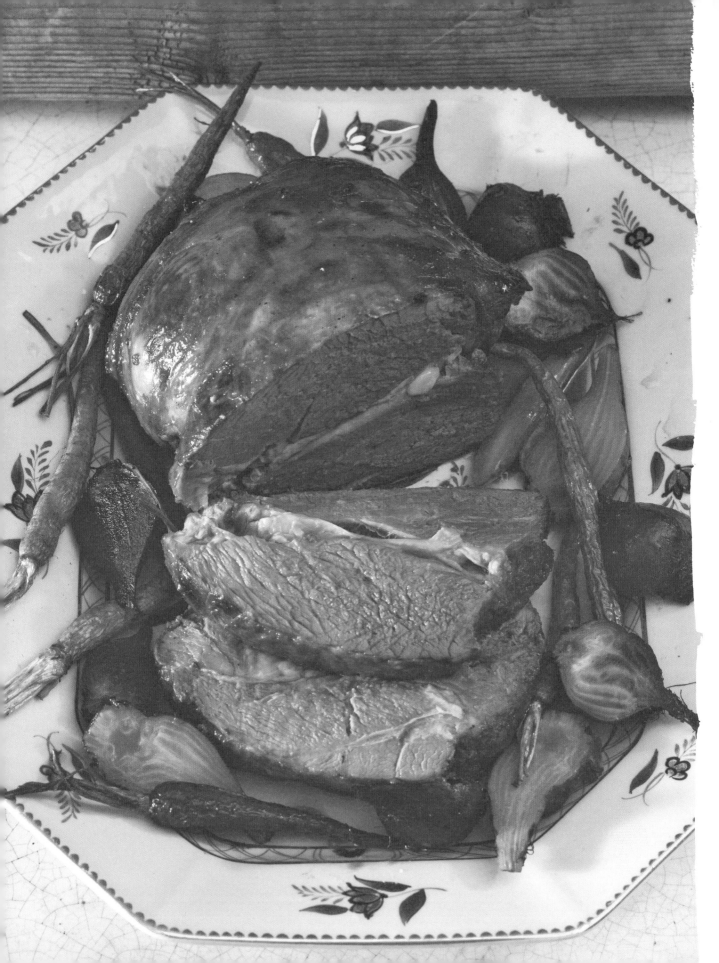

CINNAMON-HONEY ROAST LEG OF LAMB

시나몬 허니 양다리 로스트

인도 요리법에서는 고기를 부드럽게 하기 위해서 요거트를 양념장으로 활용하는 경우가 많다. 버터밀크도 같은 효과가 있으며 향신료의 향도 훌륭하게 전달한다. 모르는 사람이 없는 버터밀크 프라이드 치킨에서도 그렇듯이 버터밀크는 양고기와 돼지고기를 포함한 모든 종류의 고기를 부드럽게 만드는 데 놀라운 효과를 발휘한다. 이 로스트에는 다른 재료가 그다지 필요하지 않다. 시나몬과 꿀만으로도 충분히 균형 잡힌 맛이 나기 때문이다. 아끼는 좋은 접시를 꺼내야 할 만큼 섬세하고 우아한 요리다. 구운 채소와 커리 옥수수 철판 케이크(225쪽)를 곁들여 온 가족을 위한 양고기 식탁을 차려보자.

분량 6~8인분(또는 4인분과 다음 날의 샌드위치용)

뼈를 제거하고 돌돌 말아서 조리용 끈으로 묶은 로스트용 양고기(2.2~2.7kg)
올리브 오일 2큰술
천일염 2작은술

양념장 재료

다진 양파 1과 1/2컵
껍질을 벗긴 생강 1톨(소)
마늘 2쪽
쿠민 씨 2작은술
캐러웨이 씨 2작은술
펜넬 씨 2작은술
버터밀크 3컵
레몬 즙 2개 분량
천일염 2작은술
검은 후추 갓 간 것 1/2작은술

허니 글레이즈 재료

꿀 3/4컵
생 오렌지 주스 2큰술
시나몬 가루 1/2작은술
천일염 1/4작은술

1. 하루 전부터 고기를 재울 준비를 시작한다. 모든 양념장 재료를 믹서에 넣고 중간 속도로 곱게 간다. 양다리를 3.8L 지퍼백에 넣고 양념장을 부은 다음 밀봉한다. (나는 지퍼백이 샐 위험을 대비하기 위해 지퍼백을 이중으로 쓴다.) 냉장고에 넣고 하룻밤 동안 재운다.

2. 다음 날 오븐을 160℃로 예열한다.

3. 재운 양고기를 꺼내 흐르는 찬물에 양념장을 씻어내고 종이 타월 등으로 두드려 물기를 제거한다. 양고기 위에 붓으로 올리브 오일을 골고루 바르고 천일염을 뿌린다. 로스팅 팬에 옮겨 담고 오븐에서 1시간 동안 굽는다.

4. 양고기를 굽는 동안 글레이즈를 만든다. 볼에 꿀과 오렌지 주스, 시나몬, 소금을 넣고 거품기로 잘 섞어둔다.

5. 굽기 시작한 지 1시간이 지나면 오븐 온도를 230℃로 높인 다음 양고기 위에 허니 글레이즈를 바른다. 오븐 문을 열고 양고기는 오븐 안에 그대로 둔 채 붓으로 윗면에 허니 글레이즈를 두껍게 바르는 것이다. 한 번 바르고 오븐 문을 닫아 15~20분 더 구운 뒤 다시 오븐 문을 열고 글레이즈를 바른다. 같은 과정을 5분 간격으로 반복한다. 양고기가 익었는지 확인한다. 조리용 온도계를 양고기 한가운데에 찔러서 레어라면 57℃, 미디엄 레어라면 60℃가 되어야 한다. 양고기의 조리용 끈을 제거하고 도마에 얹어서 10분간 휴지한 다음 저며서 낸다.

ROTI WITH SLICED LAMB LEG

(OR, A RECIPE FOR USING LEFTOVER LAMB LEG ROAST)

저민 양다리를 곁들인 로티
(또는 남은 양다리 로스트 활용법)

로티(남아시아에서 주로 먹는 납작하게 구운 빵 종류 - 옮긴이)에는 무궁무진하게 다양한 종류가 존재한다. 여기서는 말레이시아의 길거리 노점상에서 영감을 받아 단순한 스타일로 만들어낸 손쉽고 맛있는 레시피를 소개한다. 로티를 아주 얇게 펴는 기술을 연습해보자. 얇을수록 더욱 바삭하고 섬세한 맛을 느낄 수 있다. 좋아하는 샌드위치 빵 대신 이 로티를 사용하는 것도 좋고 캐슈 그레이비를 곁들인 양고기 정강이 요리(36쪽)에 곁들이는 것도 추천한다. 아비타Abita의 조카모 Jockamo IPA 한 병을 곁들여서 먹어보자.

분량 로티 5개

로티 재료

밀가루(중력분) 2컵

플레인 요거트(설명 참조) 1컵

정제 버터 또는 기 버터(다음 쪽 참조)
5작은술

쿠민 가루 1/2작은술

베이킹 파우더 1/4작은술

소금 1과 1/2작은술

설탕 1/2작은술

샌드위치 재료(1개 기준)

남은 시나몬 허니 양다리 로스트(41쪽)
크고 넓게 저민 것 1장

얇게 저민 오이, 얇게 썬 구운 홍피망
(구워서 껍질을 벗긴 다음 오일에 절여
판매하는 홍피망 병조림 제품 - 옮긴이)

송송 썬 익힌 아스파라거스

저민 아보카도 적당량

플레인 요거트 1덩이

핫 소스(내가 제일 좋아하는 브랜드는
텍사스 피트다) 여러 대쉬

1. 로티를 만들어보자. 중형 볼에 모든 가루 재료를 넣고 거품기로 잘 섞은 뒤 요거트를 넣어 한 덩어리가 될 때까지 손으로 반죽한다. 작업대에 덧가루를 가볍게 뿌리고 반죽을 올려서 2분간 치댄다. 반죽을 5등분해서 각각 3mm 두께로 민다.

2. 프라이팬에 로티 1장을 굽기 위한 정제 버터 1작은술을 넣고 중강 불에 올려서 달군다. 로티 반죽 1장을 올리고 한쪽 면을 약 2분간 바삭바삭하게 굽는다. 뒤집어서 반대쪽도 약 2분간 바삭바삭하게 굽는다. 다 구운 로티는 종이 타월에 얹어서 기름기를 제거하고 바로 내거나 접시에 담아서 먹기 전까지 따뜻한 오븐에 보관한다.

3. 샌드위치를 만든다. 양고기를 150℃의 오븐에 넣어 5분간 따뜻하게 데운다. 갓 구운 로티 위에 저민 양고기를 올린다. 저민 오이, 저민 구운 홍피망, 저민 아보카도를 올리고 요거트를 얹은 다음 핫 소스를 약간 뿌리고 단단하게 만다. 조금 더 멋지게 만들고 싶다면 유산지에 싸서 끝부분을 잘 여며 먹는 동안 즙이 줄줄 흐르지 않게 한다.

로티에는 물기를 거르지 않은 플레인 요거트를 사용한다. 되직한 그리스식 요거트는 수분이 부족해 로티에 어울리지 않는다.

정제 버터/기/녹인 버터

정제 버터는 버터에서 유고형분을 분리하거나 혹은 '정제'하여 반투명한 버터 지방만 남긴 것이다. 인도 요리에서는 '기'라고 부른다. 해산물 레스토랑에서는 녹인 버터^{drawn butter} 라고 부른다. 전부 똑같은 것이다. 대부분의 고메 식료품점에서 정제 버터를 구입할 수 있고, 인도 식료품점에서도 기 한 병을 쉽게 살 수 있다. 또한 소형 냄비에 버터를 넣고 아주 천천히 녹여서 직접 만들 수도 있다. 버터는 녹으면 세 층으로 분리된다. 맨 위에 있는 유청 단백질은 거품처럼 보이는데, 숟가락으로 쉽게 떠낼 수 있다. 유고형분은 바닥으로 가라앉는다. 그리고 가운데에 남는 황금색 액체가 정제 버터다. 이를 면포에 조심스럽게 부어서 걸러내 메이슨 병이나 기타 용기에 담는다. 이때 유고형분이 냄비에서 흘러나오기 전에 붓는 것을 멈추도록 한다. 정제 버터를 사용하면 더 높은 온도로 가열해도 연기가 나지 않고, 살짝 고소한 풍미를 요리에 가미할 수 있으며, 냉장고에서 몇 주간 보관할 수 있는 등 장점이 많다.

VIETNAMESE LAMB CHOPS

베트남식 양갈비

프랑스에 있을 때 베트남 출신 요리사와 어울리면서 이 양고기 요리 만드는 법을 배웠다. 나는 이런 아이러니를 참 좋아한다. 프랑스에서 4개월을 보냈는데 거기서 배운 좋아하는 요리법 중 하나가 베트남 라인 쿡(레스토랑에서 한 섹션의 요리를 담당하는 요리사를 뜻하는 말 – 옮긴이)이 직원 식사를 요리하고 남은 양고기 자투리로 만들어낸 놀라울 정도로 간단한 음식이다. 그는 가끔은 충분한 양으로 요리할 수 있을 때까지 며칠이고 기다려가며 양고기 자투리를 모으기도 했다. 그래서 나는 그때 쓰인 양념장이 혹시라도 생겼을지 모르는 박테리아 번식을 막는 역할도 한다고 생각했다. 이에 나는 상해가는 고기를 사용할 필요가 없도록 레시피를 조금 조정했다.

분량 4인분

약 2.5cm 두께의 양갈비(램찹) 8개

양념장 재료
다진 마늘 2큰술(6쪽 분량)
꿀 1/2컵
포도씨 오일 1/4컵
피시 소스 1/2컵
버번 위스키 1/4컵
간장 3큰술
생 라임 즙 2작은술
코리앤더 씨 가루 1큰술
흰 후추 갓 간 것 1큰술

고명 재료
튀긴 샬롯(다음 쪽 참조)
풋콩 후무스(215쪽)
다진 생 고수
라임 웨지

1. 양고기를 유리로 된 베이킹 그릇에 담는다.

2. 먼저 양념장을 만들자. 중형 볼에 모든 재료를 넣고 거품기로 골고루 잘 섞는다. 양고기 위에 붓고 조심스럽게 주물러가며 골고루 버무린 뒤 덮개를 씌워서 최소 4시간, 최대 하룻밤 동안 냉장고에 보관한다.

3. 냉장고에서 양고기를 꺼내 실온에 두고, 오븐을 220℃로 예열한다.

4. 로스팅 팬에 양고기와 양념장을 모두 함께 붓는다. 덮개를 씌우지 않은 채로 오븐에 넣고 양고기 표면의 글레이즈가 반짝이게 살짝 캐러멜화될 때까지 15분간 굽는다. 뒤집어서 5분 더 굽는다.

5. 양고기에 고수와 라임 웨지, 튀긴 샬롯으로 장식하고 후무스를 곁들여 낸다.

튀긴 샬롯

분량 약 3컵

샬롯 5개
옥수수 오일 또는 땅콩 오일 2컵
소금 1과 1/2작은술

1. 샬롯을 날카로운 과도 또는 채칼로 최대한 곱게 송송 썬다. 채 썬 샬롯을 채반에 담고 흐르는 찬물에 1분간 헹구어 써는 동안 생긴 쓸쓸한 채즙을 제거한다. 흔들어서 물기를 제거한 다음 종이 타월에 올리고 소금을 뿌려 10분간 그대로 둔다.

2. 새 종이 타월로 샬롯을 꼭 눌러서 물기를 최대한 제거한다. 접시에 옮겨 담고 손가락으로 가볍게 털어 뭉친 곳이 없도록 분리한다.

3. 대형 프라이팬이나 궁중팬에 오일을 붓고 175℃로 가열한다. 샬롯을 넣고 가끔 휘저으면서 노릇노릇하고 바삭바삭해질 때까지 약 5분간 튀긴다. 구멍이 뚫린 국자 등으로 건져서 종이 타월을 여러 겹 깐 큰 접시에 옮겨 담는다. 식는 동안 색이 더 진해지며 약간 더 바삭해진다.

4. 튀긴 샬롯은 바로 먹는 것이 가장 좋지만 종이 타월을 깐 밀폐 용기에 담아서 실온에 보관할 수 있다.

GRILLED LAMB HEART KALBI

IN LETTUCE WRAPS

양 심장 갈비 그릴 구이 양상추 쌈

나는 크레이그 로저스에게서 양 내장과 신장, 고환까지 온갖 진미를 받아오지만 제일 좋아하는 내장 기관은 단연 심장이다. 제대로 요리하면 양 심장의 달콤하고 육즙이 넘치면서 뛰어난 탄력을 느낄 수 있다. 훌륭한 심장이 갖춰야 할 모든 요소 그대로다. 하지만 칼로리가 높기 때문에 나는 매콤달콤한 맛이 적절하게 어우러진 작은 양상추 쌈으로 내는 것을 좋아한다. 맛의 비결은 레어로 익히는 것인데, 잘못하면 질기고 퍼석퍼석해지기 때문이다.

이 맛있는 고기의 정체가 무엇이냐고 손님이 물어보기 전까지 절대 말해주지 말자. 제대로 깊은 인상을 남기려면 스파클링 로제 프로세코 한 잔을 곁들이길 추천한다.

분량 전체 6인분

양 심장 6개

양념장 재료

다진 양파 3/4컵

마늘 3쪽

껍질을 벗기고 얇게 저민 생강
1톨(소) 분량

참기름 1/4컵

그래뉴당 2큰술

간장 3/4컵

맛술 2큰술

볶은 참깨 1큰술

황설탕 2큰술

레드 페퍼 플레이크 1과 1/2작은술

1. 양념장부터 만든다. 참깨와 레드 페퍼 플레이크를 제외한 모든 재료를 믹서에 넣고 강 모드로 1분간 돌린다. 중형 유리 볼에 옮겨 담고 참깨와 레드 페퍼 플레이크를 넣어 잘 섞는다.

2. 양 심장을 손질한다. 심장 표면에 있는 지방을 먼저 제거하는데 이때 너무 깨끗하게 남김없이 잘라내지는 않도록 한다. 심장을 반으로 잘라서 단면이 위로 오도록 도마에 올린다. 심장 안쪽의 정맥과 동맥을 뜯어낸다. 심장을 흐르는 찬물에 헹군 다음 양념장에 담가서 냉장고에 넣고 30분간 절인다.

3. 그동안 김치 퓨레를 만든다. 김치와 치폴레 고추, 참기름, 레몬 즙을 믹서에 넣고 강 모드로 되직한 퓨레가 될 때까지 2분간 돌린다. 볼에 옮겨 담고 덮개를 씌운 다음 사용하기 전까지 냉장 보관한다.

4. 심장을 양념장에서 건진 다음 종이 타월로 두드려 물기를 제거한다. 대형 무쇠 프라이팬을 센 불에 올려서 뜨겁게 달군다. 옥수수 오일 1큰술을 두르고 조심스럽게 양 심장 반쪽을 넣는다. 아주 빠르게 한 면당 약 1분씩 지져서 겉은 까맣게 캐러멜화되었지만 안쪽은 레어 상태이도록 조리한다. 심장을 꺼내고 다시 오일 1큰술을 두른 다음 나머지 반쪽 심장을 똑같이 지진다.

5. 양상추 쌈을 완성한다. 로메인 양상추 속심에 양 심장 반쪽씩 각각 올린 다음 김치 퓨레 한 숟갈을 얹고 할라페뇨 한 조각, 다진 고수로 장식한다. 바로 낸다.

아직 양고기 심장을 맛볼 마음의 준비가 되지 않았다 하더라도 절망하지 말자. 이 레시피는 얇게 썬 양고기 등심이나 더 전통적으로는 얇게 썬 소고기 갈비살에도 똑같이 잘 어울리니 심장 대신 동량의 양고기 등심이나 소고기(약 340g)로 대체하면 된다.

김치 퓨레 재료

로메인 양상추 속심 12장 분량

적양배추 베이컨 김치(182쪽) 2컵

치폴레 고추와 아도보 소스 통조림 (말린 훈제 할라페뇨 고추를 다시 불려서 매콤새콤달콤한 아도보 소스와 함께 병입한 보존식 제품 - 옮긴이) 1캔(113g)

참기름 1/4컵

옥수수 오일 2큰술

생 레몬즙 1작은술

장식용 할라페뇨 고추 저민 것 12개

장식용 다진 생 고수

LAMB BACON

양고기 베이컨

양고기 요리의 장점 중 하나는 적당한 크기의 동물이라서 누구나 코에서 꼬리까지 전부 먹는 도전을 할 수 있다는 것이다. 부엌에서 135kg짜리 돼지를 직접 도축하는 사람은 아마 거의 없을 것이다. 하지만 양 한 마리라면 해볼 만도 하다. 22~27kg 정도에 불과하기 때문이다. 양고기 베이컨은 염장 고기 초심자를 위한 훌륭한 레시피로, 그 결과 또한 탁월할 것이다.

분량 6인분

따뜻한 물에 불린 히코리 나무 칩

양고기 삼겹살 900g(대략 약 2장)

생 로즈메리 줄기 1줌

코셔 소금 1컵

설탕 1/2컵

양고기 베이컨을 대량으로 만들어서 여분은 냉동 보관하자. 1개월까지는 너끈히 보관할 수 있다.

1. 볼에 소금과 설탕을 넣고 잘 섞는다. 양고기는 늘어진 지방이나 힘줄 부분을 깔끔하게 손질하고 소금과 설탕 섞은 것을 골고루 문질러 바른다. 얕은 그릇에 껍질이 아래로 가도록 담으면서 사이사이로 로즈메리 줄기를 켜켜이 넣는다. 남은 소금과 설탕 혼합물과 로즈메리를 전부 뿌린 뒤 냉장고 안쪽에 밀어 넣고 덮개를 씌우지 않은 채로 이틀간 절인다. 양고기가 염분을 흡수해서 수분이 생길 것이다.

2. 이틀 후에 양고기를 꺼내고 로즈메리를 제거한다. 양고기를 흐르는 찬물에 헹궈서 대형 통에 담는다. 찬물을 잠기도록 붓고 2시간 동안 그대로 둔다.

3. 숯불 그릴을 켠다. 양고기는 건져서 종이 타월로 두드려 물기를 제거한다.

4. 불린 나무 칩을 뜨거운 숯 위에 뿌린다. 칩 두 줌 정도면 충분하다. 연기가 피어오르기 시작하면 그릴을 칩 위에 장착한다. 그릴 위에 불린 나무 칩을 한 줌 더 뿌린 다음 양고기를 껍질이 아래로 가도록 나무 칩 위에 얹는다. 그러면 양고기가 뜨거운 철제 그릴에 바로 닿는 것을 막을 수 있다. 뚜껑을 닫고 2~3시간 동안 양고기를 훈제한다. 중간에 온도를 계속 살펴서 70℃에서 93℃를 유지하도록 하고 필요하면 뜨거운 숯 위에 나무 칩을 조금씩 더 뿌린다. 양고기는 살짝 거뭇해지면 완성된 것이다. 훈제 향이 나지만 부드러운 정도여야 하고, 고기를 씹으면 약간의 저항감은 있지만 기본적으로 부드럽게 씹히는 상태여야 한다.

5. 베이컨을 냉장고에서 차갑게 식힌 다음 썰어서 주로 돼지고기 베이컨을 사용하는 요리에 대체해 넣어보자. 보관할 때는 베이컨을 각각 랩에 싸서 냉장실에서 1주일간, 냉동실에서 1개월간 보관할 수 있다.

양고기에 염지 재료를 전체적으로 잘 문질러 바른다.

얇은 그릇에 양고기를 담아 재운다.

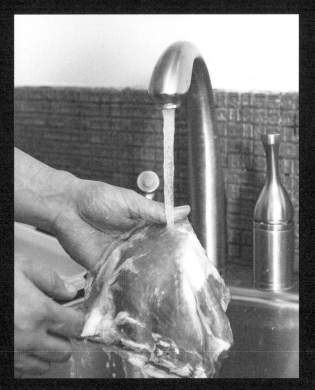

양고기를 찬물에 씻는다.

양고기를 껍질이 아래로 오도록 올려 익힌다.

SPINACH SALAD

WITH SPICED PECANS, LAMB BACON, CLEMSON BLUE CHEESE, AND BOURBON VINAIGRETTE

피칸과 양고기 베이컨, 클렘슨 블루 치즈, 버번 비네그레트를 더한 시금치 샐러드

양고기 베이컨은 우아해진 돼지고기 베이컨과도 같다. 베이컨의 풍미가 은은해서 이 샐러드처럼 조금 더 섬세한 풍미를 원하는 요리에 잘 어울린다. 양고기 베이컨으로 샐러드를 만들 기분이 아니라면 그저 평범한 아침 식사용 달걀 요리에 곁들이는 걸 딱히 추천하지는 않는데, 그릇에 깨어 담고 론칼 치즈와 처빌을 조금 넣어서 오븐에 가볍게 구운 달걀이라면 이야기가 달라진다. 오, 생각하니 벌써 맛있을 것 같다. 하지만 그 전에 이 샐러드를 먼저 먹어보자.

분량 4인분

샐러드 재료

작게 깍둑 썬 양고기 베이컨(48쪽 참조) 225g

시금치 225g

얇고 둥글게 송송 썬 브렉퍼스트 래디시(길쭉한 모양에 위쪽이 붉은 빛을 띠는 맛이 부드러운 래디시 품종 - 옮긴이) 1개 분량

심을 제거하고 막대 모양으로 썬 풋사과 1개 분량

잘게 부순 클렘슨 블루 치즈 또는 부드러운 맛의 수제 블루 치즈 110g

피칸 1/2컵

버번 비네그레트 재료

올리브 오일 3/4컵

메이플 시럽 1큰술

버번 위스키 1/4컵

사과 식초 2큰술

천일염 1/4작은술

검은 후추 갓 간 것 1/2작은술

1. 먼저 비네그레트를 만든다. 소형 냄비에 버번 위스키를 붓고 중간 불에 올려서 한소끔 끓인다. 이때 버번 위스키의 알코올에 불이 붙을 수 있으니 주의해야 한다. 혹시 불이 나면 불꽃의 숨이 죽을 수 있도록 산소가 차단되는 딱 맞는 뚜껑을 닫으면 된다. 수 초 뒤에 뚜껑을 열면 꺼져 있을 것이다. 냄비에 약 2큰술 정도가 남을 때까지 보글보글 끓인다. 졸인 버번 위스키를 라메킨에 옮겨 담고 냉장고에 넣어 아주 차갑게 식힌다.

2. 소형 볼에 올리브 오일과 식초, 메이플 시럽, 소금, 후추를 넣고 잘 섞은 뒤 졸인 버번 위스키를 넣는다. 그리고 계속 냉장 보관하다 사용하기 전 실온에 꺼낸다.

3. 샐러드를 만들기 위해 먼저 소형 프라이팬에 양고기 베이컨을 넣고 중약 불에서 겉이 바삭바삭해지기 시작할 때까지 5~6분간 뒤적여가며 익힌다. 종이 타월에 얹어서 기름기를 제거한다.

4. 대형 볼에 나머지 샐러드 재료와 양고기 베이컨을 넣는다. 버번 비네그레트를 둘러서 골고루 버무린 다음 바로 낸다.

> 나는 겨울이면 시금치 대신 케일을 넣고 비네그레트를 살짝 데워서 버무린다.

CURRIED LAMB PROSCIUTTO

커리 양고기 프로슈토

야심만만한 레시피다. 무려 냉장고가 하나 더 필요하다(56쪽의 염지 참조). 양 다리를 걸어야 할 제일 상단 선반을 제외한 모든 선반을 제거한다. 냉장고 온도를 할 수 있는 최대한으로 높이면 보통 3~4℃가 되는데, 그러면 양 다리 몇 개 정도는 매달 수 있는 안전한 환경이 조성된다.

나는 양고기를 염지하길 좋아하는데, 돼지고기보다 훨씬 짧은 시간에 완성되기 때문이다. 돼지 다리 프로슈토는 18개월을 기다려야 하므로 만족감을 얻기까지 시간이 너무 오래 걸린다. 하지만 양 다리라면 거의 66일 만에 완성된다. 손님이 둘러앉은 식탁 옆에서 이 양 다리를 저며 내놓는다면 여러분은 마치 샤퀴테리의 신처럼 보일 것이다.

커리 페이스트 없이 만들어도 괜찮지만 커리는 매혹적인 향을 더하는 역할을 한다. 커리 향이 얼마나 부드러운지 감탄하게 될 것이다.

양고기 프로슈토는 그냥 먹어도 맛있지만 이어지는 샐러드 레시피에 활용해도 좋다. 우리 집에서는 1개월 정도 걸려서 다 먹지만, 얼마나 자주 내놓느냐에 따라 2~3주면 없어질 수도 있다.

분량 양고기 프로슈토 1개

양 다리(뼈째) 1개(약 2.7kg)

1차 염지 재료

코셔 소금 1컵
설탕 1/2컵
검은 후추 갓 간 것 1/2컵

2차 염지 재료

코셔 소금 1컵
설탕 1/2컵
커리 페이스트 (이어지는 레시피 참조)

1. 양 다리에서 늘어진 지방이나 힘줄 등을 깨끗하게 손질한다. 소형 볼에 소금과 설탕, 검은 후추를 섞어서 1차 염지를 준비한다. 알맞은 크기의 통에 양 다리를 넣고 소금 혼합물을 뿌려서 양 다리에 전체적으로 넉넉히 펴 바른다. 이 작업은 일회용 장갑을 끼고 하는 것이 좋다. 바닥에 떨어진 소금 혼합물을 퍼서 다시 양 다리에 문질러 바르는 과정을 반복한다. 랩을 단단하게 씌운 다음 염지용 냉장고 뒤쪽에 넣어 18일간 절인다. 이틀 간격으로 양 다리를 뒤집어준다.

2. 18일 후 양 다리를 통에서 꺼낸 다음 흐르는 찬물에 10분간 문질러 씻는다. 소형 볼에 소금과 설탕을 섞어서 2차 염지를 준비한다. 양 다리에 소금 혼합물을 (일회용 장갑을 끼고) 1차 염지 때처럼 문질러 바른다. 그리고 커리 페이스트를 다리 전체에 고르게 펴 바른다. 통에 랩을 단단하게 씌운 다음 염지용 냉장고 뒤쪽에 넣고 8일간 더 절인다.

3. 8일 후에 양 다리를 통에서 꺼내 흐르는 찬물에 10분간 문질러 씻는다. 양 다리를 깨끗한 대형 통에 넣고 찬물을 잠기도록 붓는다. 1시간 동안 그대로 둔다.

4. 양 다리를 물에서 꺼내서 종이 타월로 두드려 물기를 제거한다. 이 시점에서 양 다리는 염지가 된 상태지만 서늘하고 건조하며 공기가 잘 순환되는 곳에 걸어서 건조시켜야 한다. 조리용 끈으로 묶어서 두꺼운 부분이 아래로 오도록 염지용 냉장고 선반에 매달아 최소 40일간 그대로 건조시킨다.

5. 40일 후면 양고기 프로슈토가 완성되어서 썰어 먹을 수 있다. 원한다면 30일 더 숙성시켜도 좋고 적당한 크기로 썰어 냉동시켜도 좋다. 남은 것은 냉장고에서 2주일간 보관할 수 있다.

절인 고기를 얇게 저미는 것은 그 자체로 예술과 같지만 할 수 있는 한 최대로 얇게 저며야 한다는 것만 말해둔다.

커리 페이스트

분량 약 1컵

마늘 4쪽
껍질을 벗겨서 얇게 저민 생강 1톨 분량
카놀라 오일 또는 기타 중성 오일 1/4컵
무가당 코코넛 밀크 3큰술
토마토 퓨레 2큰술
간장 2큰술
카이엔 페퍼 1작은술
가람 마살라 1작은술
쿠민 가루 1작은술
코리앤더 씨 가루 1작은술
강황 1/2작은술
천일염 1작은술
설탕 1작은술
검은 후추 갓 간 것 1/2작은술

믹서 또는 푸드 프로세서에 모든 재료를 넣고 걸쭉한 페이스트가 될 때까지 곱게 간다. 커리 페이스트는 미리 만들어서 밀폐용기에 담아 냉장고에 1개월까지 보관할 수 있다.

SALAD OF CURRIED LAMB PROSCIUTTO

WITH DRIED APRICOTS, PINE NUTS, FENNEL, AND TARRAGON VINAIGRETTE

말린 살구, 잣, 펜넬, 타라곤 비네그레트를 곁들인 커리드 양고기 프로슈토 샐러드

펜넬은 짭짤한 커리 양고기에 입히기 아주 좋은 옷이다. 여기서는 펜넬이 샐러드에 화사함을 더하고 살구가 단맛을 한 겹 더 깔아준다. 하지만 신선한 무화과나 알자스의 워시 린드 치즈(주기적으로 소금물 등으로 씻어내 표면에 독특한 곰팡이가 자라도록 숙성시킨 치즈의 종류 - 옮긴이), 수박 껍질 절임 등 창의력을 한껏 발휘해보자. 이 샐러드에는 깔끔한 피노 블랑을 곁들여 즐기는 것을 권장한다.

분량 4인분

커리 양고기 프로슈토(52쪽) 8~10장
심을 제거한 펜넬 구근 1개(대)
아주 얇게 저민 말린 살구 4개 분량
볶은 잣 1/4컵
코셔 소금 1/2작은술

비네그레트 재료
곱게 다진 생 타라곤 잎 3큰술
다진 마늘 1작은술
디종 머스터드 1큰술
엑스트라 버진 올리브 오일 6큰술
쌀 식초 3큰술
코셔 소금 1/2작은술
검은 후추 갓 간 것 1/4작은술

1. 먼저 비네그레트를 만든다. 소형 볼에 모든 재료를 넣고 거품기로 잘 휘저어 유화시킨다. (비네그레트는 미리 만들어서 유리병에 담아 냉장고에 1주일간 보관할 수 있다.)

2. 샐러드를 만들기 위해 채칼로 펜넬을 최대한 곱게 채 썬다. 대형 볼에 펜넬을 담고 소금을 뿌려서 골고루 버무린 뒤 실온에서 15분간 재워 숨이 죽도록 한다.

3. 숨이 죽은 펜넬에 비네그레트를 적당히 둘러서 살짝 촉촉해지도록 버무린다.

4. 접시에 저민 양고기를 담고 펜넬을 위에 올린 뒤 살구와 잣을 뿌린다. 남은 비네그레트를 두른다.

염지

내가 염지 과정을 너무나 사랑하는 이유를 대체 뭐라고 설명해야 좋을지 알 수가 없다. 우리 레스토랑에서는 컨트리 햄에서 오리 가슴살, 심지어 성게알까지 다양한 재료를 염지한다. 완성까지 가장 오랜 시간이 걸리기에 가장 큰 만족감을 주는 요리 형태이기도 하다. 나는 언제나 손님에게 요리법을 알려주려고 노력한다. 우선 이러한 말로 시작한다. "정말 간단합니다. 원시인이 할 수 있었다면 여러분도 할 수 있어요. 소금과 설탕만 있으면 됩니다." 하지만 그런 다음 소금 용액과 발효 및 보존 음식에 대한 철학을 논하기 시작하면 다들 집중력을 잃고 만다. 하지만 나는 셰프에게 주어지는 가장 큰 재능은 바로 복잡한 과정을 누구나 이해할 수 있도록 간단한 몇 가지 단계로 압축해내는 능력이라고 생각한다. 그렇다, 무한한 변형과 풍미 조합이 가능한 샤퀴테리와 살루미라는 숭고한 예술은 나를 포함해 대부분의 셰프가 인생에 걸쳐 헌신해도 결코 완전히 마스터할 수는 없을 장인 기술을 필요로 한다. 하지만 (그리고 이 시점부터는 여러분도 마찬가지다) 완벽한 쿨라텔로(이탈리아 파르마 지역의 전통 샤퀴테리로 돼지의 다리 부위 고기를 이용해 만든다 - 옮긴이)를 만들 수 없다고 해서 염지의 즐거움에 아예 동참하지 못할 이유도 없다. 그러니 안개처럼 희뿌연 모든 은유적인 표현은 걷어내고 일단 기본 원칙부터 알아보자.

염지는 박테리아가 증식하는 데에 필요한 수분이 없는 상태를 만드는 과정이다. 소금은 준비한 육류에서 수분을 끌어내는 도구다. 고기가 클수록 더 많은 양의 소금과 염지 시간이 소요된다. 염지를 할 때 가장 중요한 요소는 인내심이다. 제대로 숙성된 햄 한 조각을 먹는 순간 여러분은 흘러가는 시간의 정점을 맛보게 된다. 과거의 한 조각, 역사의 한 조각을 먹는 것이다. 젠장, 다시 염지에 대해 꿈결 같은 이야기를 늘어놓기 시작했다.

염지에 대해 기억해야 할 중요한 사항은 세 가지다.

1. 질산염은 염지 과정에 도움을 주기는 하지만 반드시 필요한 재료는 아니다. 질산염은 주로 육류의 매력적인 색상을 유지하기 위해서 사용하는 화학 물질이다. 나는 염지를 할 때 질산염을 일절 사용하지 않는다.

2. 상업적으로 구입할 수 있는 대부분의 육류는 유해한 박테리아를 죽이기 위해서 차가운 공기로 냉장하는 과정을 거치지만, 가족이 운영하는 소규모 도축장에서 잡은 일부 유기농 육류는 그렇지 않은 경우가 있다. 따라서 어떤 육류를 준비하건 안전을 위해 일단 영하 5℃가 될 때까지 냉동하는 것이 좋다. 냉동실에 하룻밤 동안 넣어두면 보통 해결된다. 그리고 염지하기 전에 육류를 완전히 해동한다.

3. 전통적인 염지 과정에서는 10~15℃의 온도와 약 75%의 습도가 일정하게 유지되고 공기가 일정하게 순환하는 해충이 없는 환경에 육류를 보관해야 한다. 육류를 걸어놓을 수 있는 환경이 있다면 더없이 좋다. 와인 냉장고가 있다면 완벽하다. 하지만 대부분의 사람들에게는 와인 냉장고가 없다. 정말로 염지를 제대로 해보고 싶다면 아주 기본 장치만 갖춘 냉장고를 하나 더 구입하는 것도 좋다. 냉장고의 온도는 영하 1℃~영상 1℃ 정도로 낮은 편이기 때문에 염지 시간이 더 오래 걸리지만 박테리아 발생을 확실하게 방지할 수 있다. 냉장고가 준비되었다면 상단 선반을 제외한 모든 선반을 제거한다. 온도는 보통 3℃ 정도인 가장 높은 온도로 설정한다. 정육점의 조리용 끈으로 육류를 묶어 상단 선반에 매단다. 공기가 순환되도록 매달아 놓은 육류 사이에 충분한 공간을 두어야 한다. 혹시 집 안에 염지 과정을 방해할 수 있는 사람이 있다면 냉장고 문에 자물쇠를 채워두는 것도 잊지 말자.

치즈 생산자

나는 루이빌에서 열린 미국 치즈 협회 학회에서 팻 엘리엇Pat Elliot을 처음 만났다. 우리 대부분은 한 가지 직업만으로도 바쁘게 살아간다. 하지만 팻은 의사, 농부, 치즈 생산자라는 세 가지 직업을 가지고 있는데 이 모든 것을 훌륭하게 해내고 있다. 그는 직접 양을 치면서 의사로서 일반 농부가 가지지 못한 특별한 시각으로 동물을 살핀다. 나는 그런 점이 마음에 든다. 팻과 대화를 나누면 동물 사료에서 의약품, 치즈 껍질의 밀도에 이르기까지 주제가 순식간에 바뀐다. 나는 610 매그놀리아를 연 첫날부터 팻의 치즈를 사용했다. 기분이 좋을 때는 치즈를 배달할 때 저온 살균을 거치지 않은 양젖 요구르트 샘플을 가져다주기도 한다. 하지만 이 요구르트는 레스토랑에 머무르는 일 없이, 나와 함께 바로 우리 집으로 향한다.

"양은 멍청하지 않습니다. 양은 약하지도 않습니다. 양은 금욕적인 동물입니다. 양은 고통을 드러내지 않고 견디는 놀라운 능력을 가지고 있습니다. 양은 무리생활을 하는 동물이고 늑대는 항상 약한 양을 노리기 때문이죠. 시간이 지나면서 양은 포식자의 눈에 띄지 않기 위해 아플 때에도 고통을 드러내지 않도록 진화했습니다. 양을 키우는 농가에서는 양이 아무런 증상도 보이지 않다가 갑자기 죽는다고 불평하는 경우가 있습니다. 이는 사실이 아닙니다. 양은 아플 때 고통을 감추기 때문에 조금만 더 자세히 관찰하면 됩니다. 양은 정말 특별한 동물입니다."

- 팻 엘리엇,
버지니아 주 래피댄, 에버로나 낙농장의
치즈 생산자(이자 의사)

COWS & CLOVER
소와 클로버

밥을 먹자마자 누우면
소가 된다.
— 한국 미신

★ ★ ★

소고기는 내게 제일 좋아하는 고기인 동시에 가장 실망스러운 고기다.
소금과 단맛, 훈연이 삼위일체가 되는 한국식 바비큐는 여전히
톡 쏘는 그슬린 고기를 베어 무는 맛에서 시작해
소화 불량이나 기름기 걱정 없이 마음껏 신나게 소고기를 먹을 수 있었던
어린 시절의 행복이라는 요람으로 마무리되는 추억을 떠올리게 하는 방아쇠 역할을 한다.
숯불에 구운 달콤한 간장과 알싸한 마늘의 여운이 감도는 갈비는
우리 가족이 코리아타운으로 모험을 떠나는 이유였다.

그 여정은 내 어린 시절의 가장 좋아하는 추억 중 일부이기도 하다. 그래서 레스토랑을 열었을 때 나는 자연스럽게 아무도 원하지 않는 모트 스트리트에서 한국식 바비큐 전문점 운영에 도전했다.

뜨거운 철판에 담은 갈비를 파는 작은 가게로 시작한 그곳은 어느새 본격적인 힙스터 레스토랑으로 성장했다. 우리는 메뉴에 샐러드와 디저트를 추가했고 원래 제공하던 OB 맥주와 하이네켄을 보완하기 위해 와인과 칵테일을 준비했다. 당시 나는 스물 다섯 살이었고 아직 풋내기였다. 원래의 계획은 백인에게 한국식 바비큐를 팔아서 돈을 벌어 요리 학교에 들어가는 것이었다. 하지만 불과 수개월 만에 나는 유명인과 패셔니스타를 접대하면서 리치 마티니를 수십 잔씩 팔고 있었다. 문을 닫기에는 너무 많은 돈을 벌고 있었고, 그만두기에는 너무 재미있었다. 매일 밤 별 볼 일 없는 레스토랑으로 문을 열었다가 자정 즈음이 되면 누군가는 바에서 춤을 추거나 주방에서 스킨십을 나누고 있었으며 화장실에는 수상할 정도로 긴 줄이 늘어섰다. 나는 예술가, 디자이너와 함께 어울리고 일본 여배우와 데이트를 하며 그날 친구가 된 처음 본 사람

들과 떠오르는 아침 해를 보았고 조 스트러머(영국의 록 뮤지션 - 옮긴이), 밥 그루엔(존 레논의 전속 사진가로 유명한 미국의 사진가 - 옮긴이)과 함께 바보 같을 정도로 멋진 밤을 보내기도 했다. 내 요리에 대한 열망은 보류된 채였다. 사실 데킬라 병에 푹 잠긴 채로 절어가고 있었다.

유난히도 시끄럽고 정신없던 어느 날 밤, 제레미아 타워가 우리 가게에 들어왔다. 너무 어려서 그를 기억하지 못하는 사람을 위해 설명하자면 타워는 셰 파니스Chez Panisse의 반쪽이었다. 그와 앨리스 워터스는 함께 셰 파니스를 버클리의 동네 레스토랑에서 미국 요리 역사상 가장 중요한 기관으로 성장시켰다. 그리고 그들의 궁극적인 결별은 매우 공개적이면서 격렬하게 이루어졌다. 코비와 샤크처럼 (로스앤젤레스 레이커스 팀에서 함께 뛰며 불화 관계가 언론의 주목을 받았던 인기 농구 선수 샤킬 오닐과 코비 브라이언트 - 옮긴이) 두 사람 모두 각자의 길에서 훌륭한 경력을 쌓았지만 셰 파니스에서의 전성기만큼 눈부시게 빛나지는 못했다. 내가 하는 이야기가 극성팬의 호들갑처럼 들린다면, 그건 실제로 내가 그의 팬이기 때문일 것이다. 나 같은 젊은 셰프에게 그들은 레스토랑 경영과 명확한 농업 철학이 결합

되었을 때 이룰 수 있는 것의 정점을 보여주었다. 그들은 혁명적이었고 한 세대의 셰프들로 하여금 그들의 뒤를 따르도록 영감을 준 존재다.

나는 제레미아 타워가 셰 파니스를 처음 연 해에 태어났고, 지금 그가 내 작은 힙스터 레스토랑에 앉아 있었다. 나는 그에게 깊은 인상을 남기고 싶었다. 하지만 무엇을 내놔야 한단 말인가? 물냉이 약간과 시들어가는 한국 배? 바에는 한 여자아이가 쓰러져 있었는데 하필 그가 내 종업원이었다. 아이스박스 안에는 꽁꽁 언 스케이트가, 리치인 냉장고(문을 반복적으로 열어도 온도가 유지되는 냉장고 – 옮긴이) 뒤쪽에는 꼴 보기 싫게 도축된 오리 한

마리가 들어 있었다. 나는 내 비장의 무기로 승부를 보기로 했다. 갈비 구이였다. 우리는 매일 밤 버스 한 대 분량의 갈비를 팔았다. 갈비를 음미하는 사람들로 식당이 꽉 찰 정도였다. 나는 지글거리는 갈비 한 접시에 우리의 양념 쟁반을 곁들여 내보냈다. 그리고 맥주를 마시며 찬사를 기다렸다. 하지만 그런 일은 일어나지 않았다. 돌아온 것은 차갑게 굳은, 거의 손도 대지 않은 갈비 접시였다. 그가 먹은 것은 밥과 양념뿐이었다. 주문은 계속해서 빗발쳤지만 쳐다보고 싶지 않았다. 나는 우유 상자 위에 앉은 채로 죽어버렸다. 그 모든 유흥과 돈이 실패처럼 느껴지기 시작했다. 나는 내가 만든 갈비를 한 입 먹어보았다. 달콤짭조름한 양념

은 꽤 괜찮았지만 그 아래 잠긴 고기는 놀라울 정도로 심심했다. 세상에, 나는 방금 타워가 상징하는 모든 것을 망쳐버린 셈이었다. 나는 최악의 상황을 예상하고 그의 테이블에 다가갔다. 하지만 그는 정중했고 심지어 온화했다. 전혀 부정적인 말을 하지 않았지만 그렇다고 극찬도 없었다(그 모든 반응이 모든 것을 대신 말해주었다). 그는 나에게 레스토랑에 대해 몇 가지 무해한 질문을 하고 의자에서 떨어지기 직전인 술 취한 힙스터들을 둘러본 후 무심하게 미소를 지으며 저녁의 거리 속으로 빠져나갔다.

고작해야 하룻밤, 한 명의 손님이었다. 어깨를 한 번 으쓱하고 넘어가는 것이 최선이었다. 하지만 이 사건이 나를 계속 괴롭혔고 결국 내 안의 갈등은 곪아 터졌다. 내가 즐기고 있던 모든 것에서 재미를 느끼지 못하게 되었다. 나는 공급업체에 전화를 걸어서 구할 수 있는 최고의 소고기를 달라고 했다. 그리고 그 고기는 어디에서 오는 것이냐고 물었다. 그는 아이오와라고 답했다. 나는 아이오와의 어디에서 오는 것이냐고 다시 물었다. 그는 모른다고 답했다. 나는 전화를 끊고 다른 공급업체에 전화를 걸었다. 나는 더 많은 질문을 던졌다. 이 소가 무엇을 먹고 자랐느냐고 물었다. 침묵이 돌아왔다. 나는 전화를 끊고 다른 공급업체에 전화를 걸었다. 이 사람은 나에게 거짓말을 했다. 나는 이 농장 저 농장에 전화를 걸었고 수화기에 매달린 지 두 시간이 지난 후에야 헤리퍼드 종 소고기를 줄 수 있다는 뉴욕 북부의 한 남자를 찾을 수 있었지만, 소 한 마리 중 4분의 1을 주문해야 가능했고 화요일에만 배달을 한다고 했다. 그리고 내가 원래 지불하는 가격보다 두 배나 비쌌다. 내 작은 부엌을 둘러보자 닭이며 달걀, 돼지갈비, 오징어, 셀러리, 망고, 당근, 향신료와 콩과 쌀과 온갖 것들이 눈에 들어왔다. 나는 생각했다. "아, 이제 큰일났다."

하루아침에 내 주방을 바꿀 수는 없었다. 그것은 아주 긴 여정이었고, 이 길을 걷기 시작한 모든 셰프는 이 토끼굴이 아주, 아주 깊다는 사실을 알고 있다. 하지만 일단 시작하면 되돌리기란 거의 불가능하다. 가장 어려운 부분은 첫 걸음을 떼는 것이고 가장 훌륭한 부분은 실망감을 영감으로 바꾸는 것이다.

나는 문학을 전공했기 때문에 사물을 은유해서 보는 것을 좋아한다. 소고기는 내가 쌓아 올린 거대한 실망감의 겉핥기에 불과했다. 나는 모든 일이 내 뜻대로 흘러가고 있다고 생각했고

어느 정도는 맞는 말이었다. 하지만 인생에는 구운 고기와 데킬라 샷보다 많은 것이 있다는 것을 마음속 깊은 곳에서 알고 있었다. 식당을 운영했던 3년이 눈 깜짝할 사이에 사라지고 말았다. 내 여자친구는 이탈리아로 떠났다. 새로운 친구들은 기이한 사람들이었다. 그리고 두 대의 비행기가 쌍둥이 빌딩을 잿더미로 만들었다. 나는 소중한 친구를 잃었다. 그리고 모아둔 돈을 모두 잃었다. 나에게는 휴식이 필요했다.

그 모든 유흥과 돈이 실패처럼 느껴지기 시작했다.

왜 켄터키 더비(루이빌에서 열리는 경마 경주 - 옮긴이)로 가기로 결심했는지는 정확히 기억나지 않는다. 브루클린 출신의 한 도시 청년에게 시어서커 천(오글오글한 질감이 특징인 시원한 종류의 천 - 옮긴이)과 버번 위스키가 가득한 광경은 왠지 지옥 같던 도시 생활의 만병통치약처럼 보였다. 친구의 친구가 루이빌에 있는 한 레스토랑을 아는데, 더비가 열리는 주말 동안 나를 고용해주겠다고 했다. 그곳에서 돈도 좀 벌고 블루그래스(잔디의 품종 중 하나로 켄터키에서 널리 볼 수 있어 켄터키를 부르는 별명이기도 하다 - 옮긴이)도 좀 볼 수 있을 터였다. 나는 신발을 벗고 맨발로 클로버 풀밭을 걷고 싶었다. 내 발 아래에 밟히는 것과 같은 풀을 뜯는 소들과 함께 걷고 싶었다. 나는 일주일치의 짐을 꾸렸다. 그것이 내 인생을 영원히 바꿔놓을 일주일이 되었다.

RICE BOWL WITH BEEF,
ONIONS, COLLARDS, FRIED EGG, AND CORN CHILI RÉMOULADE

소고기와 양파, 콜라드, 달걀프라이, 옥수수 칠리 레물라드 덮밥

아시아식 바비큐에 대한 사랑과 내가 좋아하는 남부의 식재료를 성공적으로 결합할 때마다 나는 내가 특별한 무언가를 만들어냈다는 사실을 깨닫는다. 이 소고기 양념은 인기 있는 한국식 불고기 소스에서 영감을 얻은 것이고 콜라드는 진정한 남부의 아이콘이다. 콜라드 그린(케일과 비슷한 느슨한 결구 형태로 자라는 녹색 잎채소 – 옮긴이)의 역사는 남부 식민지 시절 노예들의 아프리카 뿌리와 마찬가지로, 재배하기 쉽고 풍성하며 영양가 있는 녹색 채소를 가족에게 먹이기 위해 기르기 시작한 것이 결국 풍요와 축하, 따스함을 상징하는 전통 재료로 성장했다. 그리고 이 요리에서 콜라드 그린은 그야말로 제 집을 찾은 듯 단순하지만 만족스러운 덮밥의 일부가 되었다.

분량 메인 4인분 또는 전체 6인분

얇게 저민 플랫 아이언 스테이크
(부채살 부위에서 잘라내는 스테이크 – 옮긴이)
1개(450g) 분량

밥(20쪽) 4컵

참기름 1큰술

옥수수 고추 레물라드 재료

껍질을 벗기고 낟알을 깎아낸 옥수수
2개 분량

무염 버터 1작은술

완벽한 레물라드(22쪽) 1/4컵

칠리 파우더 1작은술

양념장 재료

마늘 간 것(그레이터 사용) 1쪽 분량

생 생강 간 것(그레이터 사용) 1작은술

참기름 1큰술

간장 3큰술

생 레몬즙 2작은술

설탕 2작은술

소금 1/2작은술

검은 후추 갓 간 것 1/2작은술

---

1. 레물라드를 만들기 위해 소형 소테 팬에 버터를 넣고 중간 불에 올려서 녹인다. 옥수수를 넣고 부드러워질 때까지 3~4분간 볶는다. 불에서 내리고 레물라드와 칠리 파우더를 넣어서 잘 섞은 다음 따로 둔다.

2. 이제 소고기를 재우자. 볼에 모든 양념장 재료를 넣어서 잘 섞는다. 저민 스테이크를 넣고 뒤적여서 잘 섞고 실온에 20분간 재운다.

3. 스테이크를 절이는 동안 콜라드를 조리한다. 대형 프라이팬에 올리브 오일과 버터를 넣고 중간 불에 올려서 버터를 녹인다. 양파를 넣고 골고루 캐러멜화될 때까지 8~10분간 볶는다. 콜라드 그린과 소금, 식초를 넣고 숨이 죽을 때까지 5분간 볶는다. 찜이 아니기 때문에 색이 변할 때까지 익히지는 않는다. 숨은 죽었어도 기분 좋게 씹는 질감은 남아 있어야 한다. 콜라드를 따뜻한 접시에 옮겨 담고 따뜻하게 보관한다.

4. 스테이크를 굽기 위해 대형 프라이팬에 참기름을 두르고 중간 불에 올려서 달군다. 스테이크를 양념장과 함께 넣고 계속 휘저으면서 노릇하게 잘 익을 때까지 3~5분간 볶는다. 스테이크를 볼에 옮겨 담고 먹기 전까지 따뜻하게 보관한다.

5. 달걀은 같은 팬에 버터를 녹이고 한 번에 하나씩 깨 넣어 서니 사이드 업으로 익힌다. 접시에 옮겨 담고 먹기 전까지 따뜻하게 보관한다.

6. 식사 직전 그릇에 밥을 담는다. 밥 위에 콜라드 그린을 담고 그 옆에 스테이크를 담는다. 소고기 위에 달걀프라이를 하나씩 올리고 레물라드 1큰술을 달걀 위에 두른다. 숟가락과 함께 바로 낸다. 모든 것을 함께 잘 섞어서 비벼 먹어야 맛있다.

플랫 아이언 스테이크를 구할 수 없다면 설로인 스테이크(보섭살 부위를 성형한 스테이크 - 옮긴이)나 **뼈를** 제거한 갈비살을 사용해도 좋다. 하지만 플랭크 스테이크(안창살 스테이크의 일종으로 질기고 육향이 강하다 - 옮긴이)처럼 질긴 부위는 단단해서 부드럽고 폭신한 밥과 함께 먹기에는 질감이 적절하지 않으니 피하도록 하자.

콜라드 재료

줄기는 제거하고 굵게 썬 콜라드 1단 (340g)

깍둑 썬 양파 1컵

무염 버터 1큰술

올리브 오일 1큰술

사과 식초 1작은술

소금 1작은술

달걀 재료

무염 버터 1과 1/2큰술

달걀(유기농 권장) 4개(대)

STEAK TARTARE
WITH A SIX-MINUTE EGG AND STRAWBERRY KETCHUP

6분 삶은 달걀과 딸기 케첩을 곁들인 스테이크 타르타르

이 책에서 소개하는 몇 안 되는 '레스토랑 스타일' 요리 중 하나이지만 대부분의 준비는 미리 할 수 있기 때문에 먹기 전에 달걀을 딱 알맞은 상태로 익히는 것만이 관건이다. 달걀노른자가 터지면서 흘러내리면 더없이 섹시할 뿐더러 다른 모든 재료를 하나로 어우러지게 만든다. 딸기 케첩은 예상치 못한 반전을 더하는 역할이다. 일반적인 토마토 케첩은 과일인 토마토의 농축된 단맛에 의존하나, 여기서는 토마토 대신 조리하면 그 자체의 감칠맛 가득한 단맛이 더해지는 딸기를 사용했다. 어른을 위한 케첩이라고 생각하자.

나는 이 요리에 흙 향기가 나는 오리건 피노 누아를 즐겨 곁들인다.

분량 전체 4인분

타르타르 재료

뼈를 제거한 소고기 홍두깨살이나 삼각살, 립아이 225g

다진 샬롯 1/4컵

다진 생 이탤리언 파슬리 1/4컵

참기름 1큰술

디종 머스터드 1작은술

코셔 소금 3/4작은술

검은 후추 갓 간 것 1/2작은술

구워서 삼각형으로 4등분한 브리오슈 4장 분량

달걀(유기농 권장) 4개(대)

딸기 케첩(다음 쪽 참조) 1/4컵

생 라임 즙 1개 분량

장식용 아루굴라 1줌

굵은 천일염 약간

1. 타르타르를 만들기 위해 먼저 소고기를 날카로운 칼로 최대한 곱게 다진다. 차가운 볼에 소고기를 넣고 샬롯과 파슬리, 참기름, 머스터드, 소금, 후추를 더해 고무 스패출러로 조심스럽게 섞는다. 덮개를 씌워서 냉장고에 차갑게 보관한다.

2. 타르타르를 차갑게 식히는 동안 소형 냄비에 달걀을 조심스럽게 넣고 찬물을 잠기도록 붓는다. 중강 불에 올려서 한소끔 끓인 다음 타이머를 6분으로 맞춘다. 6분 후에 달걀을 조심스럽게 꺼내서 얼음물에 담가 식힌 뒤 흐르는 찬물에서 껍질을 조심스럽게 벗긴다.

3. 접시마다 한쪽에 딸기 케첩을 1큰술씩 얹는다. 접시 가운데에 토스트를 하나 놓는다. 소고기 타르타르를 토스트 위에 얹고 라임 즙을 짜서 타르타르에 뿌린다. 달걀 1개를 조심스럽게 타르타르 위에 얹는다. 아루굴라를 올리고 천일염을 달걀에 약간 뿌린 다음 바로 낸다.

딸기 케첩은 살짝 오래되어 약간 무르기 시작한 딸기를 처리하기 좋은 방법이다. 딸기 철이 끝물을 맞이하면 농산물 시장에서 저렴한 가격에 구입할 수 있는데, 그렇게 예뻐 보이지는 않지만 맛은 여전히 좋다. 아무도 사고 싶어 하지 않지만 나는 구할 수 있는 만큼 사는 편이다. 딸기 케첩을 염지한 햄이나 스틱 핫도그, 오크라 튀김에 곁들여서 먹어보자.

딸기 케첩

분량 2컵

씻어서 심을 제거하고 송송 또는 반으로 썬
생 딸기 450g

다진 양파 1/2컵

사과 식초 1/2컵

증류 백식초 1큰술

간장 2작은술

황설탕 1/2컵

훈제 파프리카 가루 1/2작은술

쿠민 가루 1/2작은술

정향 가루 1/4작은술

생강 가루 1작은술

코셔 소금 1작은술

흰색 후추 갓 간 것 1/2작은술

1. 소형 냄비에 딸기와 양파, 사과 식초, 황설탕, 간장을 넣고 중
간 불에 올려서 한소끔 끓인 후 딸기가 부드럽게 뭉개질 때까
지 14분간 익힌다.

2. 딸기 혼합물을 믹서에 넣고 강 모드로 간다. 고운 체에 내려서
볼에 담고 건더기는 버린다.

3. 백식초와 생강, 소금, 흰색 후추, 파프리카 가루, 쿠민 가루, 정
향 가루를 넣고 거품기로 잘 섞는다. 소형 병 2개에 나누어 담
고 뚜껑을 닫아서 냉장고에 넣는다. 딸기 케첩은 냉장고에서
1개월간 보관할 수 있다.

LIME BEEF SALAD

라임 소고기 샐러드

소고기가 늘 원시인의 요리여야 할 필요는 없다. 아삭하고 알록달록한 건강한 농산물을 곁들이면 섬세한 요리로 탄생한다. 샐러드에 고기를 넣으면 우리 안의 육식주의자를 만족시킬 수는 있겠으나 고기가 주인공이 되지는 않는다. 주인공은 바로 채소다. 양질의 피시 소스를 사용하되 절대 소심하게 찔끔찔끔 넣지 말자. 샐러드에 깊이를 더하는 비밀 재료니까. 상큼하면서도 흙 내음이 나는 이 샐러드는 오스트리아산 그뤼너 벨트리너와 완벽한 합을 선보인다.

분량 4인분

소고기 재료

뼈 없는 소고기 등심 또는 홍두깨살 140g
마늘 1쪽
생강 1톨(소)
물 8컵
소금 1작은술

비네그레트 재료

생 라임즙 5큰술(라임 약 3개 분량)
생 생강 간 것(그레이터 사용) 2작은술
참기름 2작은술
피시 소스 2작은술
간장 1/2작은술
황설탕 1과 1/2큰술
검은 후추 갓 간 것 1/4작은술

1. 비네그레트를 만들기 위해 볼에 모든 재료를 넣고 거품기로 잘 섞는다. 덮개를 씌워서 차갑게 식힌다.

2. 다른 볼에 모든 샐러드 재료를 넣고 거품기로 잘 섞는다. 덮개를 씌워서 차갑게 식힌다.

3. 소고기 조리를 위해 먼저 소형 냄비에 물과 생강, 마늘, 소금을 넣고 강한 불에 올려서 한소끔 끓인 후 약한 불로 낮춰서 약 15분간 뭉근하게 익힌다.

4. 그동안 소고기를 손질한다. 소고기는 얇게 저며 약 8장이 나와야 한다. 한 번에 한 장씩 랩 2장 사이에 깔아서 소형 냄비 바닥이나 밀대를 이용해 종잇장처럼 얇게 두들겨 펴고 접시에 옮겨 담는다.

5. 냉장고에서 차가운 비네그레트를 꺼낸다. 젓가락이나 집게를 이용해서 소고기를 조심스럽게 두어 장 집어 끓는 물에 넣고 10초, 레어를 선호한다면 그보다 짧게 데친 뒤 꺼내서 바로 차가운 비네그레트에 담근다. 남은 소고기도 같은 과정을 반복한다.

6. 샐러드에 소고기와 비네그레트를 붓는다. 가볍게 버무린 다음 소형 샐러드 접시에 담는다. 고수와 땅콩을 뿌려서 바로 낸다.

샐러드 재료

최대한 얇게 채 썬 녹색 양배추 225g

길게 반으로 잘라서 얇은 반달
모양으로 썬 플럼토마토 1개 분량

껍질과 씨를 제거하고 긴 막대
모양으로 채 썬 망고(살짝 덜 익어 아직
탄탄한 것) 1개 분량

곱게 다진 붉은 프레스노 고추 또는
할라페뇨 고추 1개 분량

다진 생 민트 1큰술

검은깨 1작은술

굵은 줄기는 제거하고 얇은 줄기까지
곱게 다진 고수 1단(소) 분량

다진 땅콩 1큰술

고수 줄기는 먹을 수 있는 부
분이다! 나는 고수에서 잎만
따내고 줄기는 버리는 요리
사를 보면 돌아버릴 것 같다.
고수 줄기는 섬세하고 아삭하
며 잎보다 좋은 맛이 난다. 접
시에 길쭉한 고수 줄기가 들
어가는 것이 싫다면 잎만 따
낸 다음 줄기를 차이브를 다
루듯이 곱게 다지면 된다.

BEEF BONE SOUP

WITH KABOCHA DUMPLINGS

단호박 만두 사골국

한국은 워낙 국과 찌개로 유명한데 특히 가을과 겨울이 되면 우리 모두 김이 모락모락 나는 따끈한 국물을 간절히 원한다. 서양 요리는 대부분 국물을 맑게 우리는 것이 특징이다. 하지만 한식은 정반대다. 뼈를 푹 끓여서 고기와 골수의 지방이 국물에 녹아들게 해 만족스러운 질감의 국물을 만든다. 이 요리는 호박의 화사한 풍미가 진한 국물과 훌륭하게 균형을 이룬다. 나는 보통 와인을 뜨거운 수프에 곁들이는 것을 좋아하지 않는다. 대신 애번데일 브루잉의 스프링 스트리트 세종 Spring Street Saison처럼 풍미 가득한 맥주를 함께 마셔보자.

분량 4인분

살점이 붙은 사골 1.8kg

단호박 만두(만드는 법은 다음 장 참조) 12개

껍질을 벗기고 0.5cm 두께로 둥글게 저민 무 225g

0.5cm 두께로 채 썬 흰 양파 1/2개 분량

물냉이 줄기 1컵

코셔 소금 약간

검은 후추 갓 간 것 약간

---

1. 냄비에 사골을 남기고 찬물을 잠길 만큼 붓는다. 뼈와 살점에서 핏물이 빠져나올 때까지 약 1시간 정도 실온에 둔다.

2. 물을 완전히 따라버린 다음 냄비에 다시 찬물을 뼈가 2.5cm 정도 잠길 때까지 붓는다. 센 불에 올려서 한소끔 끓으면 약한 불로 낮추고 표면에 올라오는 불순물을 전부 걷어내면서 국물이 약 8컵 정도가 될 때까지 3시간 정도 천천히 뭉근하게 익힌다. 끓이면서 불순물은 계속 제거해야 하고, 우유처럼 흰색을 띠는 불투명한 국물이 되어야 한다.

3. 뼈를 대형 볼에 옮겨 담고 국물은 고운 체에 걸러 다시 냄비에 붓는다. 뼈에서 익은 살점을 모두 발라낸 다음 잘게 썰어서 국물에 넣고 뼈는 버린다.

4. 사골국을 한소끔 끓인 다음 무와 양파를 넣고 무가 부드럽지만 아직 형태를 유지할 때까지 약 15분 정도 익힌다. 소금과 후추로 간을 맞춘다.

5. 단호박 만두를 넣고 완전히 익을 때까지 약 3분간 익힌다. 그릇 4개에 사골국을 나누어 담는다(만두는 3개씩 나눈다). 물냉이 줄기로 장식해서 바로 낸다.

→ 다음 장에 계속

단호박 만두

분량 12개

원형 만두피 12장
껍질을 벗긴 1.3cm 크기의 단호박 2컵
부드러운 실온의 무염 버터 2큰술
참기름 1작은술
검은깨 1작은술
천일염 적당량

단호박이 없으면 일반 호박이나 땅콩호박, 도토리 호박 등을 사용한다. 국수호박이나 박 등의 종류는 사용하지 않는 것이 좋은데, 풍미가 약하기 때문이다. 급할 때는 냉동 호박을 사용해도 좋지만 통조림 호박만큼은 사용하지 말자.

1. 오븐을 230℃로 예열한다.

2. 단호박을 베이킹 팬에 한 켜로 담고 오븐에서 살짝 노릇하고 부드러워질 때까지 35분간 굽고 꺼내어 식힌다.

3. 단호박을 믹서에 넣고 버터와 참기름을 더해서 곱게 갈아 걸쭉한 퓨레를 만든다. 너무 되직하면 물을 1큰술씩 넣으면서 농도를 조절한다. 이때 접시에 담으면 형태를 유지하는 으깬 감자 같은 농도여야 한다. 소금으로 간을 맞추고 볼에 담아서 검은깨를 뿌린 뒤 냉장고에 넣어서 차갑게 식힌다.

4. 작업대에 만두피를 깔고 단호박 속을 2작은술씩 올린다. 물로 만두피 가장자리를 촉촉하게 적신 다음 반으로 접어서 맞닿은 가장자리를 꾹꾹 눌러 봉해 만두를 만든다. 만두는 바로 익히거나 덧가루를 가볍게 뿌린 베이킹 시트에 담아서 랩이나 젖은 키친 타월을 덮어 사용하기 전까지 둘 수 있다. 대신 수 시간 안에 익히지 않으면 너무 말라버리니 주의한다. (만두를 트레이에 서로 충분히 간격을 두고 담아 단단하게 냉동시킨 다음 지퍼백이나 비닐봉지에 옮겨 담으면 냉동 보관이 가능하다.)

* 남은 퓨레는 냉동했다가 수프나 무언가에 채우는 속, 여분의 단호박 만두 등을 만드는 데 사용할 수 있다.

GRILLED KALBI

갈비 그릴 구이

어머니로부터 전수받기까지 오랜 시간이 걸린 레시피다. 정확한 계량을 적어두지 않아서 여쭤볼 때마다 '이거를 조금 넣고 저거를 적당히 넣어'라는 식으로 말씀하시기 때문이다. 하지만 정확한 레시피 없이도 어머니의 갈비에서는 언제나 같은 맛이 나기 때문에 레스토랑에서 식사를 하는 것보다 어머니가 직접 만들어주시는 것이 가장 맛있다. 그것이 바로 어머니의 손맛인가보다 하고 생각한다. 어머니의 레시피를 알아내기 위해서는 결국 어머니가 요리를 하실 때 옆에 앉아서 지켜보며 재료를 섞을 때마다 어깨 너머로 기록을 해야 했다. 지금은 친구들이 전통식 갈비를 먹고 싶어 할 때마다 이 갈비를 만든다. 그리고 나 또한 계량컵을 사용하지 않게 되었다. 이 양념장은 오래 보관할 수 있기 때문에 미리 만들어두면 시간을 절약할 수 있다.

분량 메인 6~8인분

1. 양념장을 만든다. 믹서에 모든 재료를 넣고 짧은 간격으로 여러 번 돌려서 거친 퓨레를 만든다. 질감이 좀 남아 있어야 좋다. (양념장은 덮개를 씌워서 냉장고에서 2일간 보관할 수 있다.)

2. 캐서롤 냄비에 LA갈비를 전부 넣으면서 한 층마다 양념장을 조금씩 둘러 전체적으로 잘 묻도록 한다. 뚜껑을 닫고 냉장고에서 최소 4시간, 최대 하룻밤 동안 재운다.

3. 냉장고에서 재운 LA갈비를 꺼내 실온 상태로 되돌린다.

4. 숯불이나 가스 그릴을 아주 뜨겁게 피운다. 아주 빠르면서도 거뭇하게, 그슬리듯이 굽는 것이 목표다.

5. LA갈비를 올려서 겉이 살짝 그슬리고 속은 아직 레어일 정도로 한 면당 약 2분씩 굽는다. 밥과 김치에 곁들여 낸다.

0.8cm 두께로 썬 LA갈비 2.25kg
흰쌀밥 또는 현미밥(20쪽)
매운 배추 김치(185쪽)

양념장 재료

다진 양파 1개(소) 분량
다진 마늘 6쪽 분량
생 생강 간 것(그레이터 사용) 1톨(소) 분량
곱게 다진 실파 3대 분량
참기름 1/3컵
그래뉴당 1/4컵
간장 1과 1/2컵
맛술 1/4컵
황설탕 1/4컵
볶은 참깨 2큰술
레드 페퍼 플레이크 1작은술

이 레시피의 가장 중요한 부분은 그릴에 굽는 단계다. LA갈비의 상태를 잘 지켜봐야 하는데 고기의 두께에 따라 순식간에 너무 빨리 익어버릴 수 있기 때문이다. 그릴이 없으면 브로일러를 사용해야 하지만 브로일러는 그릴보다 더 빠르게 과조리해버릴 수 있다는 점을 기억하자.

BRAISED BEEF KALBI
WITH EDAMAME HUMMUS
풋콩 후무스를 곁들인 소고기 갈비찜

갈비는 양념해서 그릴에 굽는 것 외에도 여러 가지 방법으로 조리할 수 있다. 한 가지 인기 있는 방법은 소갈비를 두껍게 썰어서 오랫동안 천천히 찜으로 만드는 것이다. 갈비찜은 한국의 겨울 요리로 흔히 특별한 날이나 축하할 일이 있을 때 먹는다. 갈비에서 나오는 지방이 입안에서 살살 녹는 질감을 선사한다. 전통적으로 현미밥이나 백미밥과 함께 먹지만 나는 풋콩 후무스(215쪽)와 함께 먹는 것을 좋아한다.

분량 6~8인분

갈비찜용으로 손질한 소갈비 1.8kg

다진 양파 1개(대) 분량

다진 마늘 5쪽 분량

껍질을 벗기고 다진 생 생강
1톨(소) 분량(약 1큰술)

껍질을 벗기고 굵게 다진 당근 4개 분량

껍질을 벗기고 굵게 다진 파스닙
(당근과 비슷한 모양의 흰색 뿌리채소로 단맛이
강하다 - 옮긴이) 3개 분량

잣 1/3컵

노란 건포도 2큰술

풋콩 후무스(215쪽) 2컵

꿀 2작은술

옥수수 오일 2큰술

참기름 1큰술

물 4컵

간장 3/4컵

닭 육수 3/4컵

맛술 1/2컵

설탕 2큰술

검은 후추 갓 간 것 2작은술

1. 대형 냄비에 소갈비를 담고 물을 붓는다. 한소끔 끓인 다음 불 세기를 낮춰서 8분간 뭉근하게 익힌다. 갈비를 꺼내서 종이 타월로 두드려 물기를 제거한 다음 따로 둔다. 국물은 체에 걸러서 2컵만 남겨 둔다.

2. 냄비를 씻어서 물기를 제거한 다음 다시 불에 올린다. 옥수수 오일과 참기름을 두르고 중강 불에 맞춘다. 절반 분량의 소갈비를 넣고 5분간 전체적으로 골고루 노릇노릇하게 지진다. 꺼내서 나머지 소갈비로 같은 과정을 반복한다. 모든 소갈비를 다시 냄비에 넣고 양파와 마늘, 생강을 넣어서 3분 더 볶는다.

3. 간장과 닭 육수, 맛술, 남겨둔 갈비 삶은 물 2컵을 넣고 잔잔하게 한소끔 끓인다. 설탕과 꿀, 후추를 넣고 뚜껑을 반만 닫고 주기적으로 갈비를 잘 뒤적여가며 1시간 정도 뭉근하게 익힌다.

4. 당근과 파스닙, 잣, 건포도를 넣고 뚜껑을 반쯤 닫아서 갈비가 부드러워지고 국물이 걸쭉하고 향이 깊어질 때까지 약 1시간 더 익힌다.

5. 풋콩 후무스를 한 덩이 곁들여 낸다.

천천히 익히는 대부분의 고기 요리가 그렇듯이 이 갈비찜도 다음 날이 되면 더 맛있으니 가능하면 전날 만들어보자.

OXTAIL STEW
WITH LIMA BEANS
리마콩 소꼬리 스튜

어렸을 때 우리 할머니는 돌아가시기 직전까지 소꼬리를 삶아서 캐서롤 냄비에 담아 밥과 김치와 같이 주셨다. 나는 한참 동안 식탁에 앉아서 고기를 발라내고 뼈를 깨끗하게 갉아먹고 남김없이 빨아먹곤 했다. 그 당시 소꼬리는 저렴한 재료였다. 연골이 많아서 적은 돈으로도 대가족의 배를 가득 채울 수 있을 정도의 푸짐한 요리를 만들 수 있었기 때문에 대체로 이민자들이 구입했다. 하지만 요즘 들어 소꼬리는 꽤나 트렌디한 음식으로 성장하여 전국 최고의 레스토랑 메뉴에도 오른다. 할머니가 요즘의 소꼬리 가격을 보면 대노하실 것이다.

복합적이면서도 소박한 맛이 나는 음식이다. 콩은 포크로 먹어도 좋지만 소꼬리만큼은 손으로 먹기를 권장한다. 적양배추 베이컨 김치 (182쪽)를 곁들여 내자.

분량 4~5인분

5cm 길이로 썬 소꼬리 1.36kg

굵게 다진 플럼 토마토 3개 분량

껍질을 벗기고 굵게 다진 당근 280g (약 2개(대) 분량)

심과 씨를 제거하고 굵게 다진 초록 파프리카 2개 분량

굵게 다진 양파 1개(대) 분량

다진 마늘 3쪽 분량

다진 생 생강 3큰술

곱게 다진 하바네로 고추 1개 분량

생 또는 냉동 리마콩 1컵

통 팔각 2개

춘장(35쪽 설명 참조) 225g(3/4컵)

무염 버터 2큰술

옥수수 오일 2큰술

닭 육수 4컵

드라이 셰리 1컵

밀가루(중력분) 1과 1/2큰술

올스파이스 가루 1작은술

설탕 1큰술

검은 후추 갓 간 것 1작은술

1. 소꼬리 겉에 붙은 지방을 거의 잘라낸다. 대형 볼에 넣고 찬물을 부어서 실온에 30분 정도 두어 핏물을 제거한다.

2. 소꼬리를 건져서 물에 잘 씻은 다음 종이 타월로 두드려 물기를 제거한다. 대형 볼에 넣고 밀가루를 뿌려서 골고루 버무린다. 묵직한 대형 냄비에 옥수수 오일을 넣고 센 불에서 소꼬리를 적당량씩 두세 번 나누어 넣고 약 5분간 골고루 지진다. 큰 접시에 옮겨 담는다.

3. 냄비의 기름을 따라 버리고 깨끗하게 닦은 뒤 버터를 넣고 중간 불에 올린다. 양파와 당근, 파프리카, 마늘, 생강, 하바네로 고추를 넣어 살짝 부드러워질 때까지 4분간 볶는다.

4. 노릇하게 지진 소꼬리를 다시 냄비에 넣고 토마토, 춘장, 셰리, 팔각, 설탕, 후추를 넣는다. 뚜껑을 연 채로 3시간 동안 익히면서 국물이 너무 졸아들면 물을 조금씩 부어가며 소꼬리가 계속 푹 잠겨 있도록 한다. 고기가 뼈에서 쉽게 떨어져 나오고 국물이 살짝 걸쭉해져야 다 된 것이다. 조심스럽게 소꼬리를 건져서 속이 깊은 접시에 담고 따뜻하게 보관한다.

5. 냄비에 리마콩을 넣고 소꼬리 국물이 연한 그레이비 농도가 될 때까지 20분간 뭉근하게 익혀 검은콩 그레이비를 만든다.

6. 소꼬리 접시에 검은콩 그레이비를 붓고 종이 타월을 넉넉히 곁들여서 따뜻하게 낸다. 손으로 들고 뜯어 먹는 음식이다.

BRAISED BRISKET
WITH BOURBON-PEACH GLAZE
버번 복숭아 글레이즈를 곁들인
브리스킷 찜

이 레시피는 남부 푸드웨이 얼라이언스를 위한 기금 모금 만찬을 위해서 롤리의 풀스 다이너에서 일하는 나의 친한 친구 애슐리 크리스텐슨과 함께 만든 것이다. 단수수 글레이즈를 입힌 당근과 씨 아일랜드 콩(씨 아일랜드 지방에서 유래한 재래 품종 붉은 콩 - 옮긴이), 흰 강낭콩, 그리고 대량의 버번 위스키를 곁들여서 냈다. 그런 다음 애슐리의 집에서 노래방 파티를 즐겼는데, 나는 말 그대로 내 셔츠를 잃어버렸고 경찰이 와서 파티를 중단시켰다. 이 요리를 만든 날이면 여러분의 밤도 나만큼이나 멋진 시간이기를 바란다. 여기에는 간단 캐러웨이 피클(189쪽)과 베이컨 조림 솥밥(209쪽)을 곁들여 낸다.

분량 12~15인분

브리스킷 재료

플랫 브리스킷 1개
(3.1~3.6kg, 설명 참조)
(양지머리와 차돌박이가 붙어 있는 브리스킷 부위를 납작하게 성형한 것. 양지머리를 사용하면 된다 - 옮긴이)

굵게 다진 양파 1개(대) 분량

굵게 다진 당근 2개(대) 분량

굵게 다진 셀러리 3대 분량

굵게 다진 플럼 토마토 3개 분량

작은 줄기가 달린 생 타임 잎 1줌

으깬 마늘 6쪽 분량

포도씨 오일 3큰술

스타우트 맥주 2병(각 340ml)

버번 위스키 1과 1/2컵

소 육수 8컵

간장 1/2컵

발사믹 식초 2큰술

꾹 눌러 담은 황설탕 1/2컵

1. 럽을 만들기 위해 소형 볼에 모든 재료(78쪽 재료 참고)를 담아서 잘 섞는다.

2. 브리스킷은 결 반대 방향으로 반으로 자른다. 베이킹 시트에 담고 스파이스 럽을 골고루 발라서 문지른다. 소심하게 찔끔 묻히지 말고 볼에 있는 모든 럽을 사용하자. 냉장고에 2시간 동안 넣어서 브리스킷을 가볍게 절인다.

3. 오븐의 위쪽 1/3단에 선반을 설치하고 오븐을 175℃로 예열한다.

4. 브리스킷을 한 층으로 넣을 수 있는 대형 론도 냄비(바닥이 평평하고 가장자리가 곧은 형태로 올라가는 모양의 냄비 - 옮긴이) 또는 대형 얕은 냄비에 오일 2큰술을 두르고 센 불에 올려서 달군다. 양파와 마늘을 넣고 양파가 살짝 노릇해지기 시작할 때까지 5분간 볶는다. 양파와 마늘을 건져서 접시에 옮겨 담는다.

5. 남은 오일 1큰술을 냄비에 두르고 거의 연기가 피어오르기 직전까지 달군다. 브리스킷을 지방 부분이 아래 면에 닿도록 올리고 노릇노릇해질 때까지 그대로 5~6분간 지진다. 브리스킷 한쪽을 들어 올려서 골고루 노릇하게 지져졌는지 확인한 뒤 집게로 뒤집는다.

6. 양파와 마늘을 다시 냄비에 넣고 당근과 셀러리, 토마토, 스타우트 맥주, 버번 위스키, 간장, 발사믹 식초, 황설탕, 소 육수, 타임 잎을 넣고 센 불에서 한소끔 끓인다.

→ 다음 장에 계속

럽 재료

훈제 파프리카 가루 1/2작은술

시나몬 가루 1/4작은술

코셔 소금 3큰술

검은 후추 갓 간 것 2작은술

글레이즈 재료

복숭아 잼 280g

조림 국물 1/2컵

버번 위스키 1큰술

코셔 소금 1꼬집

검은 후추 갓 간 것 1꼬집

플랫 브리스킷은 깨끗하게 손질되어서 판매하기 때문에 따로 손질할 필요가 없다.

7. 론도 팬에 알루미늄 포일을 이중으로 씌워서 오븐에 넣고 4시간 30분간 익힌다. 중간에 포일을 열고 확인하고 싶은 유혹을 참아내야 한다. 다 익힌 뒤 팬을 오븐에서 꺼내 천천히 포일을 연다. 브리스킷은 만지면 아주 부드럽지만 아직 형태가 유지되는 상태여야 한다. 브리스킷을 접시에 옮겨 담고 포일을 씌워서 촉촉하게 유지한다.

8. 찜 국물을 체에 거른다. 익힌 채소 일부와 찜 국물 1/2컵은 글레이즈 용으로 남겨두고 나머지는 다시 론도 팬에 넣는다. 센 불에 올려서 찜 국물을 약 15분간 졸인다.

9. 그동안 글레이즈를 만든다. 믹서에 복숭아 잼과 버번 위스키, 체에 거른 찜 국물을 넣고 곱게 갈아 퓨레 형태로 만든다. 소금과 후추로 간한다.

10. 브리스킷이 살짝 식으면 날카로운 칼로 지방 부분에 0.5cm 깊이로 십자 무늬 칼집을 넣는다.

11. 브로일러를 예열한다. 찜 국물이 졸면 브리스킷을 다시 론도 팬에 지방이 위쪽으로 오도록 넣는다. 브리스킷이 찜 국물에 4분의 3 정도 담겨 살코기만 잠기고 지방은 드러난 상태여야 한다. 이 부분이 매우 중요하므로 혹시 이런 상태가 아니라면 브리스킷을 꺼내고 찜 국물을 더 졸여야 한다. 브리스킷 위에 붓으로 복숭아 글레이즈를 3~4큰술 바른다. 론도 팬을 브로일러에 넣고 상태를 자주 확인하며 익힌다. 이때 글레이즈가 타지 않고 예쁘게 노릇노릇해져야 한다. 약 4~5분 정도면 완성된다.

12. 브리스킷을 도마에 올려 결 반대 방향으로 두껍게 썰어서 큰 접시에 담는다. 찜 국물을 떠서 브리스킷 주변에 두른다. 복숭아 글레이즈를 브리스킷 위에 살짝 두르고 남겨둔 익힌 채소를 곁들여서 낸다.

피시 소스란 무엇인가?

아마 다들 피시 소스를 실제로 본 적이 있을 것이다. 읽을 수 없는 글자가 적힌 적갈색의 쿰쿰한 냄새가 나는 병, 대체 어디다 어떻게 써야 할지 알 수 없는 생소한 음식과 함께 아시아 식품 코너에 항상 늘어서 있는 그 병 말이다. 실제로 용기를 내서 병을 따고 냄새를 맡아보면 쿰쿰하다고밖에 말할 수 없는 냄새가 난다. 그럼에도 피시 소스의 놀라운 점은 모든 음식의 맛을 좋게 만든다는 것인데, 정말로 모든 음식을 멋지게 만든다. 그 농축된 쿰쿰한 향이 음식에 기적 같은 감칠맛을 불어넣는 데는 단 몇 방울이면 충분하다. 감칠맛은 그 자체로는 형언할 수 없는 신비로운 다섯 번째 맛으로 요리의 전체 맥락에서 보면 깊이와 모든 것을 아우르는 역할, 그리고 풍미를 더하는 요소가 된다. 나는 가끔 간단하게 피시 소스 액체의 맛이라고 부르기도 한다. 그리고 대부분이 생각하는 것과 달리 피시 소스는 생선이 아니라 고기 요리에 많이 사용된다. 이탈리아 사람은 발효한 안초비를 같은 방식으로 사용해서 음식에 풍미를 더하고 스칸디나비아 사람들도 마찬가지다. 피시 소스는 동남아시아의 안초비와 같다고 할 수 있는, 그저 생선을 발효해서 만든 조미료다. 보통 멸치(안초비)를 사용하지만 오징어나 새우 등을 사용한 다른 피시 소스도 존재한다. 저렴한 브랜드에서는 생선 내장을 채취해서 사용하지만 내가 좋아하는 맛은 아니다.

내가 태평양 이쪽 너머에서 먹어본 피시 소스 중에 최고는 크엉 팜^{Cuong Pham}의 제품이다. 회사명은 레드 보트(295쪽 구입처 참조)로 기온이 26~28℃로 일정하게 유지되고 강한 역풍이 불어오는 베트남의 한 섬에서 '첫 압착 피시 소스'라고 불리는 소스를 만들어낸다. 크엉의 피시 소스에는 오직 두 가지 재료만 들어간다. 바로 멸치와 소금이다. 나무통에 멸치와 소금을 넣고 1년간 숙성시키면 소금이 멸치에서 수분을 끌어내 발효시킨다. 500ml 병 하나를 채울 만큼의 피시 소스를 만들려면 멸치 2.26kg이 필요하다. 진정 인내심이 필요한 과정이기에 피시 소스에 들어가는 재료는 사실 세 가지라고 해야 할지도 모르겠다.

피시 소스는 이탈리아 요리에 있어서의 양질의 올리브만큼이나 동남아시아 요리에 필수적인 재료다. 나는 피시 소스를 수프와 소스, 스튜, 드레싱을 완성시키는 재료로 사용한다. 몇 방울만 넣어도 밋밋한 소스에 생기를 불어넣을 수 있다. 우리의 남은 인생도 그렇게 쉽기만 하다면 얼마나 좋을까.

BOURBON-AND-COKE MEATLOAF SANDWICH

WITH FRIED EGG AND BLACK PEPPER GRAVY

달걀프라이와
검은 후추 그레이비를 곁들인
버번과 콜라 미트로프 샌드위치

얼마 전, 매거진 《서던 리빙Southern Living》에서 독자를 위해 미트로프 레시피를 소개해달라는 요청을 받았다. 당시에는 인정하고 싶지 않았지만 사실 평생 미트로프를 만들어본 적이 없었다. 집에 가서 여섯 가지 다른 레시피를 테스트 해보았지만 하나도 마음에 들지 않았다. 잠시 휴식을 취하며 버번과 콜라를 따라 마시다가 유레카를 맞이했다. 그렇게 탄생한 결과물이 버번을 부은 이 미트로프로, 지금까지도 내가 제일 좋아하는 음식 중 하나다. 이는 동시에 쉽사리 잊기 어려울 강렬하면서도 야성미 넘치는 샌드위치의 시작점이기도 하다. 이 샌드위치는 스리 플로이드 브루잉 컴퍼니의 검볼헤드Gumballhead처럼 강렬한 밀 에일과 훌륭하게 어우러진다.

분량 8인분

미트로프 재료

소고기 목심 다진 것(지방 20%) 450g

깍둑 썬 베이컨 85g

다진 양송이버섯 1컵

곱게 다진 양파 1컵

곱게 다진 셀러리 1/4컵

다진 마늘 1쪽 분량

달걀 1개(대)

달걀노른자 1개(대) 분량

무염 버터 1큰술

케첩 1/4컵

우스터 소스 1작은술

코카 콜라 2큰술

버번 위스키 1큰술

생 빵가루 1/2컵

코셔 소금 3/4작은술

후추 1/4작은술

1. 오븐을 175℃로 예열한다.

2. 먼저 미트로프를 만들자. 대형 프라이팬에 버터를 넣고 중강 불에 올려서 녹인다. 양파와 셀러리, 마늘을 넣고 부드러워질 때까지 3분간 볶는다. 베이컨과 버섯을 넣고서 부드러워질 때까지 4분 더 볶는다. 대형 볼에 옮겨 담고 실온에서 식힌다.

3. 베이컨 볼에 소고기 다진 것과 빵가루, 달걀, 달걀노른자, 케첩, 콜라, 버번 위스키, 우스터 소스, 소금, 후추를 넣고 손으로 골고루 잘 섞는다. 길쭉한 로프 모양으로 빚어서 23x12.5cm 크기의 로프 틀에 넣는다.

4. 글레이즈를 위해 케첩에 간장과 황설탕을 넣어서 잘 섞은 뒤 미트로프의 윗부분에 붓으로 펴 바른다. 미트로프를 틀째 오븐에 넣고 조리용 온도계로 가운데를 찌르면 62℃가 될 때까지 약 1시간 10분간 익힌다. 오븐을 열고 미트로프가 틀에서 떨어지지 않도록 조심스럽게 기울여 익으면서 나온 육즙을 작은 볼에 전부 따라낸다. 여기서 필요한 육즙은 1컵이니 나머지는 그레이비를 만들 때를 위해서 남겨놓는다. 익힌 미트로프는 실온에서 약 20분간 식힌다. 오븐은 아직 끄지 않는다.

5. 미트로프가 식는 동안 그레이비를 만든다. 소형 냄비에 버터를 넣고 중간 불에 올려서 녹인다. 밀가루를 넣고 거품기로 매끄럽게 잘 섞은 다음 남겨둔 육즙과 닭 육수를 넣으면서 거품기로 잘 섞는다. 거품기로 휘저으면서 한소끔 끓인 다음 2분간 뭉근하게 익힌다. 소금으로 간

을 맞추고 검은 후추과 레몬즙 몇 방울을 넣어 그레이비의 맛을 화사하게 만든다. 불에서 내리고 사용하기 전까지 따뜻하게 보관한다. (그레이비는 냉장고에서 하루는 멀쩡하게 보관할 수 있다. 사용할 때는 물을 몇 방울 정도 넣고 소형 냄비에서 데우면 다시 매끄러워진다.)

6. 샌드위치를 만들기 위해 베이킹 팬에 빵을 올리고 골고루 노릇노릇해질 때까지 오븐에서 약 6분간 굽고 꺼내어 한 김 식힌다.

7. 미트로프를 틀에서 꺼내 2cm 두께로 8장을 썬다.

8. 토스트에 마요네즈를 펴 바르고 미트로프 한 장과 토마토 한 장을 얹는다.

9. 대형 프라이팬에 버터를 약간 두르고 중간 불에 올려 녹인다. 달걀을 한 번에 두 개씩 깨트려 넣고 약 3분간 서니 사이드업으로 굽는다. 스패츌러로 달걀프라이를 건져 미트로프 위에 하나씩 올린다.

10. 달걀 위에 그레이비를 두르고 다진 파슬리를 뿌린다. 바로 먹는다.

텍사스 토스트는 평소의 두 배 두께로 썬 흰빵이다. 텍사스 토스트가 없으면 일반 흰빵을 사용해도 좋다.

샌드위치 재료

텍사스 토스트(설명 참조) 8장
두껍게 썬 토마토 8장
달걀(유기농 권장) 8개(대)
무염 버터 3큰술
마요네즈(Duke's 제품 추천) 1/2컵
다진 생 이탤리언 파슬리

글레이즈 재료

케첩 1/4컵
간장 1/2큰술
황설탕 1큰술

검은 후추 그레이비 재료

무염 버터 1과 1/2큰술
미트로프를 굽고 나온 육즙 1컵
닭 육수 1/2컵
생 레몬즙 약간
밀가루(중력분) 1큰술
코셔 소금 적당량
검은 후추 갓 간 것 1작은술

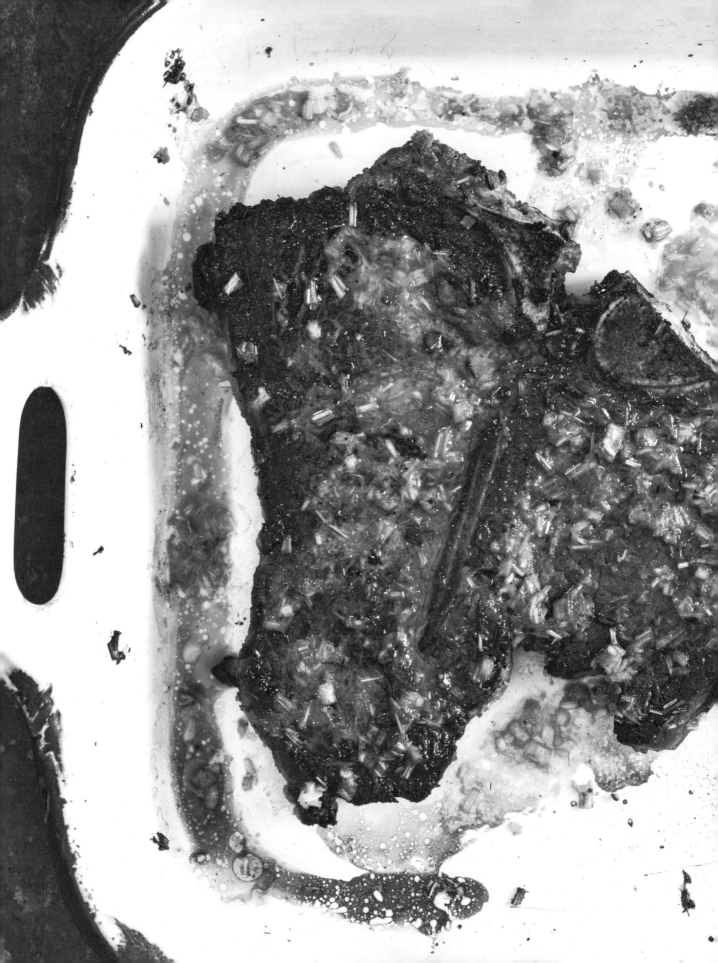

T-BONE STEAK

WITH LEMONGRASS-HABANERO MARINADE

레몬그라스 하바네로 양념장을 가미한 티본 스테이크

가끔 크고 두툼하며 피가 낭자한 스테이크를 먹고 싶어질 때가 있다. 다음 날이 되면 속이 좋지 않겠지만 먹고 있을 때만큼은 너무나 맛있다. 하지만 큰 스테이크의 문제점은 몇 입만 먹고 나면 이후로는 맛이 똑같이 느껴진다는 것이다.

그래서 나는 그 특유의 고기맛과 멋진 대비를 이룰 수 있는 화사한 산성 양념장을 추가하곤 한다. 산미는 스테이크의 감칠맛을 강조하고 중독성 있는 한 방을 선사한다.

콜라드와 김치(216쪽)를 곁들이고 매직 햇 브루잉의 서커스 보이Circus Boy 한 잔을 함께 마셔보자.

분량 보통 사람 4인분 또는 매우 배고픈 사람 2인분

1. 믹서에 모든 양념장 재료를 넣고 고속으로 곱게 갈아 양념장을 만든다.

2. 스테이크에 소금과 후추를 넉넉하게 뿌린다. 유리 베이킹 그릇에 담고 절반 분량의 양념장을 스테이크에 붓고 실온에서 20분간 재운다.

3. 대형 무쇠 프라이팬에 버터와 땅콩 오일을 넣고 센 불에 올려서 연기가 피어오르기 직전까지 달군다. 스테이크를 올리고 뚜껑을 닫고서 3분간 익힌다. 뚜껑을 열고 스테이크를 뒤집은 뒤 중간 불로 줄이고 뚜껑을 연 채로 2분간 더 굽는다. 스테이크가 캐러멜화되어서 양념장이 촉촉하게 반짝인다면 먹을 준비가 된 것이다. 스테이크를 꺼내서 도마에 올리고 2분간 휴지한다.

4. 팬에 고인 육즙을 스테이크에 두른다. 바로 낸다.

2cm 두께의 티본 스테이크 280g씩 2장(설명 참조)

무염 버터 1큰술

땅콩 오일 1작은술

소금과 검은 후추 갓 간 것

양념장 재료

마늘 6쪽

뿌리에서 5cm 길이까지 손질해서 곱게 다진 레몬그라스 3대 분량

반으로 잘라서 씨를 제거한 하바네로 고추 2개 분량

생 레몬즙 1개 분량

생 오렌지즙 1개 분량

참기름 2큰술

간장 1작은술

소금 1/2작은술

티본 스테이크는 호화스러운 부위다. 꽃등심 스테이크나 안심 스테이크 225g으로 대체해도 좋다. 또는 길고 가늘게 썬 꽃등심 부위를 이용해서 팬에 익힌 다음 나머지 양념장으로 팬에 달라붙은 파편을 긁어내는 디글레이징 과정을 거치는 것도 좋다.

ROPA VIEJA
IN CAROLINA RED RICE
로파 비에하를 넣은
캐롤라이나 레드 라이스

뉴욕에 살던 시절, 여러 레스토랑에서 함께 일했던 미구엘이라는 라인쿡이 있었다. 나는 그에게서 라틴 요리를 배웠다. 내가 치차론과 살사 베르데를 좋아하는 것은 다 미구엘 덕분이다. 이 레시피는 쿠바 전통 요리를 내 나름대로 변주한 것이다. 미구엘도 자랑스러워 할 것이라고 생각한다.

분량 메인 요리 4~6인분

로파 비에하 재료
(라틴 아메리카, 스페인 등에서 즐겨 먹는 소고기 스튜로 푹 익힌 고기를 잘게 찢어 넣는다 - 옮긴이)

결 반대 방향으로 10cm 너비로 썬 플랭크 스테이크 900g 분량

곱게 채 썬 양파 1개(대) 분량

곱게 송송 썬 셀러리 3개 분량

다진 마늘 4쪽 분량

씨째 다진 할라페뇨 1개 분량

소 육수 또는 닭 육수 4컵(진한 스튜를 원하면 소, 가벼운 스튜를 원하면 닭)

셰리 식초 1/4컵

간장 1/4컵

쿠민 가루 1큰술

코리앤더 씨 가루 1과 1/2작은술

훈제 파프리카 가루 1작은술

코셔 소금 1작은술

검은 후추 갓 간 것 1/2작은술

캐롤라이나 쌀(설명 참조) 2컵

심과 씨를 제거하고 길게 썬 붉은 파프리카 1개 분량

다진 생 이탈리언 파슬리 2큰술

으깬 토마토 통조림 1컵

파르메산 치즈 간 것 1/4컵(30g)

무염 버터 2큰술

물 2컵

코셔 소금과 검은 후추 갓 간 것 약간

1. 로파 비에하를 만들기 위해 대형 냄비에 플랭크 스테이크와 육수, 식초, 간장, 양파, 셀러리, 마늘, 할라페뇨, 쿠민, 코리앤더, 파프리카 가루, 소금, 후추를 넣는다. 뚜껑을 닫고 한소끔 끓인 다음 약한 불로 줄여 2시간 동안 뭉근하게 익힌다.

2. 뚜껑을 열고 40분 더 뭉근하게 익힌 뒤 불에서 내린다.

3. 플랭크 스테이크를 꺼내서 대형 볼 또는 기타 용기에 옮겨 담고 약 20분간 식힌다.

4. 포크로 플랭크 스테이크를 한 입 크기로 찢어 볼에 다시 담는다. 이때 너무 곱게 찢지 않도록 조심한다. 스테이크를 익힌 따뜻한 국물과 향미 채소를 스테이크 위에 붓는다.

5. 로파 비에하를 조리한 냄비를 깨끗하게 씻어서 물기를 제거한다. 냄비를 다시 중간 불에 올리고 버터를 넣어서 녹인 뒤 쌀을 넣고 2분간 잘 휘저어 볶는다. 물과 으깬 토마토, 파프리카를 넣고 아까 스테이크를 익힌 국물을 붓는다. 이때 찢은 스테이크가 같이 들어가더라도 어차피 마지막에 다 섞이게 되니 그대로 둔다. 쌀이 국물을 흡수해서 완전히 익을 때까지 약 12분간 익힌다.

6. 쌀에 익힌 스테이크와 채소를 넣고 파르메산 치즈, 파슬리를 넣어 잘 섞는다. 원하는 만큼 걸쭉해질 때까지 수 분간 더 익힌다. 국물이 어느 정도 있어서 약간 흐르는 상태여야 하지만 수프처럼 묽어서는 안 된다. 소금과 후추로 간을 해서 바로 낸다.

정통 캐롤라이나 쌀은 온라인 쇼핑몰에서 구입할 수 있고(295쪽 구입처 참조) 다른 장립종 쌀을 사용해도 무방하나 그럴 경우에는 조리 시간을 조절해야 한다. 아르보리오 쌀을 이 요리에 사용하는 것은 권장하지 않는다.

교육자

유타 주립 대학교의 프레드 프로벤자Fred Provenza는 초식동물 생태계 관리를 앞서 지지하는 사람들 중 한 명이다. 나는 수년간 그의 강의를 들었다. 그는 소고기나 우유의 특별한 맛은 식단, 즉 소가 먹고 자라는 풀과 풀이 자라는 토양과 떼려야 뗄 수 없는 관계에 있다고 설명한다. 클로버는 소에게 사탕과 같은 존재다. 좋은 목장을 구분하는 지표 중 하나가 소를 방목하는 들판에 알팔파와 개자리류, 티모시, 김의털 등등과 함께 클로버가 튼튼하게 자라고 있는지 보는 것이다. 대부분의 목축업자는 소가 건강한 풀을 뜯어 먹을 수만 있다면 곡물과 옥수수를 식단으로 먹이는 것도 크게 나쁘지 않다고 말한다. 그리고 건강한 풀이 자라려면 좋은 토양이 필요하다. 우리는 흙의 중요성을 단순히 농작물 재배에만 국한해서 생각하는 경향이 있지만 사실 소와 양, 사슴, 토끼, 염소, 새 등 모든 초식동물에게도 흙은 필수 영양소다. 실제로 잡식 동물인 돼지조차도 농장에서는 초식동물처럼 사육한다.

들판의 풀 한 포기에서 시작해 소와 우유, 인간의 식량을 거쳐 다시 풀로 이어지는 흐름에는 순환하는 선(禪)과 같은 철학이 존재한다. 토양의 화학적 성분 구성에 대해 자세히 설명하는 것은 이 글을 읽는 목적이 아닐 테니 어차피 내 음식에 들어가게 될 허브를 기르는 화분에는 농약을 잔뜩 뿌리지 않을 것이라고만 말해도 충분할 것이다. 다음 번에 잔디밭에 제초제를 뿌릴 때는 다시 한번 생각해보자. 클로버 또한 결국 잡초다.

"땅의 생명력은 토양에 서식하는 유기체의 종과 행동에 영향을 미칩니다. 토양의 건강은 식물의 품종과 화학적 특성, 행동에 영향을 미칩니다. 이는 다시 초식동물의 영양과 건강에 영향을 미칩니다. 궁극적으로 사람의 건강과 웰빙은 식물과 초식동물을 거치며 토양의 건강과도 얽혀 있게 됩니다."

- 프레드 프로벤자,
유타 주립 대학교 야생자원학과 교수

총을 쏘지 않은 사람이 죽은
새를 가져가면 그날은 더 이상
아무도 사냥에 성공할 수 없다.
— 흔한 사냥 미신

★ ★ ★

BIRDS & BLUEGRASS
새와 블루그래스

도시에서만 자란 아이를 쏙 빼내 주변 환경에 대해 아무런 지식이 없는 상태로
바이블 벨트(기독교 색채가 강한 미국 남부와 중서부 지대를 일컫는 말 – 옮긴이)
한가운데에 데려다 놓으면 딱 켄터키에 막 도착한 나와 같을 것이다.
나는 프라이드 치킨과 버번 위스키, 컨트리 햄, 대학 농구, 블루그래스 음악,
경마, 민트 줄렙, 그리고 신실한 종교의 땅에 마침내 다다랐다.
도착해서 가장 먼저 한 일은 승마 강습을 신청하는 것이었다.
주말이면 다들 그러는 줄만 알았기 때문이다.

첫날에는 사타구니에 거의 골절상을 입을 뻔했다. 하지만 오랜 켄터키 주민들에게 내 말 타는 실력을 보여주고 싶다는 바람으로 3주 넘게 아픔을 참아가며 지속적으로 굴욕의 시간을 보냈다. 그러다 마침내 의심의 여지 없이 혈통 깊은 파란 피가 흐르는 듯한 버번 위스키를 마시는 백발의 신사를 마주할 기회를 얻었을 때, 나는 내 소개를 하기도 전에 대뜸 제안부터 하고야 말았다. 당신의 화창한 오후의 승마 시간에 기꺼이 동행하고 싶다고 말이다. 그의 아내는 '아이고, 안됐기도 하지' 싶은 표정으로 나를 바라봤다. 신사는 콧수염 사이로 웃으며 "청년, 우리는 말을 타지 않는다네. 사는 거지"라고 대답했다. 나는 남은 승마 수업을 취소했다.

에디와 샤론은 내가 후에 이어받게 될 유서 깊은 레스토랑인 610 매그놀리아의 원래 주인이었다. 내가 뉴욕을 떠나 루이빌에서 새로운 시작을 하게 된 것도 그들의 아이디어였다. 2002년에 방문했을 때 그들은 나에게서 나 스스로는 보지 못했던 무언가를 보았다. 성공에 대한 의지였다. 나는 비록 열망은 있었으나 망가져 있었고, 호기심은 있었지만 지쳐 있었다. 그들은 나에게 재도약할 기회를 제공했다. 그들은 대담했던 지난 27년간 그들만이 가질 수 있는 우아함과 되바라진 마음가짐으로 자식처럼 키워온 610 매그놀리아를 나에게 주겠다고 제안했다. 어떻게 거절할 수 있겠는가? 음, 하지만 그때의 나는 거절했다. 그리고 뉴욕에 머물면서 더 이상 원하지도 바라지도 않는 식당에서 곪아 터지고만 있었다. 그리고 수 주일에 한 번씩 에디로부터 안부를 묻는 전화를 받았다. 나는 우리가 정중하지만 목적 없는 대화를 나누고 있다고 생각했고, 그와중에 에디는 내가 얼마나 불행한 상태인지를 확인하고 있었다. 그러던 어느 주말, 그는 아무렇지도 않게 브룩이라는 사람이 뉴욕을 지나갈 일이 있는데 같이 점심을 먹어보면 좋겠다고 말했다. 나는 거절하면 안 될 것이라는 사실을 알고 있었다.

브룩이 전화를 걸었을 때 나는 닭을 잡고 있었다. 그는 신중하고 정중했지만, 보통 점심 초대를 하는 방식을 보면 그 사람의 위상을 알 수 있다. 절대 우유부단한 느낌이 없었다. "글쎄, 자리를 한번 만들어볼까 하는데요..."가 아니라 "정오에 발타자르(1997년에 문을 연 뉴욕의 인기 프렌치 브라스리 레스토랑 – 옮긴이)에 우리 테이블을 잡아 놓았

어요" 같은 식이다. 나는 세수를 하고 최선을 다해 '나는 점심부터 옷을 차려입기에는 쿨한 사람이지만 깨끗한 셔츠를 챙겨 입을 정도로는 예의를 차리고 있고요, 일단 저를 알게 되면 깨끗한 흰색 셔츠를 아무나 만날 때 입는 사람은 아니라는 점을 깨닫게 되실 겁니다'라는 분위기를 내기 위해 노력했다. 우리는 자리에 앉아 굴을 먹기 시작했다. 브룩은 본론을 꺼내기 전에 나부터 먼저 대화를 시작하게 만들었다. 그리고 우리는 샤토네프 뒤 파프를 마시며 감자튀김을 곁들인 스테이크를 먹었다. 나는 모든 숫자와 퍼센트를 따지며 프레젠테이션을 할 준비가 되어 있었다. 하지만 그는 대신 기차와 그 기차가 역을 떠나는 순간에 대해 이야기했고, 기차가 역을 떠날 때 우리는 기차에 타고 있지 않으면 플랫폼에 남겨져 있을 뿐이라고 말했다. 그는 말과 기수, 승자에게 돈을 거는 것에 대해서 이야기했고 때로는 스프린트를 시작하기 전에 필드를 제대로 보기 위해 후미에서 출발해야 하는 순간도 있다는 것에 대해 논했다. 우리는 두 번째 와인을 오픈했다. 그는 음악과 현대 미술, 캘리포니아 와인에 대해 이야기했다. 이 모든 것이 켄터키에 대한 우화였고, 나는 멍해진 머리로 생각했다. "이 모든 이야기가 나와 무슨 상관이 있는 거지?" 브룩은 마치 내가 이미 켄터키에 있는 것처럼, 이미 마음을 정하기라도 한 것처럼, 나의 성공이 예정된 결론인 것처럼 이야기했다. 그는 이야기하고 또 이야기했고, 한 문장이 쉴 틈도 없이 열 문장으로 이어졌다. 마침내 나는 와인 잔에서 얼굴을 들고 교황을 맞이하는 순례자처럼 그와 악수를 나누었다. "루이빌에 오신 것을 환영합니다." 그가 미소 지으며 말했다.

그렇게 나는 이곳에 오게 되었다.

승마를 그만둔 후 나는 무엇이든 다른 시도를 하고 싶어 몸이 근질근질했다. 다음 목표는 사냥이었다. 사람들은 내가 죽음에 너무 가까이 가면 새에 대한 식욕을 잃고 말 것이라고, 그 폭력성을 위장이 견디기 힘들 것이라고 경고했다. 나도 걱정이 되기는 마찬가지였다. 내가 살던 곳에서 총은 동물이 아닌 사람에게 사용되는 물건이었다. 소총과 위장은 광신도의 요소였으니까. 필요한 모든 것이 깔끔하게 포장되어 슈퍼마켓에 진열되어 있는데 왜 직접 야생에 나가서 짐승을 죽여야 할까? 사냥은 잘

봐줘야 비인간적이고, 최악의 경우 영혼의 타락을 들여다보는 창처럼 느껴졌다. 처음으로 오리 사냥을 떠나는 날 나는 동이 트기도 전에 후드티를 입고 새벽 4시부터 홀짝거리던 버번 위스키 한 병을 들고 모임 장소에 도착했다. 용기랄 것을 전혀 내지 못하는 것보다는 술김에 기운을 내보는 것이 나았기 때문이다. 내가 아는 유일한 사람은 마이크였다. 그가 나를 다른 사람에게 소개해주었고, 우리는 지프 체로키의 헤드라이트만이 빛을 발하는 가운데 악수를 나눴다. 그리고 대시보드에 소고기 육포와 스콜 밴디트(미국의 훈연하지 않은 담배 브랜드 – 옮긴이) 봉지를 가득 싣고 심슨빌로 향했다.

"루이빌에 오신 것을 환영합니다." 그가 미소 지으며 말했다.

오리 사냥을 하기 전에는 가장 가까운 연못을 찾는 것 외에도 해야 할 일이 많다. 오리의 비행 패턴을 확인하고, 미끼를 설치하고, 사냥 블라인드를 숨길 엄폐물을 찾고, 사냥 호루라기의 상태를 확인하고, 12번 산탄을 장전해야 한다. 이 모든 작업은 대부분 어둠 속에서 이루어진다. 버번 위스키 한 잔을 빠르게 나눠 마신 다음 블라인드로 들어가자 곧 단풍나무 사이로 떠오르는 첫 햇살이 드리우는 것을 볼 수 있었다. 나는 씹는 담배 한 꼬집을 볼에 밀어 넣고 물새가 나타나기를 기다렸다. 내 블라인드 속에는 나 혼자뿐이었다. 산탄총은 안전장치가 해제된 채 내 오른쪽 어깨에 놓여 있었다. 동료들이 농담을 주고받는 소리가 들렸지만 허공에 대고 말하는 듯 멀게만 들렸다. 가까이 닿는 것은 내 숨소리뿐이었다. 나는 블라인드에서 벌떡 일어나 방아쇠를 당기지 못할까봐 걱정이 되었다. 조준할 시간이 없었다. 오리 떼를 다섯 정의 산탄총이 겨누고 있었다. 빗나가면 어쩌지? 오리가 충분히 가까이 오기 전에 쫓아내게 되면 어쩌지? 그러다 나는 깜박 졸고 말았다. 그때 내가 괜찮은지 확인하는 목소리가 들렸다. 나는 괜찮다고 대답했다. 그들은 내가 코를 고는 소리가 들렸다고 했다. 소변이 마려웠지만 블라인드에서 벗어날 엄두는 나지 않았다. 그 와중에 하늘은 야외에서 브런치를 즐기기에 완벽한 색을 하고 있었다. 리코타 팬케이크와 냉장고 냄새가 나기 전에 갓

썰어낸, 불투명한 색의 캔털루프 멜론을 내가 얼마나 좋아하는지에 대해 생각하고 있을 때였다.

갑자기 마이크가 오리 호루라기를 불기 시작했다. 크리스는 깃발을 흔들었다. 나머지 동료들도 저마다 오리 호루라기를 불었다. 나는 방아쇠에 손가락을 걸었다. 오리 떼가 구름처럼 보일 정도로 먼 북쪽에서 작은 대형을 이루어 다가오고 있었다. 오리들은 느린 동작으로 우리를 지나쳐 나무 뒤로 사라졌다. "곧 돌아올 거예요." 마이크가 말하며 빈 하늘을 향해 계속 오리 호루라기를 불었다. 역시나 오리 떼가 이번에는 훨씬 가까이 다가왔다. 넓은 호를 그리면서 선회하다가 너울거리는 패턴을 반복했다. 내 뒤쪽으로 한참 동안 사라져서 마치 우리를 버린 것 같다가도 훨씬 더 가까이 다가왔다. 햇볕에 가려져서 잘 보이지 않았지만 그 소리만큼은 들을 수 있었다. 오리 호루라기 소리가 최고조에 달했다. 이제 나는 펄쩍 뛰며 놀랄 준비가 된 상태였다. 30야드쯤 떨어진 곳에서 오리들이 날개를 펴고 비행기의 랜딩 기어처럼 다리를 쭉 뻗고 있었다. 블라인드가 열리고 일제히 총성이 터지는 소리가 들렸다. 내 총성은 0.5초 뒤에 울려 퍼졌다. 깃털과 시체가 보였다. 나에게는 아직 한 발이 남아 있었다. 내가 너무 앞으로 많이 몸을 기울인 나머지 총이 뒤로 튕겨지며 내 오른쪽 뺨을 때렸다. 나는 한동안 앞이 보이지 않는 채로 고통을 떨쳐내기 위해 머리를 흔들었다. 마침내 뿌연 시야가 밝아졌을 무렵, 나는 내가 미끼를 쐈다는 것을 알았다. 제대로 명중이었다.

동료들은 명중한 미끼를 보고 크게 웃었다. 그리고 내 첫 번째 사냥감이었던 미끼를 나에게 주었다. 우리는 진짜 오리 세 마리를 손질하고 아이스박스의 얼음 위에 올려놓고서 둘러앉아 아침 식사를 했다. 대화 주제는 오리에서 야생 칠면조, 바위자고, 비둘기 등 다양한 가금류를 요리하는 것으로 바뀌었다. 각 사냥에는 고유한 어휘, 그들만의 도그마가 있다. 각각 다른 종류의 스릴을 선사한다. 이들은 광신도가 아니라 미식가라는 생각이 문득 들었다. 그들은 변호사이자 부동산 중개인, 상인이었다. 하지만 그 이상으로 한 연회의 과정을 공유하는 부족민이었다.

함께 웃고 소속감을 느끼는 것은 꽤 좋은 느낌이었다. 그들은 지난 사냥에서 잡아서 냉동한 사냥감 고기를 잔뜩 들려주었고, 그 주 후반에 나는 그들에게 경단을 곁들인 꿩, 메추리 튀김,

사슴고기 슬라이더, 오리 로스트를 만들어주었다. 그날 밤 우리는 엄청나게 먹어댔다. 배우자도 외부인도 없는 자리였다. 우리들만 모여서 와인과 위스키를 마시며 많은 이야기를 나눴는데, 그중 어떤 이야기는 너무 믿기지 않아서 말하는 사람마저 표정 관리가 되지 않을 정도였다.

루이빌에는 포옹처럼 느껴지는 특정 인사말이 있다. 아주 초반부터 내가 외지에 나갔다가 다시 돌아오면 에디와 샤론은 "집에 온 것을 환영해Welcome home"라고 말했다. 아직 나 스스로는 집이라고 생각하지 않을 시절이었지만 듣기에 참 좋은 말이었다. 하지만 조금씩 그 말이 사실로 다가오기 시작했다. 나는 진심을 담아서 사람들에게 안부를 묻는 법을 배웠다. 낯선 이에게도 손을 흔들었다. 그들도 나에게 손을 흔들었다. 놀라운 일이었다. 루이빌이 집처럼 편안하게 느껴질수록 루이빌의 역사와 그 주변에서 나는 것에 대한 호기심이 커져갔다. 나는 내 부엌 벽 바깥의 새로운 세상을 탐험하고 싶었다. 얼마 지나지 않아 그 토끼굴이 나를 데려가는 한 어디 깊은 곳까지도 탐험하게 될 터였다.

RICE BOWL WITH CHICKEN,
ORANGE, PEANUTS, AND MISO RÉMOULADE

닭고기와 오렌지, 땅콩, 미소 레물라드 덮밥

이 덮밥에 들어가는 닭고기 패티는 갈아낸 무를 섞어서 질감을 가볍게 만들고 채소 향을 더했다. 패티는 덮밥 외에도 다양하게 사용할 수 있다. 미트볼 모양으로 빚어서 맛있는 간식으로 먹어도 좋고 큼직하게 빚으면 맛있는 치킨 버거의 베이스가 된다. 미소와 닭고기는 맛의 조합이 타고났다. 발효한 콩의 고소한 짠맛이 닭고기의 부드러운 크리미함과 대조적인 매력을 선보인다. 닭고기는 유기농을 사용하도록 하자. 상업용으로 사육하는 가금류에 첨가된 호르몬과 항생제에 대해서는 이미 잘 알려져 있는 만큼 유기농 닭고기를 사용하지 않을 이유가 없다.

분량 메인 4인분 또는 전채 6인분

닭고기 패티 재료

닭고기 다진 것(유기농 닭가슴살 추천) 450g

곱게 갈아서 여분의 물기를 꼭 짜낸 무(설명 참조) 1/2컵

곱게 간 마늘(그레이터 사용) 1쪽 분량

곱게 다진 실파 3대 분량

우스터 소스 1작은술

참기름 4작은술

메이플 시럽 1작은술

간장 2작은술

우유(전지유) 2작은술

피시 소스 1/2작은술

소금 3/4작은술

검은 후추 갓 간 것 1/2작은술

설탕 1/2작은술

미소 레물라드 재료

완벽한 레물라드(22쪽) 1/4컵

적미소 2큰술

참기름 1큰술

생 오렌지 주스 1/3컵

간장 1/2작은술

설탕 1/2작은술

1. 먼저 레물라드를 만들자. 소형 볼에 미소와 참기름, 오렌지 주스, 간장, 설탕을 넣고 거품기로 잘 섞어서 크리미한 소스를 만든다. 잘 섞어서 냉장 보관한다.

2. 닭고기 소시지를 만들자. 대형 볼에 닭고기 다진 것을 넣고 나머지 모든 재료를 넣어서 손으로 골고루 잘 섞는다. 약 4분의 1컵 크기로 떼어서 각각 패티 모양으로 빚은 다음 베이킹 시트에 담는다.

3. 대형 프라이팬을 중간 불에 달군다. 올리브 오일 약 1큰술을 두르고 팬에 패티를 서로 겹치지 않도록 올려 노릇하게 완전히 익을 때까지 한 면당 3분씩 굽는다. 종이 타월을 깐 접시에 패티를 옮겨 담고 기름기를 제거한다. 남은 올리브 오일과 패티로 같은 과정을 반복한다.

4. 식사 전 그릇에 밥을 담는다. 밥 위에 닭고기 패티를 각각 2~3장씩 올리고 옆에 오렌지 과육을 몇 개 놓는다. 미소 레물라드 약 1큰술을 닭고기 위에 두르고 그 위에 숙주를 약간 올린 뒤 으깬 땅콩과 길게 자른 김을 약간씩 뿌린다. 숟가락과 같이 바로 낸다. 골고루 잘 비벼 먹어야 맛있다.

무가 없으면 생 순무로 대체 가능하다.

밥(20쪽) 4컵

과육만 잘라낸 오렌지 1개 분량

생 숙주 55g

으깬 땅콩 40g(약 1/4컵)

길고 가늘게 자른 김 1장 분량

조리용 올리브 오일 약 1/4컵

MISO-SMOTHERED CHICKEN

닭고기 미소 조림

미소와 닭고기가 다시금 만난 레시피지만(90쪽 참조) 조리 기법은 완전히 다르다. 이번의 조림 기법은 닭다리살의 짙은 색 살점이 미소를 흡수해서 마치 땅콩버터와 같은 풍미가 되도록 천천히 익히는 역할을 한다. 입에서 살살 녹을 정도로 부드럽기 때문에 만들 때마다 누군가가 주방에 몰래 들어가 냄비 바닥에 눌어붙은 마지막 한 조각까지 긁어내는 모습을 보게 된다. 한 번에 먹을 분량 이상으로 넉넉히 만들어서 남은 것은 밀폐 용기에 담아 냉장 보관하는 것도 좋다. 최소 5일은 보관 가능하다.

분량 메인 4인분

닭 허벅지(뼈째) 4개

곁들임용 밥

기둥을 제거하고 얇게 저민 표고버섯 225g

지카마 파인애플 피클(188쪽)

다진 노란 양파 2컵

다진 마늘 1큰술

식용유 2큰술

진한 미소 1큰술

닭 육수 2컵

생 오렌지 주스 1/2컵

버번 위스키 1/3컵

간장 1큰술

밀가루(중력분) 1/2컵

코셔 소금 1작은술

카이엔 페퍼 1작은술

마늘 가루 1작은술

---

1. 얕은 그릇에 밀가루와 소금, 카이엔 페퍼, 마늘 가루를 넣고 잘 섞은 뒤 닭 허벅지를 넣어 골고루 버무린다.

2. 중형 더치 오븐을 중간 불에 올리고 오일을 둘러서 물결이 일 때까지 가열한다. 닭고기 껍질이 아래로 가도록 올리고 중간에 한 번 뒤집어가며 앞뒤로 노릇해질 때까지 8~10분간 굽는다. 닭고기를 꺼내 종이 타월을 깐 접시에 옮겨 담는다.

3. 냄비에 고인 기름을 2큰술만 남기고 따라내 버린다. 냄비에 양파를 넣어 노릇하고 부드러워질 때까지 가끔 휘저으면서 중약 불에서 12~15분간 볶는다. 마늘을 넣고 1분간 볶는다. 버번 위스키를 넣고 수분이 완전히 사라질 때까지 약 2분간 익힌다.

4. 닭 육수와 오렌지 주스, 간장, 미소를 넣고 잘 휘저어 한소끔 끓인다. 닭고기를 다시 냄비에 넣고 뚜껑을 닫은 뒤 닭고기가 완전히 부드럽게 익을 때까지 약 30분간 뭉근하게 익힌다.

5. 표고버섯을 넣고 뚜껑을 연 채로 버섯이 부드러워지고 걸쭉한 상태가 될 때까지 10~15분 더 익힌다. 밥과 지카마 피클을 곁들여서 낸다.

미소

미소는 모든 아시아 요리에서 찾아볼 수 있다. 중국에서는 도우지앙豆醬, 한국에서는 된장이라고 부른다. 상업적으로 제조된 시판 미소는 대부분 기본 재료인 콩과 쌀에 누룩(단백질을 분해하는 유발제용 효소)과 소금을 섞어서 여러 달 동안 발효시키지만 원래 미소에는 밀이나 보리, 메밀, 기장 등도 들어갈 수 있다. 찰스턴에 사는 내 친구 숀 브록은 발효한 피칸과 검은 호두로 미소를 만든다!

내가 매일 사용하는 다른 아시아 조미료와 마찬가지로 미소도 손이 닿는 모든 것에 감칠맛을 선사한다. 종류는 다양하지만 가장 중요하게 구분해야 할 부분은 가벼운 연한 맛의 백미소(시로미소)와 짙은 색의 적미소(다크미소, 아카미소)다. 실제로 금색을 띠는 백미소는 아주 섬세해서 비네그레트나 드레싱, 가벼운 국물처럼 열을 전혀 또는 거의 가하지 않는 요리에 주로 사용한다. 그리고 짙은 마호가니 색을 띠는 적미소는 오랫동안 천천히 익히는 스튜와 수프, 뜨거운 브로일러 또는 강한 불에 조리하는 글레이즈 등에 사용한다. 라벨에 적힌 일본어를 읽을 수 없어서 브랜드를 제대로 구분하지 못할까봐 걱정하지 말자. 이 구분법만 기억하면 문제없이 미소를 고를 수 있다.

POTATO-STUFFED ROAST CHICKEN

감자를 채운 로스트 치킨

완벽한 로스트 치킨에 대한 생각은 언제나 나를 괴롭혔다. 가슴살이 퍽퍽해지기 전에 허벅지살을 완전히 익힐 수 있는 방법이 없었기 때문이다. 시도해볼 수 있는 모든 레시피를 살펴봤지만 어느 것 하나 만족스럽지 않았다. 그러다 우리 집 주방에서 이 테크닉(다음 장의 단계별 사진 참조)을 시도해보았다. 일리가 있었기 때문이다. 감자가 가슴살의 단열재 역할을 함과 동시에 껍질의 지방이 감자에 배어들어 맛을 내며, 가슴살은 믿을 수 없을 정도로 촉촉함을 유지한다. 그리고 더 무언가를 만들지 않아도 감자 자체가 곁들일 수 있는 음식이 된다. 나는 이 레시피를 스무 가지의 다른 방식으로 만들어보았는데 다음이 가장 마음에 들었던 버전이다. 너무 쉬워서 두 번째로 만들 때는 자다가도 완성할 수 있을 정도였다. 내가 최근 레시피에서 바꾼 부분은 다리를 벌어지지 않도록 고정시키는 과정을 생략한 것이다. 완성된 닭의 모습은 조금 흉해 보일지 몰라도 다리를 자유롭게 펼쳐두면 허벅지 주변에 더 많은 공기가 순환되어서 껍질은 훨씬 바삭해지고 고기는 더 빨리 익어서 단열된 가슴살의 익는 속도와 완벽한 조화를 이룬다.

여기에 버번 생강 글레이즈드 당근(231쪽)과 케일 베이컨 스푼브레드 (220쪽)를 곁들이면 최고로 안락한 저녁 식사가 완성된다.

분량 메인 4인분

로스트 용으로 손질한 닭 1마리
(1.3~1.6kg)

껍질을 벗긴 유콘 골드 감자 1개
(대, 약 310g)

무염 버터 1큰술

올리브 오일 2작은술

코셔 소금 2와 1/2작은술

검은 후추 갓 간 것 3/4작은술

1. 도마 위에서 박스 그레이터의 굵은 면을 이용해 감자를 간다. 갈아낸 감자를 면포에 잘 싸서 수분을 최대한 꼭 짠다.

2. 대형 무쇠 프라이팬에 버터를 넣고 중간 불에 올려서 녹인다. 감자 간 것을 넣고 소금 1/2작은술과 후추 1/4작은술로 간을 한 다음 나무 주걱으로 조심스럽게 휘저으며 정확히 2분간 볶는다. 감자를 바로 접시에 옮겨 담아 식힌다.

3. 오븐의 상단 1/3 부분에 선반을 설치하고 오븐을 200℃로 예열한다.

→ 다음 장에 계속

4. 작업대에 닭을 다리가 우리 몸쪽을 보도록 올린다. 가슴살의 끝부분부터 손가락을 넣어서 조심스럽게 살점과 껍질을 분리한다. 손가락 하나를 가슴살과 껍질 사이에 넣고 양 옆으로 왔다갔다 움직이면서 껍질이 살점에서 떨어지게 하는 것이다. 기분이 좀 이상하겠지만 이렇게 작업해야 한다. 이때 껍질이 찢어지지 않도록 주의해야 하나 조금 뜯어졌다고 해서 걱정하지는 말자. 그렇다고 세상이 끝나는 것은 아니니까. 닭을 다시 뒤집어서 가슴살이 우리 몸쪽을 보도록 하고 가슴살의 목쪽 부분부터 시작해서 같은 과정을 반복해 가슴살 전체가 껍질과 분리되도록 한다.

5. 식은 감자를 껍질과 가슴살 사이에 조심스럽게 채워 넣는다(맞은편 사진 참조). 절반 분량은 닭 위쪽 껍질과 살점 사이에, 나머지 절반은 아래쪽 껍질과 살점 사이에 넣는다. 이제 채워 넣은 감자를 고르게 편다. 양손을 이용해서 가슴살 위의 껍질을 마사지하듯이 조심스럽게 쓸어올렸다 내리며 껍질 아래의 감자를 평평하게 한 층으로 펴는 것이다. 닭에 올리브 오일을 둘러서 골고루 문지른 다음 남은 소금 2작은술과 후추 1/2작은술로 간한다.

6. 종이 타월로 무쇠 프라이팬을 깨끗하게 닦은 다음 중간 불에 올린다. 뜨겁게 달궈지면 닭을 가슴살이 아래로 가도록 올리고 조심스럽게 꾹 눌러 바닥에 잘 닿게 한 채로 3분간 가볍게 굽는다. 조심스럽게 닭을 뒤집는다. 이때 껍질이 살짝 노릇해진 상태여야 한다. 팬을 오븐에 넣고 50분~1시간 정도 굽는다. 닭 허벅지 부분에 조리용 온도계를 찔러서 닭이 잘 익었는지 확인한다. 나는 허벅지 온도가 68℃까지 익은 닭고기를 좋아하지만 분홍빛 닭고기를 선호하지 않는다면 71℃까지 오르도록 익혀야 한다. 닭을 꺼내서 팬에 담은 채로 10분간 휴지한다.

7. 닭을 도마로 옮긴다. 바삭바삭한 껍질 아래 채운 감자가 흩어지지 않도록 주의하면서 가슴살을 뼈에서 도려낸다. 가슴살을 다시 3등분해 접시에 담는다. 닭다리도 도려내서 날개와 함께 접시에 담는다.

일단 한번 만들어보면 계속해서 다시 만들게 될 요리다. 맹세한다. 레시피를 변형해보고 싶다면 감자를 볶을 때 다진 생 로즈메리나 타임을 1작은술 정도 섞어도 좋다.

박스 그레이터로 감자를 간다.

갈아낸 감자에서 물기를 꼭 짜낸다.

껍질이 찢어지지 않도록 주의하며 껍질과 가슴살 사이에 감자를 채운다.

뜨거운 무쇠팬에 가슴살이 아래로 가도록 넣어 지진다.

ADOBO-FRIED CHICKEN AND WAFFLES

아도보 프라이드 치킨과 와플

프라이드 치킨과 와플을 함께 먹자는 아이디어를 누가 처음 생각해냈는지는 모르지만 와플을 추가한 것만으로도 아침부터 프라이드 치킨을 먹는 것에 대한 기분을 나아지게 만들 수만 있다면 나는 찬성이다. 다음은 스페인식이 아니라 필리핀식 아도보다. 식초는 프라이드 치킨의 기름진 맛을 화사하게 만들고 소화가 잘 되도록 돕는다. 고추의 양은 매운맛을 얼마나 좋아하는지에 따라 줄이거나 늘려도 좋다.

내겐 소울 푸드와도 같은 음식이다. 단호박 맥앤치즈(218쪽)를 곁들여서 불러바드 브루잉 컴퍼니의 탱크 7 팜하우스Tank 7 Farmhouse 에일과 함께 먹어보자. 그리고 여러분의 동네에 내가 찾아갈 일이 생기면 나를 초대해주기를 바란다.

분량 6인분

와플 재료

달걀 2개(대)

녹여서 식힌 무염 버터 3큰술

버터밀크 1컵

밀가루(중력분) 1컵

설탕 1작은술

베이킹 파우더 1작은술

코셔 소금 1/2작은술

파프리카 가루 1/4작은술

검은 후추 갓 간 것 1/4작은술

프라이드 치킨 재료

닭 허벅지와/또는 다리, 취향에 따라 윙
(가슴살은 제외) 900g

튀김용 땅콩 오일 약 8컵

버터밀크 2컵

밀가루(중력분) 1컵

파프리카 가루 1작은술

소금 적당량

검은 후추 갓 간 것 1/2작은술

1. 와플을 만들자. 와플 기계를 예열하고 안쪽에 오일을 가볍게 바른다. 그 사이에 중형 볼에 밀가루와 설탕, 베이킹 파우더, 소금, 파프리카 가루, 검은 후추를 넣고 잘 섞는다. 다른 소형 볼에는 녹인 버터와 달걀, 버터밀크를 넣어서 거품기로 잘 섞는다. 가루 재료가 담긴 볼에 버터 볼의 내용물을 조금씩 부어가며 거품기로 쉬지 않고 휘저어 잘 섞는다.

2. 와플을 와플 기계의 설명서에 따라 굽는다. 와플을 5cm 크기의 웨지 모양으로 썰어 접시에 담아, 먹기 전까지 실온 또는 낮은 온도의 오븐에 보관한다.

3. 디핑 소스를 만들기 위해 소형 볼에 모든 재료를 넣고 잘 섞는다. 덮개를 씌워서 사용하기 전까지 냉장고에 보관한다.

4. 아도보 국물을 만들기 위해 대형 냄비에 모든 재료(100쪽 재료 참고) 넣은 다음 딱 맞는 뚜껑을 닫고 중간 불에 올려서 잔잔하게 한소끔 끓인다. 5분간 뭉근하게 익힌 뒤 불을 최대한 약하게 줄인다.

5. 작업대에 닭고기를 올리고 소금으로 간한다. 잔잔하게 끓는 아도보 국물에 닭고기를 넣고 뚜껑을 닫은 다음 중간에 한 번 뒤집어가며 15분간 삶는다. 닭고기가 천천히 익으면서 국물의 모든 풍미를 흡수하고 촉촉한 상태를 유지해야 하므로 절대 국물이 바글바글 끓지 않도록 온도를 유지해야 한다. 불에서 냄비를 내리고 닭고기를 국물에 담근 채로 뚜껑을 닫고 약 20분간 식힌다.

→ 다음 장에 계속

디핑 소스

얇게 저민 생 태국 새눈고추 또는
하바네로 고추 2개 분량

메이플 시럽 2큰술

물 1/4컵

생 레몬즙 3큰술

피시 소스 2큰술

간장 1큰술

아도보 국물 재료

곱게 다진 마늘 3쪽 분량

월계수 잎 4장

증류 백식초 2와 1/2컵

물 1과 1/2컵

간장 1/4컵

검은 통후추 1과 1/2작은술

레드 페퍼 플레이크 1/2작은술

설탕 1작은술

소금 1작은술

6. 고기를 아도보 국물에서 건져내 종이 타월을 깐 접시에 담고 두드려서 물기를 제거한다. 국물은 버린다.

7. 닭고기를 튀길 준비를 한다. 얕은 대형 볼에 버터밀크를 붓는다. 다른 볼에 밀가루와 소금 1작은술, 파프리카 가루, 후추를 넣고 잘 섞는다. 닭고기를 버터밀크에 담갔다가 흔들어서 여분의 물기를 털어낸 다음 밀가루 볼에 넣고 골고루 뒤집어가며 잘 묻힌 뒤 대형 접시에 옮겨 담는다. 실온에 15분간 두어 튀김옷을 고정시킨다. 밀가루가 살짝 물러지면 좋은 신호다.

8. 그동안 속이 깊은 대형 무쇠 프라이팬에 땅콩 오일을 약 절반 정도 채운다. 오일을 185℃로 가열한다. 닭고기를 한 번에 두세 개 정도 넣고 1분마다 뒤적여가면서 닭고기의 두께에 따라 8~10분 정도 튀긴다. 날개는 빨리 익고 닭다리의 봉 부분은 조금 더 오래 걸릴 것이다. 튀기는 동안 오일의 온도는 반드시 176~185℃를 유지하도록 한다. 닭고기는 조리용 온도계로 가운데를 찔러서 최소 74℃가 되어야 다 익은 것이다. 집게로 닭고기를 건져서 종이 타월에 얹고 기름기를 제거한다. 소금을 조금 더 뿌려서 간을 한 다음 접시에 옮겨 담는다.

9. 프라이드 치킨에 와플과 디핑 소스를 곁들여 낸다. 뜨거울 때 먹는다!

프라이드 치킨은 식어도 맛있다. 다음 날 남은 치킨에 타바스코 약간과 라임 즙을 뿌려서 먹어보자.

집에서 튀김을 만들 때, 4분의 1 규칙

뜨거운 기름이 가득한 냄비에 튀김을 만드는 것은 집안 부엌에서 할 수 있는 매우 무서운 작업 중 하나다. 꽉 찬 기름통으로 칠면조를 튀겨보려다가 집에 불을 내고 말았다는 이야기도 들어본 적 있을 것이다. 집에서 튀김을 만들 때는 반드시 기억해야 할 두 가지 규칙이 있다. 첫 번째는 부피 면적이다. 즉 튀김용 기름과 튀길 재료를 모두 넣을 수 있을 정도로 큰 냄비를 사용해야 한다는 것이다. 두 번째는 열 전달이다. 기름이 충분히 뜨거워졌는지 확인해야 한다. 튀기려는 식재료가 기름 주변에만 가도 격렬한 증기를 만들어낼 정도로 충분히 뜨거워야만 제대로 된 튀김을 만들 수 있다. 튀김 표면의 증기 층은 튀기는 식재료가 기름을 너무 많이 흡수하는 것을 방지하는 역할을 한다.

식당에서는 한 번에 많은 양의 튀김을 연속해서 튀기기 때문에 대형 튀김기를 사용한다. 집에서는 묵직한 냄비나 속이 깊은 프라이팬에 기름을 5cm 깊이로 채우면 완벽히 바삭바삭한 튀김을 만들 수 있다. 핵심은 기름이 일반적으로 최소 160℃, 최대 200℃로 보는 적절한 튀김 온도보다 절대 낮아지지 않도록 유지하는 것이다. 이 점을 지키려면 소량씩 튀기는 것이 가장 좋은 방법이다. 맛있는 튀김을 만들고 싶다면 다음 규칙을 따라보자. 한 번에 튀기는 식재료의 양이 냄비 바닥의 4분의 1 이상을 덮으면 기름의 온도가 너무 낮아져서 제때 올라오지 않아 아무리 오랫동안 기름 속에서 튀겨도 겉이 바삭해지지 않을 수 있다. 따라서 그 이상을 튀길 경우에는 적당량씩 나눠서 한 번에 조금씩 넣도록 하고, 꺼낸 다음에는 기름의 온도가 다시 올라올 때까지 최소 2분 이상 충분히 기다린 후 다음 식재료를 넣는다.

그 밖에 튀김 요리를 할 때 기억해야 할 기타 규칙이다.

- 항상 딱 맞는 냄비 뚜껑을 가까이에 둔다. 기름에 불이 붙으면 바로 가스 불을 끈 다음 즉시 냄비 뚜껑을 닫고 수 분간 그대로 두어서 불꽃이 사그라들게 한다. 기름에 불이 붙었을 때에는 절대로 물을 뿌려서는 안 된다. 사태가 악화될 뿐이다.

- 기름마다 연기가 나는 온도인 발연점이 다르다. 발연 온도가 높은 기름을 사용하도록 한다. 땅콩 오일이 가장 좋지만 옥수수 오일, 카놀라 오일, 유채씨 오일, 포도씨 오일도 좋다. 라드 등 동물성 지방으로 튀기는 것도 적극 권장한다.

- 기름 상태는 주의 깊게 관찰해야 한다. 연기가 올라오면 너무 뜨거운 것이다. 조리용 온도계로 쟀을 때 온도가 높지 않다면 기름이 잘못된 것이다.

- 튀긴 음식은 기름에서 꺼내자마자 소금으로 간을 해야 한다. 간을 더 잘 흡수할 시기이기 때문이다. 시간이 지난 후에 간을 하면 소금이 바삭한 껍질에서 튕겨져 나와 도마에 흩어지게 된다.

- 튀긴 음식은 항상 기름에서 꺼내자마자 종이 타월이나 식힘망에 얹어서 기름기를 제거해야 한다. 가능하면 튀겨진 표면 주변에 공기가 순환될 수 있도록 여러 번 가볍게 던지듯이 흔들어주는 것이 가장 좋다.

- 튀김이 끝나고 나면 기름에 남아 있는 음식 찌꺼기를 모두 건져낸다. 기름을 변질시킬 수 있기 때문이다. 기름을 깨끗하게 유지하면 몇 번 더 사용할 수 있다. 변질된 기름은 색이 검게 변하고 상한 냄새가 난다. 절대 상한 기름으로는 튀김을 해서는 안 된다. 튀긴 기름은 식혀서 구입했던 용기에 다시 넣고 서늘한 그늘에 보관한다.

- 튀긴 음식은 손으로 집어먹는 것이 가장 맛있다.

KENTUCKY FRIED QUAIL

켄터키 프라이드 메추리

가금류를 이중으로 익히는 조리법은 바삭바삭함을 배가시킨다. 아도보 프라이드 치킨과 와플(98쪽)처럼 여기서도 메추라기를 튀기기 전에 먼저 삶는다. 그러면 지방이 제거되고 껍질도 쪼그라든다. 결과적으로 튀기는 시간이 줄어드니 고기가 너무 익어 퍽퍽해지는 일이 없다.

멋진 테크닉이니 한번 시도해보길 권한다. 메추라기는 주로 사치스러운 음식 대접을 받기 때문에 아름답게 모양을 잡아 익혀서 예쁜 도자기 접시에 올라오는 일이 많다. 나는 메추라기를 그런 맥락에서 끄집어내, 찍어 먹는 소스와 가향 소금을 수북하게 곁들여 신문지 위에 털썩 올려놓고 다들 손으로 자유롭게 먹게 만드는 것을 좋아한다.

여기에서 사용하는 가향 소금은 중국 요리에서 인기가 많은 조미료다. 가리비에서 팝콘까지 온갖 음식에 맛을 내는 용도로 쓸 수 있다.

이 메추라기에는 마늘 당밀 간장 피클(197쪽)을 곁들이면 아주 잘 어울린다.

분량 전채 4인분

뼈를 반쯤 제거한 메추리(설명 참조) 4마리
튀김용 땅콩 오일 2~3컵

가향 소금 재료

천일염 1/4컵
화자오 4작은술
오향 가루 1큰술

디핑 소스 재료

간장 2큰술
설탕 1작은술
생 라임즙 1개 분량

1. 가향 소금을 만들기 위해 향신료 전용 그라인더 또는 믹서에 모든 재료를 넣고 곱게 간 뒤 소형 볼에 옮겨 담는다.

2. 이제 디핑 소스를 만들자. 볼에 모든 재료를 넣고 거품기로 잘 섞은 뒤 실온에 보관한다.

3. 넓은 냄비에 물 4컵을 넣어 한소끔 끓인다. 가향 소금을 1큰술 넣어 녹이고 메추리를 넣어 2분간 삶는다. 건져서 종이 타월로 꼼꼼하게 두드려 물기를 제거한다. 접시에 옮겨 담는다.

4. 묵직한 대형 냄비에 땅콩 오일을 넣고(메추리가 거의 잠길 정도여야 한다) 중강 불에 올려서 200℃로 예열한다. 뚜껑을 한 손에 든 채로 메추리를 한 번에 한 마리씩 넣는다. 뚜껑은 기름이 밖으로 많이 튀었을 시 닫는 용도로 둔다. 메추리를 1분간 튀긴 다음 뒤집어서 30초 더 튀긴다. 아주 빨리 바삭해지면서 반짝이는 짙은 호박색을 띠기 시작할 것이다. 꺼내서 종이 타월에 얹고 여분의 종이 타월로 두드려 기름기를 제거한 다음 바로 가향 소금을 뿌린다. 나머지 메추리로 같은 과정을 반복한다.

5. 튀긴 메추리에 디핑 소스와 남은 가향 소금을 곁들여서 낸다.

 뼈를 반쯤 제거한 메추리는 날개와 다리뼈를 제외한 나머지 뼈를 제거한 것이다. 야생에서 사냥한 메추리를 사용할 경우에는 척추만 제거하고 가슴살은 뼈에 붙은 채로 조리해도 좋다.

PHEASANT AND DUMPLINGS

경단을 곁들인 꿩 요리

야생에서 자란 새는 농장에서 사육하는 품종보다 질기고 지방이 적다. 요리하는 데에는 시간이 오래 걸리지만 항상 풍미가 더 깊다. 하지만 이 레시피는 농장에서 기른 꿩을 사용해 만든 것인데, 대부분의 사람들이 구할 수 있는 것이 이쪽이기 때문이다. 야생에서 잡은 꿩을 구할 수 있는 사람이라면 조리 시간을 약 20분 정도 늘리면 된다. 경단에는 생 홀스래디시를 넣어서 풍미가 터져 나오게 만들었다. 생 홀스래디시는 대부분의 전문 식료품점에서 구입할 수 있다. 갈아 나온 시판 홀스래디시는 여기에 사용하기에는 설탕과 식초가 너무 많이 첨가되어 있어, 생 홀스래디시를 구할 수 없다면 차라리 생략하는 것이 낫다. 가끔은 질 나쁜 재료로 대체하느니 빼는 것이 낫기 마련이다. 이 스튜는 벨스 브루어리의 윈터 화이트 에일Winter White Ale을 머그잔에 부어 곁들이면 좋다.

분량 메인 4인분

꿩 재료

반으로 자른 꿩 1마리(1.13kg)

느타리버섯 170g

다진 셀러리 2대 분량

곱게 깍둑 썬 당근 1컵

깍둑 썬 땅콩호박 2컵

냉동 완두콩 1컵

다진 양파 1컵

다진 마늘 2쪽 분량

다진 생 세이지 잎 1줌(소) 분량

다진 생 타임 잎 1줌(소) 분량

무염 버터 2큰술

밀가루(중력분) 2큰술

닭 육수 8컵

드라이 화이트 와인 2컵

천일염과 검은 후추 갓 간 것 약간

1. 꿩을 조리하기 위해 대형 냄비에 버터를 넣고 중간 불에 올려서 거품이 일 때까지 가열한다. 양파, 셀러리, 당근, 마늘을 넣고 부드러워질 때까지 약 4분간 볶는다.

2. 밀가루를 넣고 잘 휘저어가며 1분간 익혀서 루를 만든다. 중약 불로 줄이고 닭 육수와 화이트 와인을 부어 계속 휘저어가며 한소끔 끓인다. 반으로 자른 꿩을 넣고 뚜껑을 연 채로 가끔 거품을 제거해가며 고기가 부드러워져 뼈에서 절로 분리될 때까지 1시간 15분간 익힌다.

3. 냄비에서 꿩을 조심스럽게 꺼내 도마에 올리고 5분간 식힌 다음 뼈에서 살점을 분리하고 손으로 결 따라 곱게 찢는다. 찢은 살점은 다시 냄비에 넣고 뼈는 버린다.

4. 냄비에 버섯과 땅콩호박, 세이지, 타임을 넣고 15분 더 뭉근하게 익힌다.

5. 그동안 경단을 만든다. 볼에 밀가루, 베이킹 파우더, 소금을 넣는다. 홀스래디시와 우유, 버터를 넣고 나무 주걱으로 잘 휘저어서 가볍게 섞는다. 강하게 여러 번 휘젓는 정도면 충분하다. 반죽이 꽤 거칠어 보이겠지만 괜찮다. 너무 잘 섞고 싶은 욕망을 제어하지 않으면 경단이 납작하고 질겨진다.

6. 찻숟가락을 이용해서 반죽을 작은 공 모양으로 떼어내 뭉근하게 끓는 국물에 넣는다. 완두콩을 넣고 경단이 완전히 익을 때까지 약 12분 정도 익힌다. 소금과 후추로 간을 맞춘다.

7. 스튜를 따뜻한 볼에 담는다. 셀러리 잎으로 장식한 다음 레드 페퍼 플레이크를 뿌리고 바삭하게 구운 빵을 곁들여 낸다.

이렇게 천천히 뭉근하게 익히는 스튜의 마지막 단계는 맛을 보고 소금과 후추로 최종 간을 하는 것이다. 내가 꽤나 좋아하는 천천히 익히는 음식의 경우, 수 분 만에 상태가 휙휙 변화하기 때문에 음식을 식탁에 내기 직전에 간을 하는 것이 매우 중요하다. 가끔은 좋은 요리와 훌륭한 요리의 차이가 오직 소금 한 꼬집에 달려 있기도 한다.

경단 재료

생 홀스래디시 간 것 1큰술
우유(전지유) 1/3컵
녹인 무염 버터 1큰술
밀가루(중력분) 1컵
베이킹 파우더 1작은술
소금 1작은술

곁들임용 바삭하게 구운 빵
장식용 셀러리 잎 적당량
레드 페퍼 플레이크

BRAISED TURKEY LEG, HOT BROWN-STYLE

핫 브라운 스타일 칠면조 다리찜

루이빌로 이사를 오면 사람들이 가장 먼저 하는 질문이 있다. "핫 브라운은 먹어 보셨어요?" 마치 핫 브라운을 먹는 것이 진정한 루이빌 사람으로서의 정체성을 확고히 하는 시작점인 듯하다. 핫 브라운은 1920년대에 브라운 호텔에서 발명되었으며 그 이후로 벨트 사이즈가 계속해서 확장되어 왔다는 이야기가 전해져 내려오고 있다. 텍사스 토스트에 칠면조, 베이컨, 치즈, 그레이비가 전부 들어가는 진정한 괴물 샌드위치다. 핫 브라운 샌드위치 하나를 다 먹어 치우는 것은 기념비적인 일이자 일 년에 한두 번만 하면 충분한 일이기도 하다.

다음은 내 방식으로 만든 핫 브라운으로, 여전히 푸짐하지만 조금 덜 부담스러우면서 맛도 좋다. 이 요리는 악마같은 포만감을 주기 때문에 큰 락 글라스에 얼음 몇 조각을 넣고 부은 스파이시한 버번 위스키가 필요하다.

분량 4인분

1.3cm 두께의 직사각형으로 썬 텍사스 토스트 크루통(일반 흰빵으로 대체 가능) 2장

칠면조 다리(봉만, 뼈째) 2개(약 900g)

곱게 깍둑 썬 두꺼운 베이컨 4장 분량

곱게 깍둑 썬 당근 2개 분량

곱게 깍둑 썬 셀러리 2대 분량

흰색 부분만 곱게 다진 리크 2대 분량

생 세이지 2줄기

무염 버터 2큰술

단수수 시럽 3큰술

사과주 2컵

닭 육수 1컵

고다 등 반경질 치즈 간 것 2/3컵

천일염과 검은 후추 갓 간 것 약간

---

1. 오븐을 160℃로 예열한다.

2. 더치 오븐 또는 대형 무쇠 프라이팬을 중간 불에 올려서 달군다. 베이컨을 넣어서 지방이 녹아나와 바삭해지기 시작할 때까지 4~6분간 굽는다. 베이컨을 건져서 종이 타월에 얹고 기름기를 제거한다. 이때 팬에 고인 베이컨 기름은 그대로 둔다.

3. 팬에 버터를 넣고 중간 불에 올려 녹인다. 칠면조 다리에 소금과 후추로 넉넉히 간을 한 뒤 팬에 올려 골고루 노릇해지도록 8~10분간 지진다. 칠면조 다리를 건져서 접시에 옮겨 담는다.

4. 팬에 고인 기름을 2큰술만 남기고 따라내 버린다. 당근과 셀러리, 리크를 넣고 가끔 휘저으면서 노릇해지기 시작할 때까지 약 5분간 볶는다.

5. 팬에 다시 베이컨과 칠면조 다리를 넣고 단수수 시럽, 사과주, 닭 육수를 넣어서 한소끔 끓인다. 세이지를 넣고 뚜껑을 닫아서 오븐에 넣고 45분간 굽는다.

6. 칠면조 다리의 상태를 확인한다. 국물에 완전히 잠겨 있지 않으면 뒤집은 다음 다시 뚜껑을 닫는다. 고기가 뼈에서 절로 분리되는 상태가 될 때까지 약 35분 더 익힌다. 칠면조 다리를 꺼내서 접시에 옮겨 담고 한 김 식힌다. 국물은 따로 둔다. (오븐은 아직 끄지 않는다.)

7. 그동안 베이킹 시트에 크루통을 담고 오븐에서 살짝 노릇해지도록 8~10분간 굽는다.

8. 칠면조 다리에서 껍질을 벗겨내서 버린다. 살점을 뼈에서 분리한 다음 손으로 결 따라 잘게 찢는다.

9. 차릴 준비를 한다. 칠면조 고기를 그릇 4개에 나누어 담는다. 국물에 치즈를 넣고 거품기로 잘 섞은 다음 소금과 후추로 간한다. 국물을 1/2컵씩 그릇마다 나누어 담는다. 크루통과 깍둑 썬 토마토 한 숟갈, 신선한 허브 한 꼬집, 베이컨 조각 약간을 올려 장식한다. 파프리카 가루를 뿌려서 바로 낸다.

장식용 재료

아주 바삭하게 구워서 잘게 썬 베이컨 2장 분량

깍둑 썬 토마토 1/2컵

다진 생 세이지와 타임 약간

훈제 파프리카 가루 적당량

시판 저염 닭 육수를 사용할 경우에는 일단 살짝 졸여서 풍미를 강화할 것을 권장한다. 냄비에 시판 닭 육수를 부은 다음 센 불에 올려서 양이 1/3로 줄어들 때까지 졸인다. 졸인 육수는 냉장고에서 1주까지 보관할 수 있다.

HONEY-GLAZED ROAST DUCK

허니 글레이즈드 오리 로스트

중국식 오리 로스트는 사람들이 보통 식당에서 사 먹기만 하는 음식 중 하나다. 만드는 과정이 복잡하고 여러 상업용 장비가 필요하다는 인식이 있기 때문이다. 나는 전통적으로 복잡한 레시피를 집에서도 만들 수 있도록 수정하기 위해서 수없이 많은 오리를 요리해봤다. 굳이 왜 그랬느냐고? 친구들과 둘러앉아 오리 로스트를 쭉쭉 뜯어먹는 것보다 즐거운 식사는 없다고 생각하기 때문이다.

나는 오리에 양념을 듬뿍 곁들여 낸다. 풍성함을 사랑하기 때문이다. 그리고 식탁에서 그 풍성함을 서로 즐기기 위해 다투는 것을 좋아한다. 오리는 머리가 아직 붙어 있는 것을 찾아보자. 목 부분이 맛있으니까. 차림새의 박력 역시 차원이 다르게 만들어준다.

친구들을 초대하고 칭따오 맥주와 몰리두커 시라즈^{Mollydooker Shiraz} 여러 병, 믿을 만한 위스키 한 병을 따서 인생을 즐기는 시간을 가져보자.

분량 6인분

오리 재료

오리 1마리(2.26kg)

껍질 벗긴 마늘 15쪽

코셔 소금 1/4컵

소금과 후추 적당량

글레이즈 재료

꿀 1/2컵

생 오렌지주스 2큰술

간장 2큰술

서빙용 재료(취향에 따라 선택)

송송 썬 오이

생 고수 여러 줄기

생 바질 여러 줄기

지카마 파인애플 피클(188쪽)

할라페뇨 버번 피클(191쪽)

핫 소스(다음 쪽 참조)

해선장

---

1. 오븐을 160℃로 예열한다.

2. 오리는 모래주머니와 내장을 제거해 다른 날 육수를 만들 용도로 남겨둔다(설명 참조). 흐르는 찬물에 오리를 잘 씻어서 종이 타월로 두드려 물기를 제거한다. 아주 날카로운 칼로 가슴살 부위에 십자 모양 칼집을 낸다. 나는 그야말로 가슴 부위의 지방에 칼을 가볍게 휘두르면서 칼의 무게만으로 살짝 파고들게 만든다. 절대 살점에는 상처를 내지 않도록 주의한다. 손질한 오리는 채반에 밭쳐서 싱크대에 둔다.

3. 냄비에 물 4컵과 소금을 넣고 바글바글 끓인다. 끓는 물이 담긴 냄비를 싱크대 가까이에 가져와 가장 큰 국자로 끓는 물을 천천히 오리에 붓는다. 마치 오리에게 스파를 시켜주는 기분일 텐데, 이때 껍질이 살짝 오그라들면서 말리게 된다. 그러면 살점을 익히는 일 없이 껍질의 지방을 녹여서 훨씬 바삭해지게 만들 수 있다.

4. 대형 무쇠 프라이팬 또는 로스팅팬 바닥에 마늘을 담고 소금과 후추로 간한다. 오리를 가슴살이 위로 오도록 마늘 위에 올린다. 오븐에서 45분간 굽는다.

5. 오리를 뒤집어서 15분 더 굽는다. 오리를 다시 뒤집어서 가슴살이 위로 오도록 한 다음 15분 더 굽는다.

6. 그동안 글레이즈를 만든다. 소형 볼에 꿀과 오렌지 주스, 간장을 넣고 거품기로 잘 섞는다.

7. 오리 팬을 오븐에서 꺼내고 가볍게 흔든 다음 흘러나온 오리 지방을 최대한 전부 다른 볼에 따라낸다. (지방은 병에 담고 뚜껑을 닫아서 냉장 보관해두다가 그럴 만한 가치가 있는 좋은 친구에게 오리 지방에 익힌 감자나 달걀 요리를 해줄 때 쓰기 좋다.) 붓으로 가슴살과 다리 부분에 글레이즈를 넉넉히 바른다. 오븐 온도를 230℃로 높이고 오리를 다시 넣어서 글레이즈가 동날 때까지 중간에 한두 번씩 더 발라주면서 15분간 굽는다.

8. 오븐에서 오리를 꺼낸 다음 팬 바닥에 고인 글레이즈를 오리에 골고루 바른다. 곁들임 재료와 바닥에서 구워진 마늘을 곁들여 바로 낸다.

오리를 먹고 남은 뼈 등을 이용해 수프나 소스 등에 널리 활용할 수 있는 진한 육수를 만들 수 있다. 그다음 날 남은 뼈와 손질하다 나온 모래주머니, 내장 등을 냄비에 넣고 물을 잠기도록 부은 다음 양파와 당근, 월계수 잎, 팔각 여러 개를 넣는다. 한소끔 끓인 다음 불 세기를 줄여 2시간 동안 뭉근하게 익히고 체에 거른다. 이 육수는 덮개를 씌워서 냉장고에 1주간 보관할 수 있다.

핫 소스

분량 약 4컵

붉은 할라페뇨 고추, 생 태국 새눈고추, 하바네로 고추 섞은 것 450g

마늘 6쪽

참기름 4작은술

레드불 1캔(250ml)

사과 식초 2컵

물 1컵

해선장 1/4컵

피시 소스 4작은술

설탕 1/4컵

1. 고추는 심을 제거한다. 참기름을 제외한 모든 재료를 중형 냄비에 넣고 한소끔 끓인 다음 뚜껑을 닫고 불 세기를 줄여 15분간 뭉근하게 익힌다.

2. 끓인 내용물을 믹서에 넣고 물로 농도를 조절하며 갈다가 마지막에 참기름을 넣고 마저 곱게 간다. 병에 옮겨 담고 냉장고에 보관한다. 핫 소스는 1개월간 보관할 수 있다.

내 주방에는 레드불이 산처럼 쌓여 있다. 영 굼떠지는 오후 시간을 버틸 수 있게 만들어주는 음료다. 우리 주방에서 제일 흔한 재료처럼 느껴진 나머지, 항상 이걸 레시피에 활용할 방법이 없을지 생각하곤 했다. 원래 이 핫 소스에는 진저 에일을 넣었는데 레드불을 넣자 훨씬 마음에 드는 맛이 되었다. 단맛과 감귤류 맛이 나고 카페인이 잔뜩 들었다. 싫어할 만한 부분이 어디에 있는지? 다른 제품을 사용하고 싶다면 진저 에일이나 스프라이트를 추천한다.

CHICKEN AND COUNTRY HAM PHO

닭고기 컨트리 햄 쌀국수

베트남식 포 쌀국수는 놀라울 정도로 단순하면서도 제대로 만들면 감탄스러울 정도로 만족스러운 요리다. 기본적으로 베트남에서 흔히 볼 수 있는 맑은 고기 국물이라 할 수 있다. 하지만 좋은 육수를 만드는 것은 청중 앞에 알몸으로 서는 것과 같다. 숨길 것도 없고 화려한 고명도 없고 실수를 가릴 만한 소스도 없다. 신선한 재료와 기술, 인내심이 전부다. 좋은 쌀국수는 핫 소스 한두 방울 이상의 첨가물로 모욕을 당하는 일이 없어야 한다.

분량 4인분

국물 재료

4등분해서 껍질을 제거한 닭 1마리
분량(900g~1.36kg)

반으로 자른 양파 2개 분량

곱게 저민 생강 1톨(대, 2.5~7.5cm 길이)
분량

정향 4톨

팔각 2개

코리앤더 씨 1큰술

검은 통후추 1큰술

물 2.8L

피시 소스 2큰술

설탕 1큰술

쌀국수 170g

컨트리 햄 또는 프로슈토 4장

생 숙주 2컵

생 바질잎 1/2컵

생 고수잎 1/2컵

곱게 송송 썬 세라노 고추 2개 분량

라임 웨지 4조각

곁들임용 핫 소스

1. 브로일러를 예열한다. 소형 베이킹 시트에 알루미늄 포일을 깔고 양파와 생강을 담는다. 브로일러 열원에서 7.5~10cm 떨어진 곳에 넣고 중간에 한 번 뒤집으면서 골고루 잘 그슬릴 때까지 5~7분간 익힌 다음 대형 육수 냄비에 넣는다.

2. 소형 프라이팬을 마른 채로 중간 불에 올려서 정향, 팔각, 코리앤더 씨, 검은 통후추를 넣어 향이 올라올 때까지 2분간 볶는다. 육수 냄비에 볶은 향신료와 닭, 물, 피시 소스, 설탕을 넣고 한소끔 끓인다. 수면에 올라오는 거품을 자주 걷어가면서 닭고기가 완전히 익을 때까지 약 30분간 뭉근하게 익힌다. 냄비에서 닭고기를 건져내서 큰 접시에 담아 한 김 식히고 국물은 그대로 뭉근하게 끓인다.

3. 닭고기가 만질 수 있을 정도로 식으면 가슴과 다리 부위의 살점을 발라낸다. 고기를 접시에 담고 랩을 씌운 다음 냉장 보관한다. 뼈는 다시 육수 냄비에 넣는다.

4. 국물이 살짝 졸아들고 풍미가 깊어질 때까지 약 1시간 15분 더 뭉근하게 익힌다. 면포를 깐 체에 부어서 국물만 남기고 뼈와 향미 채소는 버린다.

5. 그동안 내열용 볼에 쌀국수를 담고 끓는 물을 잠기도록 부은 다음 3분간 그대로 둔다. 쌀국수만 건져낸다.

6. 큰 국수 그릇 4개에 쌀국수와 국물을 나누어 담고 닭고기와 숙주, 바질, 고수, 고추, 컨트리 햄으로 장식한다. 또는 그릇에 쌀국수와 국물을 나누어 담고 고명 재료는 접시에 담아 곁들여 낸다. 라임을 살짝 짜고 좋아하는 핫 소스를 조금 뿌린 다음 먹는다.

장인

로버트 클리프트는 보기 드문 칠면조 호루라기 기술 장인이자 상자 호루라기(사냥 시에 칠면조 등 여러 동물의 소리를 흉내 내어 유인하는 용도로 쓰는 것 - 옮긴이) 제작자다. 테네시 주 볼리바르에 거주하며 작업하고 있다. 로버트의 상자 호루라기는 마호가니와 삼나무, 포플러, 버터너트 목재를 수작업으로 조각한 예술 작품이다. 하나하나가 전부 다른 모양으로 손에 익기까지는 시간이 조금 필요하다. 그의 호루라기 기술은 너무나 사실적이라 소름이 돋을 정도다. 나는 한가한 오후가 되면 그에게 전화를 걸어 스피커폰을 연결하곤 한다. 그리고 둘 다 상자 호루라기 옆에 앉아서 그가 내는 소리를 흉내 내는 훈련을 받는다. 나한테 혹시 사무실에서 칠면조를 키우느냐고 물어본 사람이 한둘이 아니다.

"늙은 칠면조를 죽이는 가장 좋은 방법은 죽고 싶어 하는 칠면조를 찾는 것이라고 말하는 사람도 있어요. 사냥을 여러 번 나가도 칠면조를 한 마리도 잡지 못하는 경우가 많죠. 인내심을 가져야 합니다. 우리는 칠면조의 거실에서 사냥을 하는 중이고, 칠면조에게는 시간이 많죠. 사슴과 칠면조의 차이점은 사슴은 모든 사람을 나무 그루터기라고 생각하고 야생 칠면조는 모든 나무 그루터기를 사람이라고 생각한다는 말이 있습니다."

—로버트 클리프트,
칠면조 호루라기 기술 장인이자
'마지막 소리THE LAST CALL'라는 적절한 이름이 붙은
수제 칠면조 호루라기 제작자

PIGS & ABATTOIRS
돼지와 도축장

돼지꿈을 꿨다면 행운이
찾아올 것이라는 의미다.
— 한국의 미신

요즘에는 괜찮은 레스토랑 중에 현지 농부와의 관계 구축에
힘쓰지 않는 곳이 있다는 것을 상상하기 어렵다.
그렇게 만드는 것이 우리의 책임이다.
나에게 메뉴판이란 최선을 다해서 제철 식재료로 요리를 하고,
신뢰할 수 있는 농부로부터 식재료를 조달하며, 땅에서 얻은 만큼
땅으로 환원하는 공급업체와의 관계를 발전시키겠다는 서면 약속에 불과하다.

작가이자 정치 운동가, 인본주의자, 농부, 그리고 철학자인 웬들 베리Wendell Berry는 "식사는 농업적인 행위다"라는 말을 자주 인용한다. 나의 커리어에 가장 큰 영향을 미친 세 단어다. 이 한 문장으로 베리는 수동적인 일상의 의식을 생태적이고 정치적이며 도덕적인 사명으로 바꾸어 놓았다. 보통 사람이라면 부리토를 한 입 베어 무는 동안 굳이 이런 생각을 하지는 않겠지만(나도 부끄럽지만 그런 적이 있다) 나는 미식을 공급하는 사람으로서 맛은 물론이고 책임감과도 연결지어 음식을 제공하는 것이 내 일의 일부다. 나는 식재료의 출처를 추적할 수 있어야 하고, 모든 단계가 FDA뿐만 아니라 셰프인 나 자신도 안심할 수 있는 기준에 따라 면밀히 검토되었는지 확인할 수 있어야 한다. 이것이 바로 '농장에서 식탁까지farm to table' 운동이 전하는 핵심 메시지다.

이 기분 좋은 흐름에서 나를 불편하게 만드는 한 가지가 있다면 농장과 식탁 사이에 종종 무시되는 빈틈이 있다는 것이다. 그 사라진 연결고리가 바로 도축장, 즉 도살장이다. 우리가 폭찹을 썰면서 떠올리고 싶지는 않은 곳이지만 꼬리를 흔드는 행복한 돼지가 포르케타(살을 발라

낸 돼지고기에 허브와 마늘 등을 채우고 돌돌 말아 통째로 익혀낸 이탈리아의 전통 요리 - 옮긴이)가 되려면 어떤 과정이 필요할까? 그 말 자체가 고문의 대명사가 될 정도로 끔찍한 장소인 FDA 인증 도살장을 거쳐야만 한다. 우리가 죄책감 없이 저녁 식사를 즐기는 특권을 누릴 수 있게 해주기 위해 비밀스럽게, 보이지 않는 곳에 자리 잡은 장소다. 그 안에는 어떤 공포가 숨어 있는 것일까! 차라리 알지 못하는 편이 더 나을 사실들이다. 루이빌에는 부처타운Butchertown(부처Butcher는 정육점, 도살업자라는 뜻이다 – 옮긴이)이라는 동네가 있다. 나는 이 동네의 이름이 팔자수염을 기른 남자들이 직접 정육점을 운영하면서 이민자들에게 식량을 공급하던 시절에서 비롯된 기이한 명칭일 것이라고 생각했다. 하지만 실제로 오늘날의 부처타운은 JB 스위프트가 대규모 상업용 돼지 가공 공장을 운영하는 장소다. 하루 중 특정 시간대가 되면 부처타운에는 옷가지의 섬유 틈새를 파고드는 돼지 냄새가 공기 중을 떠돌아다닌다. 상업적인 죽음의 냄새. 이곳은 관광객 투어를 제공하는 공장지대가 아니다. 농업적인 행위라고도 할 수 없다.

나는 루이빌 주변의 농장 몇 군데에서 돼지를 공급

받는다. 호스 케이브에 있는 캐시 보트로프 농장의 레드 와틀과 라그랜지에 있는 애쉬본 농장의 듀록스에게서. 그리고 오늘은 짐 피들러가 인디애나 주 룸에서 가져온 재래 흑돼지 품종을 도축하는 것을 도울 예정이었다. 나는 차를 몰고 켄터키 주 바즈타운에 자리한 분스 정육점으로 향했다. 이곳의 지역 농부들은 대부분 분스 정육점에서 가축을 가공한다. 내가 도축 과정에 도움을 줄 수 있을지 물어봤을 때 짐은 분스 정육점에 전화를 한 통 걸었는데, 그 정도만으로도 흔쾌히 응해줘서 매우 놀라웠다. 짐은 친절하고 상냥하며 저녁 식탁에 함께 둘러 앉아 한참 떠들고 싶은 이야기를 잔뜩 가지고 있는 사람이다. 그는 구하기도 어렵고 그것으로 돈을 벌기는 더 어려운 품종, 하지만 더없이 그다운 품종을 길렀다. 고집 센 남자를 위한 고집 센 돼지들. 짐은 돼지를 몰고 운전을 한 다음, 돼지를 내리는 일을 거의 전부 혼자서 하기 때문에 제 시간에 도착하는 일이 거의 없다. 그는 빨간색 트레일러를 뒤에 매단 흰색 픽업트럭을 운전한다. 오늘은 돼지 스무 마리를 실어 나를 예정인데 아침 날씨가 쌀쌀하니 분명 계획보다 속도가 느릴 터였다. 그의 농장까지는 차로 두 시간이 걸렸다. 나는 새벽 다섯 시에 올드 루이빌을 떠나 분스 정육점에서 그를 만나기로 했다. 상록수가 드리운 고르지 않은 언덕과 하늘로 증기를 뿜어내는 짐 빔 증류소가 나란히 늘어선 아름다운 드라이브 길이었다. 고속도로를 따라 늘어선 집들은 소박하고 슬퍼 보였다. 숨을 쉴 때마다 앞 유리에 김이 서렸다. 그만큼 추운 날이었다.

짐이 도착하기 전부터 그의 돼지 냄새가 났다. 짐이 기르는 돼지는 독특한 땅에서 자랐다. 대부분의 돼지 농장보다 훨씬 비옥하고 잔디와 클로버가 많은 땅이다. 돼지는 진흙에서 구르며 놀기 때문에 그들의 깃 같은 돼지털에는 진흙이 잔뜩 달라붙어 있었다. 귀는 너무 커서 드리우면 눈을 가릴 정도였기에 육안으로는 떨리는 주둥이만 관찰할 수 있었다. 이 돼지 떼에게서는 진하고 비옥한 풀 냄새가 깃든 똥 냄새가 났다. 우리의 첫 번째 임무는 돼지를 트레일러에서 유인해 임시 우리로 옮기는 것이었다. 내가 초심자여서 일처리 속도가 느려지고 있었다. 분스의 직원은 나 때문에 일정이 늦어지는 것에 짜증을 내지는 않았지만 당황해 했다. 나 또한 당황하는 중이었다. 그날 전까지 나는 이미

가공된 돼지를 예쁜 음식으로 만드는 특권을 누려왔다. 돼지는 한 마리도 죽여본 적이 없었다. 돼지를 직접 죽여봐야만 내가 더 나은 셰프가 될 수 있을까? 목수가 굳이 직접 나무를 베어야 할 필요가 있을까? 아마 아닐 것이다. 하지만 도축이 하나의 의식이라면 내가 반드시 경험해야 할 의식임에는 틀림이 없었다. 하지만 그곳에서 내가 깨달은 건 도축은 의식보다는 과정에 가깝다는 점이었다.

우리는 임시 우리에 들어간 돼지를 한 번에 한 마리씩 도살장으로 데려왔다. 여기서 돼지들은 목에 1.5암페어의 전류를 쏘는 전기 충격기와 조우한다. 마구 발길질을 하던 다리가 멈추기까지는 2-3분이 소요된다. 죽은 돼지는 뒷다리에 체인을 걸어서 컨베이어 벨트로 끌어올린 다음 목을 긋고 피를 뺀다. 제일 까다로운 부분은 돼지를 확실하게 죽이는 것이다. 혹시라도 돼지가 죽지 않았을 경우에는 체인에 매달리는 고통과 출혈을 그대로 겪어야 한다. 동물 보호 운동가의 정당한 분노가 바로 여기에서 비롯된다.

그리고 나를 도살장으로 이끈 것도 이 부분이었다. 농장과 식탁을 잇는 농업적 행위에 참여하기 위해서는 동물에게 어떤 일이 벌어지는지 직접 눈으로 확인해야 했기 때문이다. 그 과정은 놀라울 정도로 평범했다. 동물은 한 번에 한 마리씩 처리되며, 죽음은 결코 전부 동일하지 않지만 예측할 수 있는 불안감을 준다. 동물들은 격렬했다가 조용해지기를 반복하는 과정 속에서 풀썩 쓰러졌다가 경련을 일으키고 거품을 물었다. 컨베이어 벨트를 타고 이동한 돼지의 사체는 고무 패들로 대부분의 털을 제거하는 65°C의 뜨거운 수조에서 4분의 시간을 보낸다. 내장을 제거한 다음 USDA 검사관이 기생충 여부를 검사한다. 그래도 남아 있는 털은 토치로 태워서 없앤다. 그런 다음 다시 컨베이어 벨트로 이동한 사체는 전기톱으로 반으로 잘라 세척해서 젖산 용액을 뿌리고 냉장실로 옮겨 도축하기 전까지 하룻밤 동안 매달아둔다. 이 모든 과정은 10분도 채 소요되지 않으며, 직원 단 3명이 모든 작업을 진행한다.

직원들이 점심을 먹으러 나간 동안 나는 담배를 피우기 위해 임시 우리 뒤쪽으로 물러났다. 아직 남아 있는 돼지들이 한데 모여 있어서 부드러운 꿀꿀 소리가 공기 중에 퍼졌다. 사람이

익숙한 돼지들은 나에게 거의 관심을 보이지 않았다. 돼지들이 죽음을 앞두고 있어서가 아니라, 삶의 마지막 순간에 그들을 위한 팡파르를 울릴 수가 없어 안타까운 마음이 들었다. 이 돼지들은 이 지역 최고의 레스토랑으로 퍼져서 염지되고 구워지고 숙성되었다가 잘 썰려서 미식의 정수가 될 것이었다. 그 고기는 칭송을 받고 잡지와 책에 실릴 사진 모델이 될 터였다. 하지만 여기 모인 돼지는 그저 격리된 채 익명의 인내심을 갖고 기다리고 있을 뿐이었다. 예전에는 돼지가 곧 연회장의 음식이 될 것을 축하하는 의식과 기도, 축제가 있었다. 오늘날의 우리들은 이 아름다운 품종이 넘쳐나고 전화 한 통이면 바로 배달된다는 사실을 당연하게 여긴다.

우리가 동물의 삶에 집중하는 만큼 죽음에 대해서는 숙고하지 않는다는 사실은 참으로 당황스러운 일이다.

우리가 동물의 삶에 집중하는 만큼 죽음에 대해서는 숙고하지 않는다는 사실은 참으로 당황스러운 일이다. 축산업에 대한 모든 논의 중에서도 동물의 생의 마지막 15분은 고기에 지대한 영향을 미친다. 전기 충격기와 봉, 기타 물리적 도구는 이미 겁에 질린 동물의 고기에 멍이 들게 하고, 동물이 겁을 먹으면 혈액 내에 코르티솔과 에피네프린과 같은 화학 물질이 더 많이 생성되어 이 또한 고기의 품질에 부정적인 영향을 미친다. 템플 그랜딘Temple Grandin은 인도적인 도축 기준을 채택하도록 가공 공장을 설득하는 운동의 선구자로서 가장 거침없는 발언을 했다. 그는 도축장 업계 측에 동물 복지는 육류의 품질과 분리할 수 없으며, 인도적인 운송과 도살은 수익성이 있고, 인도적인 것이 유일한 기준이 되어야 한다는 점을 전파하기 위해 끊임없이 노력하고 있다. 동물은 단순한 재산이 아니라 지각이 있는 존재다. 템플은 도축장에 대해서 알고 싶은 모든 정보를 무료로 제공하는 놀라운 웹사이트를 운영하고 있다. 이 사이트(www.grandin.com)를 직접 방문해볼 것을 권한다.

작년에 버지니아 북부에서 템플의 강연을 듣던 중 알게 된, 그가 농부와 도축장 주인에게 한 말은 상당히 혁명적인 제안이었다. 그는 동물 도축 장면을 동영상으로 찍어서 사이트에 공개하라고 권유했다. 책임감 있게 행동해야 한다는 점을 생각하면서 방심하지 말고 투명하게 공개할 것을 당부했다. 그리고 그들의 노력에 자부심을 갖고 대중과 공유할 것을 촉구했다. 그는 도살 행위를 보이지 않는 농업적 행위에서 공개적인 의식으로 바꾸기 위한 사례를 만들어냈다.

그날 분스 정육점에서는 30마리 이상의 돼지를 도살했다. 그에 비해 스위프트와 같은 대기업은 시간당 천 마리 이상의 돼지를 처리한다. 이 둘의 차이는 소규모 장인 치즈 낙농장과 크래프트 사의 차이와 비슷하다. 소비자로서 우리는 이들 모두를 동물 학대 업체로 분류하기 쉽지만 처리하는 물량의 차이는 동물을 취급하는 방식에 영향을 미친다. 처음 몇 마리의 돼지를 죽이는 장면을 보고서 나는 충격을 받았다. 무언가가 죽어가는 것을 지켜보는 일은 쉽지 않다. 속도가 빨랐지만 이 돼지는 다른 돼지보다 귀가 한쪽으로 치우쳐져 있다거나 저 돼지의 꼬리가 그 전 돼지보다 길다는 사실을 알아차릴 시간이 없을 정도로 빠르지는 않았다. 그 시점에는 중요하지 않은 일일지 모르지만, 이런 점을 알게 된 것이 나에게는 작은 위안이 되었다.

나는 분스 정육점을 비롯한 이 지역의 다른 도축장에도 다시 방문했고, 가끔 사람들에게 이런 경험에 대해서 이야기하면 호기심 어린 질문부터 역겨워 하는 모습까지 다양한 반응을 얻는다. 셰프가 동물을 죽이는 일을 해야 할까? 내가 있어야 할 곳은 주방이 아닐까? 내가 도살장에 있어야 하는 사람이 아니라는 것은 알고 있었다. 하지만 그렇다면 내가 있어야 할 곳은 어디일까? 농장에서 딸기를 따고 있어야 할까? 긴 줄이 늘어선 엑스포에서 주문을 전달해야 할까? 카메라 앞에 서서 말도 안 되는 소리를 늘어놓아야 할까? 그도 아니면 컴퓨터 앞에서 글을 쓰면서 맛있는 식재료가 된 이름 없는 돼지 한 무리를 위해 일반적으로는 주목받지 못하는 과정에 대해 공공의 목소리를 내야 하는 것일지도 모른다. 이것이 내가 시도하는 농업적 행위다.

RICE BOWL WITH SPICY PORK,

JICAMA, CILANTRO, AND KIMCHI RÉMOULADE

매콤한 돼지고기와
지카마 고수 김치 레물라드 덮밥

나는 중국 식당에서 볼 수 있는 붉은색 돼지고기를 흉내 내기 위해서 돼지고기 소시지 패티를 만들기 시작했다. 중국 식당의 붉은색 돼지고기는 보통 식용 색소로 색을 낸다. 이 레시피에서는 갈아낸 비트로 식욕을 돋우는 색을 내면서 동시에 단맛을 가미했다. 이 소시지 패티는 덮밥 외에도 다양하게 활용할 수 있다. 파티용 전채 요리로도 활약한다. 김치 레물라드는 타코에서 게살 크로켓까지 다양한 요리에 곁들이기 좋다.

분량 메인 4인분 또는 전채 6인분

돼지고기 소시지 패티 재료

돼지고기 다진 것 450g

빨강 비트 간 것 1/4컵

마늘 간 것(그레이터 사용) 1쪽 분량

참기름 1큰술

단수수 시럽 1작은술

간장 1큰술

피시 소스 1작은술

소금 1/2작은술

설탕 1/2작은술

검은 후추 갓 간 것 1/4작은술

김치 레물라드 재료

곱게 다진 매운 배추 김치(185쪽) 1/2컵

생 생강 간 것(그레이터 사용) 1작은술

완벽한 레물라드(22쪽) 5큰술

고명 재료

껍질을 벗기고 막대 모양으로 채 썬 지카마 140g(1컵)

생 고수 줄기(선택)

조리용 올리브 오일 약 1/4컵

밥(20쪽) 4컵

1. 김치 레물라드를 만들어보자. 소형 볼에 생강과 다진 김치를 넣고 잘 섞다가 레물라드를 넣고 마저 섞는다. 랩을 씌워서 냉장 보관한다.

2. 소시지를 만들기 위해 대형 볼에 돼지고기 다진 것을 넣고 나머지 모든 재료를 넣어서 손으로 잘 섞는다. 약 4분의 1컵 분량씩 덜어서 패티 모양으로 빚어 베이킹 시트에 담는다.

3. 대형 프라이팬을 중간 불에 올리고 올리브 오일 1큰술을 두른다. 패티를 너무 꽉 차지 않게 한 층으로 올린 다음 노릇노릇해질 때까지 한 면당 3분씩 굽는다. 종이 타월을 깐 접시에 옮겨 담아 기름기를 제거한다. 나머지 패티도 같은 과정을 반복해 굽고 필요하면 오일을 추가한다.

4. 먹기 전 그릇에 밥을 담는다. 돼지고기 패티를 2~3장씩 올리고 김치 레물라드 약 1큰술을 패티 위에 두른다. 지카마를 레물라드 위에 약간 올리고 고수 줄기(사용 시)를 약간 뿌려 장식한다. 숟가락과 함께 바로 낸다. 전부 잘 비벼서 섞어 먹어야 맛있다.

CURRY PORK PIES

커리 돼지고기 파이

내가 어렸을 적 차이나타운의 베이야드 스트리트에는 작은 초승달 모양의 돼지고기 파이를 60센트 정도에 팔던 가게가 하나 있었다. 1960년대에 지어져서 한 번도 바뀐 적이 없는 멋진 빵집이었다. 나는 그곳에 앉아 50센트짜리 차를 마시며 배가 부를 때까지 빵과 파이를 먹곤 했는데 그러면 한 3달러 정도가 들었다. 그곳이 너무나 그리워서 그들의 돼지고기 파이를 똑같이 재현해보려고 했다. 남부식 파이 반죽을 사용하고 머핀 틀을 이용한다는 점만 다르다. (다음 장의 단계별 사진 참조) 한 번에 12개씩 만들 수 있는데 많은 양처럼 보일 수 있지만 맹세컨대 순식간에 사라지고 말 것이다. 지금은 시대가 변해서 베이야드 스트리트의 가게들도 변화를 거쳤고, 아마 지금쯤은 파이를 1달러에 팔고 있을 거라고 생각한다.

분량 1인용 파이 12개

필링 재료

다진 베이컨 1/2컵

돼지고기 다진 것 340g

다진 양파 3/4컵

깍둑 썬 녹색 파프리카 1/4컵

깍둑 썬 당근 1/4컵

다진 생강 1과 1/2큰술

다진 마늘 1쪽 분량

닭 육수 3/4컵

간장 2작은술

밀가루(중력분) 1큰술

커리 파우더 2작은술

소금 1/2작은술

검은 후추 갓 간 것 1/4작은술

1. 먼저 필링을 만든다. 대형 무쇠 프라이팬을 센 불에 올려 달군다. 베이컨을 넣어 살짝 바삭해지고 기름이 약간 녹아나올 때까지 3분간 볶는다. 돼지고기 다진 것, 양파, 파프리카, 당근, 생강, 마늘을 넣고 채소가 부드러워지고 돼지고기가 완전히 익을 때까지 5분간 볶는다.

2. 돼지고기 팬에 밀가루를 뿌리고 1분간 볶는다. 닭 육수와 커리 파우더, 간장, 소금, 후추를 넣고 잘 휘저어 섞은 다음 2분간 익힌다. 이때 국물은 사라졌지만 돼지고기는 아직 촉촉해 보이는 상태여야 한다. 볼에 옮겨 담고 파이 반죽을 만드는 동안 냉장고에 보관한다.

3. 오븐을 220℃로 예열한다. 12구짜리 머핀 틀에 부드러운 실온의 버터를 조금씩 바른다. 사용하기 전까지 냉장고에 넣어 차갑게 보관한다.

4. 이제 파이 반죽을 만들자. 볼에 계량한 밀가루와 소금을 먼저 담는다. 쇼트닝과 버터를 넣고 포크나 손가락을 이용해 밀가루와 함께 비벼 옥수수 가루처럼 거친 상태로 만든다. 버터가 물러지기 시작하면 작업을 멈추고 볼을 냉장고에 잠시 넣어 차갑게 굳힌다. 반죽이 한 덩어리로 뭉쳐질 정도로 물을 조금씩 넣으면서 섞는다. 이때 너무 많이 치대지 않도록 주의한다. 덧가루를 가볍게 뿌리고 반죽을 반으로 나눈다. 각각 원반 모양으로 다듬어서 랩으로 잘 싼 다음 밀기 전까지 30분간 냉장고에서 차갑게 휴지한다.

→다음 장에 계속

반죽 재료

깍둑 썬 차가운 무염 버터 140g

틀에 바를 부드러운 실온의 무염 버터
약간

달걀 1개(대)

차가운 식물성 쇼트닝 2/3컵

식용유 1큰술

우유(전지유) 2큰술

얼음물 8~10큰술

밀가루(중력분) 4컵

코셔 소금 2와 1/2작은술

5. 반죽 하나를 냉장고에서 꺼내 덧가루를 가볍게 뿌린 작업대에 올린다. 밀대로 반죽을 0.3cm 두께에 38x50cm 크기의 직사각형 모양으로 민다. 비스킷 커터나 유리병 입구를 이용해서 둘레 13cm 크기의 원형 모양으로 반죽을 열두 개 찍어낸다. 필요하면 남은 반죽을 모아서 다시 밀어 찍어낸다. 준비한 머핀 틀에 원형 반죽을 올려서 채운다. 소형 볼에 달걀과 오일, 우유를 넣고 거품기로 잘 섞어 달걀물을 만든다. 파이 반죽 안에 붓으로 달걀물을 바르고 남은 달걀물은 따로 보관한다.

6. 파이 크러스트에 차가운 돼지고기 속을 약 2큰술씩 나누어 담는다.

7. 덧가루를 뿌린 작업대에 나머지 반죽을 올리고 약 3mm 두께로 민다. 아까보다 약간 작은 7.5cm 크기의 비스킷 커터 또는 원형 커터로 반죽을 열두 개 찍어낸다. 파이마다 반죽을 하나씩 올리고 가장자리를 꼬집어서 봉한다. 붓으로 남은 달걀물을 위에 골고루 바른다. 파이 윗면을 포크로 찔러서 홈을 만들거나 날카로운 과도로 십자 모양을 그린다.

8. 오븐에 파이를 넣고 노릇노릇하게 부풀 때까지 약 15분간 굽는다. 윗면의 틈 사이로 내용물이 보글보글 끓는 것이 보여야 한다. 그걸 보면 배가 고파질 테니 파이를 오븐에서 꺼내 부서지지 않도록 10분간 식힌 다음 틀에서 꺼낸다. 바로 낸다.

파이는 식은 다음 밀폐용기에 담아서 냉동할 수 있다. 데울 때는 200℃로 예열한 오븐에 넣어서 가운데까지 따뜻해지도록 12~15분간 굽는다.

반죽을 밀어서 원형으로 찍어낸다.

파이 틀에 찍어낸 원형 반죽을 깐다.

돼지고기 필링을 반죽에 넣는다.

작은 반죽을 올려서 가장자리를 꼬집어 봉한다.

PORK RIBS AND SAUERKRAUT

WITH HORSERADISH

홀스래디시를 가미한 돼지갈비와 사워크라우트

루이빌은 다양한 문화가 교차하는 곳이다. 남쪽에서 인기인 남부 지역의 소울 푸드, 북쪽에서 내려오는 독일의 영향, 애팔래치아에서 퍼진 컨트리 요리가 존재한다. 다음은 이 모든 문화가 녹아 있는 레시피다. 돼지 갈비에 구운 감자를 곁들이고 루이빌에 자리한 블루그래스 브루잉 컴퍼니의 고전 독일식 알트비어를 함께 낸다.

분량 메인 4~5인분

돼지고기 스페어립 1대(2.25kg)
사워크라우트 900g(약 4컵)
필스너 맥주 1병(340ml)
닭 육수 2컵
물 1/2컵
사과주 1/2컵
디종 머스터드 3큰술

럽 재료

오향 파우더 2작은술
코셔 소금 4작은술
검은 후추 갓 간 것 2작은술

홀스래디시 크림 재료

시판 홀스래디시 1/4컵
사워크림 1컵
마요네즈 2큰술

1. 오븐 중간 단에 선반을 설치하고 오븐을 170℃로 예열한다.

2. 날카로운 과도로 스페어립을 잘라 하나씩 분리한다.

3. 럽을 만들기 위해 소형 볼에 소금, 후추, 오향 가루를 넣어서 잘 섞는다. 스페어립에 손으로 골고루 잘 문질러 바른다. 소심하게 하지 말고 힘차게 꼼꼼하게 묻힌다.

4. 캐서롤 그릇 또는 로스팅 팬에 스페어립을 담고 사워크라우트와 그 즙을 립 위에 얹는다. 이어서 맥주와 육수, 물, 사과주, 디종 머스터드를 넣는다. 스페어립이 국물에 거의 잠기는 느낌이어야 한다. 완전히 잠기지 않으면 물을 추가한다.

5. 로스팅 팬에 알루미늄 포일을 느슨하게 씌우고 포크로 군데군데 구멍을 낸다. 오븐에 넣고 1시간 30분간 익힌다.

6. 포일을 벗겨서 버리고 오븐 온도를 230℃까지 올린다. 로스팅 팬을 다시 오븐에 넣고 포일을 씌우지 않은 채로 약 30분 더 익힌다. 립이 살살 녹을 정도로 부드러워지면 완성된 것이다. 사워크라우트는 가볍게 노릇해지고 조림 국물은 맛있는 쥬jus가 되어야 한다. 소스를 더 걸쭉하게 만들고 싶으면 소형 냄비에 여러 컵 옮겨 담아서 걸쭉해질 때까지 졸인다.

7. 그동안 홀스래디시 크림을 만든다. 소형 볼에 모든 재료를 넣고 거품기로 매끄럽게 잘 섞는다. 사용하기 전까지 실온으로 보관한다.

8. 큰 접시에 립과 사워크라우트, 쥬를 담는다. 홀스래디시 크림을 얹거나 곁들여서 낸다.

PORK CRACKLIN'

돼지 크래클링

다음은 레시피라기보다는 크래클링(돼지고기 껍질 등을 오랫동안 튀겨서 지방을 제거하고 바삭바삭하게 만든 것 – 옮긴이)을 만드는 법을 소개하는 것에 가깝다. 어렵지는 않지만 인내심이 필요하다. 일단 완성된 크래클링은 실온에서 수일간 보관할 수 있지만 보관할 정도로 남을 일은 절대 없을 것이다. 엄밀히 말하자면 크래클링은 삼겹살 부위의 껍질이지만 나는 수 년간 돼지의 모든 부위로 크래클링을 만들어왔다. 기본적으로 돼지를 잡고 다듬은 후 남은 자투리는 무엇이든 크래클링이 될 수 있다. 가정용 주방에서 크래클링을 만들 때는 매우 주의를 기울이도록 하자. 오랫동안 튀기는 요리라면 무엇이든 그렇지만 기름의 상태를 계속해서 지켜봐야 한다.

분량 1L 용기

삼겹살 등에 붙은 돼지 껍질 900g

땅콩 오일 1컵 또는 삼겹살을 완전히 잠기게 할 만큼의 분량

라드 또는 베이컨 지방 1컵

소금 적당량

1. 돼지 껍질을 최소 1시간 정도 냉동 보관해서 완전히 딱딱하지는 않지만 꽤 뻣뻣해지도록 굳힌다. 2cm 두께에 5cm 길이로 썬다.

2. 대형 무쇠 냄비에 땅콩 오일과 라드를 넣고 중간 불에 올려서 170℃로 가열한다. 돼지 껍질을 기름이 튀지 않도록 조금씩 천천히 넣는다. 온도를 잘 살펴서 170℃ 이상으로 올라가거나 150℃ 이하로 내려가지 않도록 조절한다. 돼지 껍질이 튀겨지는 동안 지방이 더 녹아서 나올 것이다. 조심스럽게 뒤집어가면서 돼지 껍질이 오일 위로 동동 뜰 때까지 20~25분 정도 익힌다. 나는 이때 긴 나무젓가락이나 집게를 이용해서 돼지 껍질을 뒤집는다. 크래클링은 너무 짙은 색이 되지 않고 바삭바삭한 상태여야 한다. 그물국자 등으로 오일에서 돼지 껍질을 조심스럽게 건져서 종이 타월에 얹어 기름을 제거한다. 소금만 곁들여서 바로 낸다. 실온에서 천천히 식도록 한다.

3. 남은 크래클링은 병이나 지퍼백에 담아서 실온에 보관한다.

BRINED PORK CHOPS

WITH PEACH-GINGER GLAZE

복숭아 생강 글레이즈를 입힌 염지 폭찹

외식하는 기분이 들게 하는 가정용 저녁 식사 메뉴다. 염지액은 전날 미리 만들 수 있으니 그때 글레이즈와 그레몰라타도 같이 만들어놓자. 그러면 다음 날에 돼지고기를 익혀서 접시에 담기만 하면 된다.
(글레이즈와 그레몰라타는 모두 냉장고에서 최대 일주일간 보관할 수 있다.)
원한다면 파스닙 검은 후추 비스킷(222쪽)을 곁들여 내자.
내가 매우 좋아하는 맥주 중 하나가 레이지 매그놀리아의 서던 피칸 넛 브라운 에일Southern Pecan Nut Brown Ale인데, 이 요리와 함께 마실 때가 가장 맛있게 느껴진다.
분량 메인 요리 4인분

2.5cm 두께의 폭찹 4개(각 약 310g)
(동그란 등심 부위에 뼈가 붙은 모양으로 손질한 돼지고기 뼈등심. 이 책에서는 남부 요리의 분위기를 살리기 위해 폭찹으로 번역했다 - 옮긴이)
올리브 오일 2큰술

염지액 재료
진 1컵
물 2컵
코셔 소금 1/4컵
단수수 시럽 3큰술
황설탕 3큰술

글레이즈 재료
복숭아 3개
생강 갓 간 것(그레이터 사용) 2작은술
꿀 2작은술
드라이 화이트 와인 1/4컵
소금과 검은 후추 갓 간 것 1꼬집씩

1. 먼저 염지액을 만들자. 소형 냄비에 진을 담고 중간 불에 올려서 약 1/4컵으로 졸아들 때까지 바글바글 끓인다. 나머지 재료를 넣고 약한 불에서 황설탕이 녹을 때까지 저으면서 익힌다. 불에서 내리고 실온에서 식힌다.

2. 3.8L 크기의 지퍼백에 폭찹을 넣고 식힌 염지액을 붓는다. 지퍼백을 밀봉하고 냉장고에서 최소 4시간, 최대 24시간까지 재운다.

3. 글레이즈를 만들기 위해 복숭아의 껍질을 벗기고 반으로 잘라 씨를 제거한 뒤 과육을 깍둑 썰어서 소형 냄비에 넣는다. 와인과 생강, 꿀, 소금, 후추를 넣고 한소끔 끓인 다음 불 세기를 줄여 복숭아가 아주 부드러워질 때까지 10분간 뭉근하게 익힌다. 불에서 내리고 약 15분간 식힌다.

4. 복숭아와 익힌 국물을 모두 믹서에 넣고 고속으로 곱게 간다. 이때 복숭아와 생강의 향이 방 전체를 메울 정도여야 한다. 볼에 옮겨 담고 사용하기 전까지 냉장고에 보관한다.

5. 그레몰라타를 만들자. 푸드 프로세서에 모든 재료를 넣고 짧은 간격으로 약 10회 갈아서 굵은 페이스트 상태로 만든다. 또는 절구에 전부 넣고서 찧어도 좋다. 사용하기 전까지 냉장고에 보관한다.

6. 오븐을 200℃로 예열한다.

7. 폭찹을 염지액에서 꺼내서 종이 타월로 두드려 물기를 제거하고 염지액은 버린다. 대형 무쇠 프라이팬을 중간 불에 올리고 올리브 오일을 둘러 달군다. 폭찹을 올리고 노릇노릇하게 제대로 캐러멜화될 때까지 한 면당 3분씩 굽는다.

8. 폭찹마다 복숭아 글레이즈를 한 숟갈씩 둘러 골고루 바른다. 글레이즈 위에 그레몰라타를 넉넉히 한 켜 뿌린다. 팬을 오븐에 넣고 폭찹이 미디엄 레어로 익을 때까지 12~14분간 익힌다. 이때 폭찹의 뼈 가까운 부분을 칼로 찌르면 맑은 육즙이 흘러야 한다. 글레이즈는 굳고 그레몰라타는 살짝 갈색을 띠면서 윗면이 바삭바삭한 상태일 것이다. 꺼내서 팬째로 5분간 휴지한다.

9. 폭찹을 조심스럽게 접시에 옮겨 담고 바로 낸다.

피스타치오 그레몰라타 재료

피스타치오 1컵

곱게 다진 마늘 1쪽 분량

다진 생 이탤리언 파슬리 1과 1/2큰술

디종 머스터드 1작은술

올리브 오일 1과 1/2작은술

레몬 제스트 1개 분량

마른 빵가루 1/4컵

소금 1작은술

검은 후추 갓 간 것 1/4작은술

CHICKEN-FRIED PORK STEAK

WITH RAMEN CRUST AND BUTTERMILK PEPPER GRAVY

라면 크러스트를 입힌
'프라이드 치킨식' 돼지고기 스테이크와
버터밀크 후추 그레이비

나는 '프라이드 치킨식'이라면 무엇이든 좋아한다. 좀 심하게 남부 레드넥(미국 남부의 교육 수준이 낮고 정치적으로 보수적인 시골 노동자를 낮춰 부르는 말 - 옮긴이)이 할 말처럼 들리지만 나에게 프라이드 치킨식은 일반 빵가루보다 달콤한 팡코^{Panko} 빵가루로 튀기는 유명한 일본 요리 돈가스의 미국 남부 버전과도 같다. 돈가스는 빵가루를 입혀서 튀긴 포크 커틀릿 요리의 일본식 버전으로, 19세기 후반에 유럽에서 건너왔다. 단순한 개념을 서로 다른 문화권에서 얼마나 독특하게 해석하는지 지켜보는 것은 항상 흥미롭다. 여기서의 결론은 우리 모두는 두들겨서 빵가루를 입히고 튀긴 고기를 좋아한다는 것이다. 나는 튀김옷으로 말린 라면을 사용한다. 이상하게 들릴지도 모르지만 정말로 맛있다.

훌륭한 와인과 함께 페어링하자. 나는 오 봉 클리마$^{Au\ Bon\ Climat}$에서 생산한 짐 클렌데넌의 화려한 샤르도네를 좋아한다.

분량 메인 4인분

돈가스용 돼지고기 등심 4개

다진 생 이탤리언 파슬리(선택)

라면 건면, 가루가 되지 않을 정도로 적당히 부순 것 1개 분량(100g)

달걀 1개(대)

땅콩 오일 또는 식용유 3큰술

우유(전지유) 1/2컵

마른 빵가루 1/4컵

밀가루(중력분) 1컵

천일염 2작은술

검은 후추 갓 간 것 1작은술

---

1. 그레이비를 만들기 위해 소형 프라이팬에 버터를 넣고 약한 불에 올려서 녹인다. 녹인 버터 위에 밀가루를 골고루 뿌리고 나무 주걱으로 휘저어 매끈하게 잘 섞는다. 밀가루 풋내가 없어질 때까지 1~2분 더 볶되 루에 색깔이 나지 않도록 주의한다.

2. 프라이팬을 불에서 내리고 1분 더 휘저으면서 한 김 식힌 다음 햄 육수와 우유, 버터밀크를 붓는다. 프라이팬을 다시 중약 불에 올리고 그레이비가 걸쭉해져서 주걱 뒷면에 묻어날 때까지 계속 휘저으면서 5~6분 더 익힌다. 소금과 후추로 간한 뒤 맛을 본다. 그레이비에 대한 취향은 매우 폭이 넓다. 묽은 그레이비를 원한다면 우유를 더 넣고 소금과 후추 또한 입맛에 맞춰 조절한다. 나는 꽤 짭짤한 그레이비를 선호한다.

3. 랩 두 장을 돼지고기 등심 하나의 위아래에 깔고 망치 또는 프라이팬 바닥으로 단단하고 거칠게 두들겨서 고른 2cm 두께의 커틀릿을 만든다. 나머지 돼지고기로 같은 과정을 반복한 뒤 돼지고기 앞뒤로 소금과 후추로 간한다.

4. 튀김옷 공간을 만들어보자. 얕은 그릇 하나에 밀가루를 담는다. 중형 볼에 달걀과 우유를 넣고 거품기로 잘 풀어서 그 옆에 둔다. 그리고 얕은 볼에 잘게 부순 라면과 빵가루를 넣어서 잘 섞은 다음 그 옆에 둔다. 커틀릿 하나를 밀가루 그릇에 담가서 앞뒤로 잘 묻힌 다음 달걀 볼에 넣는다. 커틀릿을 포크로 달걀 볼에서 건져 여분의 물기를 잘 털어낸 다음 라면 볼에 넣어서 손으로 꾹꾹 눌러 앞뒤로 가루를 최대한 많이 붙인다. 접시에 옮겨 담고 나머지 커틀릿으로 같은 과정을 반복한다. 튀기기 전에 실온에서 15분간 그대로 둔다.

5. 오븐을 175℃로 예열한다.

6. 집에서 가장 큰 대형 무쇠 프라이팬에 오일을 두르고 센 불에 올린다. 커틀릿을 프라이팬 크기에 따라 하나 혹은 두 개씩 넣고 한 면당 2분씩 굽는다. 라면 크러스트는 생각보다 빨리 타기 때문에 잘 살펴봐야 한다. 베이킹 시트에 옮겨 담고 종이 타월로 두드려 기름기를 제거한다.

7. 커틀릿을 오븐에 넣고 돼지고기가 완전히 익을 때까지 10분간 굽는다. 그동안 그레이비를 약한 불에 올려서 데운다.

8. 오븐에서 돼지고기를 꺼낸 다음 그레이비를 곁들여서 바로 낸다. 이렇게 기름진 음식을 먹기가 영 부담스럽다면 신선한 파슬리를 위에 좀 뿌려보자.

버터밀크 후추 그레이비 재료

무염 버터 3큰술

밀가루(중력분) 3큰술

햄 육수(208쪽 설명 참조) 또는 닭 육수 1과 1/4컵

우유(전지유) 1/4컵 또는 필요한 만큼

버터밀크 1큰술

소금 1작은술 또는 입맛에 따라 조절

검은 후추 갓 간 것 1과 1/4작은술 또는 입맛에 따라 조절

라면에는 수천 가지 종류가 있지만 여기에는 훨씬 바삭해지는 얇은 면을 쓰는 것이 좋다. 라면이 없다면 팡코 빵가루 1컵으로 대체 가능하다.

COLA HAM HOCKS

WITH MISO GLAZE

미소 글레이즈를 바른 콜라 햄 호크

신선한 햄 호크를 찾는 것은 쉽지 않은 일이지만 그렇다고
불가능하지도 않다. 나는 보통 단골 정육점에서 구해다준 것을 쓴다.
온갖 종류의 채소 요리와 수프에 풍미를 내는 용도로 쓸 수 있는
훈제 형태의 햄 호크는 조금 더 쉽게 구할 수 있지만, 이 레시피를
위해서라면 조금 힘들어도 신선한 햄 호크를 찾아볼 만한 가치가 있다.
햄 호크를 천천히 구우면 고기가 믿을 수 없을 정도로 부드러워지고
풍미 또한 깊어진다. 그리고 특별해진다. 접시에 햄 호크를 통째로
담아서 내놓는 것은 흔한 일이 아니니까.
마늘 고추 셀러리 잎을 가미한 흰강낭콩(228쪽)과 옥수수 베이컨 피클
렐리쉬(198쪽)를 곁들여 내자.

분량 메인 4인분

다진 양파 1개(소) 분량
다진 마늘 2쪽 분량
드라이 베르무트 1과 1/2컵
팔각 1개
통 검은 후추 1작은술
월계수 잎 2장
땅콩 오일 또는 식용유 2큰술
콜라 1캔(340ml)
간장 2큰술
쌀 식초 1/4컵

미소 글레이즈 재료

적미소 1/4컵
사과 식초 1/2컵
단수수 시럽 3큰술
간장 2큰술
꾹 눌러 담은 황설탕 1/2컵

1. 햄 호크는 찬물에 30분간 담가 두었다 건져내 종이 타월로 두드려 물기를 제거한다.

2. 더치 오븐에 오일을 두르고 중간 불에 올린다. 햄 호크를 넣고 약 5분간 골고루 지진다. 이때 겉이 조금 타더라도 걱정하지 말자. 어차피 한참 더 조리하게 될 테니까.

3. 양파와 마늘을 넣고 2분간 볶는다. 베르무트와 콜라, 식초, 간장, 팔각, 통후추, 월계수 잎을 넣고 한소끔 끓이면서 위로 올라오는 불순물은 모두 제거한다. 딱 맞는 뚜껑을 닫고 중약 불로 줄인다. 월트 휘트먼의 시를 읽으면서 2시간 동안 익힌다.

4. 햄 호크가 다 익기 직전에 글레이즈를 만들기 시작한다. 소형 냄비에 모든 재료를 넣고 한소끔 끓인 다음 불 세기를 줄여 걸쭉한 시럽 상태가 될 때까지 5~6분 더 뭉근하게 익힌다. 따뜻하게 보관한다.

5. 2시간 후에 햄 호크의 상태를 확인한다. 껍질은 부드럽고 호박색을 띠면서 고기가 뼈에서 쉽게 떨어져 나오는 상태여야 한다. 아직 아니라면 20분 더 익힌 다음 상태를 다시 확인한다.

6. 브로일러를 예열한다. 햄 호크를 조심스럽게 꺼내서 베이킹 팬에 담는다. 붓으로 호크에 글레이즈를 골고루 바르고 뜨거운 브로일러에 넣는다. 글레이즈가 보글거리면서 캐러멜화될 때까지 3~5분 정도 익힌다. 시간은 브로일러의 성능에 따라 차이가 있으니 계속 확인해야 한다. 따뜻한 큰 볼에 담고 조림 국물을 조금 곁들여 낸다.

햄 호크는 보통 돼지의 발목 바로 위, 그리고 전통적인 햄 부위가 시작되는 뼈 바로 아래에서 잘라낸다. 돼지의 뒷다리일수도 있고 앞다리일 수도 있다. 나는 항상 맛은 똑같지만 크기가 조금 더 큰 뒷다리 햄 호크를 구입하려고 노력한다. 주문할 때는 정육점에서 가끔 보는 것처럼 돼지 족발이 붙어 있는 햄 호크가 아닌지 확인하도록 하자. 돼지 족발을 직접 보면 비위에 거슬려 하는 사람이 많기 때문이다. 지방이 많은 햄 호크를 원하지 않는다면 브로일러에 넣기 전에 호크에서 껍질을 벗겨내고 껍질 대신 고기에 글레이즈를 바르면 된다. 그리고 남은 껍질은 강아지에게 준다면 아마도 당신은 평생 사랑받게 될 것이다.

PULLED PORK SHOULDER

IN BLACK BBQ SAUCE

풀드 포크와 블랙 바비큐 소스

오븐에 구운 돼지 목살 요리는 몇 시간 동안 훈연하지 않고도 풀드 포크의 부드러운 식감을 즐길 수 있는 훌륭한 방법이다. 돼지고기에 풍미를 더하는 블랙 바비큐 소스는 몇 년 전 켄터키 주 최고의 바비큐 집이 모인 오웬스버러에 여행을 갔다가 떠올린 것이다. 바비큐 가게마다 자신만의 시그니처 소스를 가지고 있었다. 하지만 나는 대부분의 바비큐 소스가 너무 달다고 생각한다. 나는 아시아식 바비큐 양념의 짠맛을 좋아한다. 그래서 바비큐에 대한 기존의 인식을 바꾸기로 결심하고 남부식 바비큐 소스 레시피에 아시아의 향신료를 가미했다. 그 이후로 우리의 메뉴판에도 이 소스의 변형 버전을 올리게 되었다.

풀드포크에 라르도 콘브레드(224쪽)와 간단 캐러웨이 피클(189쪽)을 곁들이거나 핫도그 빵에 잔뜩 넣은 다음 매콤한 배추김치(185쪽)와 돼지 크래클링(125쪽)을 올려보자. 이 풀드포크를 즐기는 방식에는 한계랄 것이 없다.

분량 6~8인분

껍질째 구운 돼지 목살 로스트 1개
(2.25g)

블랙 바비큐 소스

다진 양파 450g

다진 마늘 5쪽 분량

씨째 다진 할라페뇨 2개 분량

건포도 1/3컵

무염 버터 2큰술

케첩 1/2컵

우스터 소스 2큰술

당밀 2큰술

춘장 2큰술

참기름 1/4컵

올리브 오일 1작은술

버번 위스키 1/2컵

다크 커피 1/2컵

콜라 1/2컵

1. 먼저 바비큐 소스를 만들자. 더치 오븐에 버터와 올리브 오일을 넣고 약한 불에 올려 버터를 녹인다. 양파와 마늘, 할라페뇨, 건포도를 넣고 뚜껑을 닫아 중약 불에서 가끔 휘저어가며 양파에 색이 나기 시작하고 바닥 부분이 캐러멜화되기 시작할 때까지 약 5분간 익힌다. 버번과 커피, 콜라를 넣어 바닥에 눌어붙은 부분이 수분을 머금어 풀도록 한다. 나무 주걱으로 냄비 바닥에 붙은 갈색 파편을 모두 긁어낸 다음 국물이 반으로 졸아들 때까지 끓인다.

2. 케첩과 간장, 발사믹 식초, 당밀, 우스터 소스, 춘장을 넣고 약한 불에서 약 5분간 뭉근하게 끓인다. 드라이 머스터드와 올스파이스, 검은 후추, 카이엔 페퍼, 훈제 파프리카 가루를 넣고 약 10분간 뭉근하게 익힌다. 불에서 내린 다음 약 15분간 식힌다.

3. 식힌 소스를 믹서에 넣고 라임즙과 참기름을 넣어서 강 모드로 걸쭉한 소스가 되도록 곱게 간다. 맛을 본다. 맛이 좋은가? 취향에 따라 간을 조절한 뒤 볼에 옮겨 담아 냉장 보관한다. 먹기 전에 실온에 꺼내둔다. (소스는 밀폐용기에 담아서 냉장고에 1개월간 보관할 수 있다.)

4. 럽을 만들기 위해 볼에 모든 재료를 넣어서 잘 섞는다.

5. 대형 베이킹 그릇 또는 기타 용기에 돼지 목살을 넣고 럽을 전체적으로 두껍게 펴 바른다. 그대로 냉장고에 최소 2시간 정도 보관해서 간단하게 염지한다.

6. 오븐을 220℃로 예열한다.

7. 돼지 목살을 알루미늄 포일로 느슨하게 싸서 로스팅 팬에 넣는다. 포일 안에 물을 약 1/2컵 정도 넣고 오븐에서 2시간 30분 정도 굽는다. 고기 상태를 확인한다. 포크로 찔렀을 때 뼈에서 살이 부드럽게 분리되는 상태라면 다 된 것이다.

8. 돼지고기를 조심스럽게 도마로 옮긴다. 아직 뜨거울 때 고기가 잘 분리된다. 포크 두 개를 이용해서 하나는 목살을 고정시키는 용으로 쓰고 나머지 하나로는 고기를 아래로 긁어내듯이 결대로 잘게 찢는다.

9. 고기에 바비큐 소스를 고기 맛을 압도하지 않고 향이 살아날 정도로 둘러 촉촉하게 잘 섞는다. 접시에 담아서 뜨겁게 낸다.

간장 1/4컵
발사믹 식초 1/4컵
라임즙 1개 분량
드라이 머스터드 1큰술
올스파이스 가루 2작은술
훈제 파프리카 가루 1작은술
카이엔 페퍼 2작은술
검은 후추 갓 간 것 2작은술

럽 재료

코셔 소금 1/4컵
쿠민 가루 1과 1/2큰술
훈제 파프리카 가루 1과 1/2큰술
검은 후추 갓 간 것 1과 1/2큰술

PIGGY BURGERS

WITH SUN-DRIED TOMATO KETCHUP

선드라이 토마토 케첩을 가미한 돼지고기 버거

몇 년 전 나는 유럽 최고의 음식의 본고장으로 손꼽히는 곳이자 바스크 문화의 진원지인 스페인 북부의 산세바스티안에 방문했다.
그 도시에 하나뿐인 맥도날드에서 혼자 점심을 먹었을 때는 좀 끔찍한 기분이 들었지만 그래야만 하는 이유가 있었다. 무려 프랜차이즈 매장에서 돼지고기 버거를 팔고 있었기 때문에 맛을 봐야만 했다.
아쉽게도 내가 원하는 만큼 맛있지는 않아서 직접 만들기로 했다.
시원한 루트 비어와 잘 어울린다.

분량 버거 4개(대)

버거 재료

돼지고기 간 것(지방 15%) 450g
파란 부분만 곱게 다진 실파 3대 분량
해선장 2큰술
소금 1작은술
검은 후추 갓 간 것 1/2작은술

선드라이 토마토 케첩 재료

다진 선드라이 토마토 170g
심과 씨를 제거한 말린 파시야pasilla
고추 2개 분량
다진 마늘 1쪽 분량
물 약 3/4컵
발사믹 식초 1/2컵
드라이 레드 와인 1/2컵
간장 1큰술
꾹 눌러 담은 황설탕 1/4컵
천일염 1/4작은술
검은 후추 갓 간 것 1/4작은술

곁들임용 재료

햄버거 번 4개
매운 배추 김치(185쪽)
생 숙주
생 고수 잎
돼지 크래클링(125쪽)

땅콩 오일 2큰술

1. 먼저 버거 패티를 만들자. 대형 볼에 모든 재료를 담고 잘 섞는다. 약 55g씩 총 8등분해서 얇은 패티 모양으로 다듬는다. 버거에 2장씩 넣을 수 있을 정도로 얇아야 한다. 버거 패티를 사각형으로 자른 왁스지 사이에 끼워 넣고 조리하기 전까지 최소 30분 정도 냉장 보관한다. (버거 패티는 랩으로 잘 싸서 차곡차곡 쌓아 냉동실에 1주일까지 보관할 수 있다. 버거를 먹고 싶을 때마다 꺼내서 굽는다.)

2. 패티를 식히는 동안 케첩을 만든다. 중형 냄비에 물을 제외한 모든 재료를 넣고 한소끔 끓인 다음 약한 불로 줄이고 뚜껑을 닫고서 15분간 뭉근하게 익힌다.

3. 냄비 속 내용물을 믹서에 넣고 강 모드로 갈아 퓌레를 만든다. 필요하면 물을 약간 넣어서 고운 퓌레가 되도록 한다. 볼에 옮겨 담고 사용하기 전까지 냉장 보관한다. (남은 케첩은 냉장고에서 2주까지 보관할 수 있다.)

4. 대형 무쇠 프라이팬을 중간 불에 올리고 땅콩 오일 1큰술을 두른다.

5. 돼지고기 패티 4장을 팬에 넣고 2분간 구운 다음 뒤집어서 완전히 익을 때까지 1분 더 굽는다. 익은 패티는 건져서 접시에 담고 낮은 온도의 오븐에 따뜻하게 보관한다. 나머지 패티도 같은 과정을 반복한다.

6. 이제 버거를 만들자. 아래쪽 번에 케첩을 약간 바르고 패티를 하나 얹는다. 패티에 케첩을 약간 바르고 패티 하나를 더 올린 뒤 김치와 숙주 약간, 고수 잎 약간, 돼지 크래클링 한 줌을 얹는다. 나머지 햄버거 번을 위에 올리고 바로 낸다.

컨트리 햄

나는 컨트리 햄의 존재를 발견한 순간부터 프로슈토를 사용하지 않게 되었다. 컨트리 햄이 정확히 무엇인지에 대해서는 약간의 혼란이 있으므로 명확하게 정리하고 가자. 컨트리 햄은 이탈리아의 프로슈토처럼 돼지 다리를 소금에 절여서 매달아 약 1년 정도를 건조시킨 건식 염지 숙성 햄이다. 차이점은 프로슈토는 소금으로만 절이고 절대 훈연 과정을 거치지 않는 반면, 대부분의 미국식 컨트리 햄은 소금 염지와 더불어 훈연을 거치고 염지할 때 설탕 종류도 넣는 편이다. 또한 컨트리 햄은 프로슈토보다 거의 두 배나 더 오래 소금에 절이지만, 일반적으로 숙성 기간은 그만큼 길지 않기 때문에 이탈리아 햄보다 짠맛이 강하다. 그래서 생산자는 보통 햄을 요리하기 전에 물이나 맥주에 담가서 소금기를 제거할 것을 권장한다. 프로슈토는 익혀 먹을 생각을 잘 하지 않기 때문에 햄을 다시 요리한다고 하면 이상하게 보일 수도 있다. 또한 그 때문에 컨트리 햄은 '날 것'으로 먹기에는 안전하지 않다고 결론을 내리는 사람도 있지만, 사실 불렸다가 요리하는 과정을 거치는 이유는 이 염분기 때문이다. (불리면 염분기가 제거되지만 그런 다음에는 익히는 과정을 거쳐야 풍미가 강화된다.) 사실 컨트리 햄은 날것으로 먹어도 안전하며 얇게 저며서 피클, 콤포트, 머스터드를 곁들이면 맛있게 먹을 수 있다. 컨트리 햄은 스파이럴 햄^{spiral ham}이라고도 불리는 시티 햄과도 매우 다른데, 시티 햄은 보통 주입식으로 습식 염지를 진행하고 오래 숙성시키지 않아 아주 촉촉한 편이며 완전히 익히거나 훈연을 거쳐 완성한다. (그래서 따로 조리할 필요가 없지만 그럼에도 조리하는 사람이 많다.)

컨트리 햄은 1539년, 스페인의 유명한 탐험가인 에르난도 데 소토가 유럽에서 북미로 돼지를 들여온 이래 어떤 형태로든 미국에 존재해왔다. 버지니아의 스미스필드(돼지고기 가공업이 발달한 지역으로, 스미스필드 햄이 유명하다 - 옮긴이) 마을에서 최초로 만들어져 곧 노스캐롤라이나와 테네시, 조지아, 켄터키 등으로 퍼져 나갔다. 오늘날의 컨트리 햄은 소규모 생산자에서 대기업에 이르기까지 무수히 많은 농장에서 생산되고 있다. 현지의 햄을 먹으면 긴 세월에 걸쳐 발전한 그 지역 고유의 스타일을 발견할 수 있다. 마치 미국의 식민지 시절의 역사를 먹는 것과 같다.

맞은편 사진은 내가 가장 좋아하는 켄터키산 햄이다. 모두 최소 10개월에서 1년 이상 숙성시켜 만든다. 저마다 조금씩 다른 특징을 가지고 있는데, 훈연 색조를 보면 차이를 느낄 수 있다. 이런 햄은 미국 남부의 뒷마당에서 그리 멀리 떨어져 있지 않은 존재다. 내가 좋아하는 햄 공급업체는 295쪽의 구입처를 참조하길 바란다. 뉴섬스^{Newsom's} 또한 햄에 대한 훌륭한 정보를 제공하고 있다.

Col. Newsome's

Finchville Farms

Father's

Penn's

Browning's

Scott Hams

BACON PÂTÉ BLT

베이컨 파테 BLT

뉴욕에는 미트볼 히어로(빵에 미트볼과 소스, 치즈를 넣은 샌드위치 – 옮긴이) 부터 치킨 수블라키, BLT에 이르기까지 다양한 그리스 요리를 맛볼 수 있는 식당이 가득하다. 종업원들은 '위스키에 절여진 잭 토미' (토마토를 넣은 호밀빵 그릴드 치즈 샌드위치에 감자튀김을 곁들인 것) 등 나를 완전히 매료시키는 암호화된 언어로 주방에 주문을 전달한다. 나는 대학 시절 내내 식당에 자리가 나기를 기다렸다가 점심시간에 몰려든 인파가 지나가고 나면 자리에 앉아 베이컨과 구운 토마토를 추가한 BLT에 블랙 앤 화이트 밀크쉐이크(초콜릿 시럽을 넣은 바닐라 아이스크림)를 주문하곤 했다. 이 레시피는 진하고 번지르르한 BLT에 대한 갈망으로 만들어낸 것이다. 2.5cm 크기의 정사각형 모양으로 잘라서 전채로 따뜻하게 제공하며, 슈램스버그 블랑 드 블랑 Schramsberg Blanc de Blanc을 플루트 잔에 따라 곁들이면 좋다.

분량 샌드위치 6개, 카나페 10~15인분

베이컨 파테 재료

푸아그라(설명 참조) 85g
깍둑 썬 양질의 베이컨 450g
깍둑 썬 양파 1개(중) 분량
다진 선드라이 토마토 10개 분량
곱게 다진 실파 3대 분량
디종 머스터드 1/4컵
단수수 시럽 1작은술
드라이 레드 와인 1/4컵
셰리 식초 2큰술
검은 후추 갓 간 것 1작은술

통밀 시골빵(가능하면 하루 묵은 것) 12장
숙성 그뤼에르 치즈 간 것 1/4컵
조리용 옥수수 오일 1/4컵
디종 머스터드 적당량

1. 먼저 파테를 만들기 위해 중형 프라이팬을 중간 불에 올린다. 베이컨과 양파를 넣고 양파가 부드러워질 때까지 약 5분간 볶는다. 고인 기름을 2작은술 정도 남기고 따라내 버린다. 선드라이 토마토와 레드 와인, 머스터드, 셰리 식초, 단수수 시럽, 실파를 넣고 한소끔 끓인 다음 불 세기를 낮춰서 6~8분간 천천히 뭉근하게 익힌다.

2. 푸드 프로세서에 베이컨 혼합물을 넣고 굵은 페이스트가 될 때까지 간다. 푸드 프로세서를 돌리는 중간에 푸아그라와 후추를 넣고 다시 잘 섞는다. 볼이나 기타 용기에 옮겨 담고 실온에서 식힌 다음 냉장고에 넣어서 완전히 식힌다. (파테는 덮개를 단단하게 씌워서 최소 2주일간 냉장 보관할 수 있다.)

3. 샌드위치를 만들기 위해 작업대에 빵을 올리고 디종 머스터드를 각각 바른 다음 치즈 간 것의 절반 분량을 골고루 뿌린다. 그중 빵 6장에 베이컨 파테를 약 0.5cm 두께로 펴 바른다. 파테 위에 남은 치즈 간 것을 뿌리고 나머지 빵을 그 위에 덮는다.

4. 대형 프라이팬에 옥수수 오일을 두르고 달군다. 샌드위치를 한 번에 두 개씩 넣고 중간 불에 앞뒤로 노릇노릇해지도록 한 면당 2분씩 굽는다. 꺼내서 종이 타월에 얹어 기름기를 제거한다.

샌드위치를 쉽게 자르려면 굽자마자 꺼내 썰지 말고 우선 접시에 담은 후 냉장고에 1시간 정도 넣어서 차갑게 식힌다. 그리고 예쁜 모양으로 자른 다음 베이킹 시트에 담고 140℃의 오븐에서 6분간 따뜻하게 데워 낸다.

세상은 푸아그라가 윤리적으로 혐오스럽다고 손가락질하는 도덕주의자로 가득 차 있다. 캘리포니아는 최근 모든 푸아그라 제품을 금지했고, 시카고 또한 이를 시도했지만 곧 정신을 차렸다. 마이클 지노르는 내가 푸아그라와 오리 제품을 구매하는 뉴욕 펀데일에 자리한 허드슨 밸리 푸아그라를 관리하는 소유주다. 푸아그라가 영 미심쩍은 사람이라면 그의 가게를 꼭 방문해보기를 권하고 싶다. 이 농장은 오리 간을 생산하는 곳으로 깨끗하고 기지가 넘치며 인간적으로 운영된다. 의심이 많았던 사람이라도 푸아그라에 대한 생각을 바꾸게 될 것이다.

EGGPLANT, RICOTTA, NEWSOM'S HAM,

AND FRIED BLACK-EYED PEAS
WITH GRAPEFRUIT VINAIGRETTE

리코타와 뉴섬스 햄, 동부콩 튀김,
자몽 비네그레트를 곁들인 구운 가지

샐러드는 버무리는 종류와 구성하는 종류, 두 가지 범주로 구분된다. 나는 이 요리를 구성해서 만드는 샐러드로 즐겨 내는데, 즉 모든 재료를 각각 따로 준비한 다음 먹기 직전에 접시에 함께 담아낸다는 뜻이다. 가지에는 다양한 종류가 있으므로 아름다운 재래 품종을 이것저것 시험 삼아 조리해보자. 나는 이런 종류의 우아한 샐러드에는 항상 강렬한 짠맛의 뉴섬스 햄을 사용한다. (295쪽의 구입처 참조)

분량 4~5인분

컨트리 햄(콜 빌 뉴섬스 추천, 295쪽 구입처 참조) 85g

2cm 두께로 둥글게 썬 가지 1개(대) 또는 2개(중)

익혀서 종이 타월로 물기를 제거한 동부콩(설명 참조) 1/2컵

리코타 치즈 1컵

자몽 제스트 1작은술

튀김용 카놀라 오일 또는 옥수수 오일 적당량

올리브 오일 약 3큰술

코셔 소금과 검은 후추 갓 간 것 약간

자몽 비네그레트 재료

디종 머스터드 1작은술

올리브 오일 1/4컵

생 자몽 주스 1/2개 분량(약 1/2컵)

쌀 식초 2큰술

---

1. 오븐을 200℃로 예열한다.

2. 베이킹 시트에 가지를 한 층으로 깔고 붓으로 올리브 오일 2큰술을 앞뒤로 바른다. 소금과 후추를 앞뒤로 뿌리고 오븐에서 16~18분간 굽는다. 가지를 뒤집으면 바닥은 노릇노릇하고 껍질은 살짝 그슬린 상태여야 한다. 10분 더 굽고 꺼내서 따로 둔다.

3. 그동안 소형 볼에 리코타 치즈와 남은 올리브 오일 1큰술, 자몽 제스트, 소금 1/2작은술, 후추 1/4작은술을 넣어서 잘 섞고 따로 둔다.

4. 컨트리 햄을 얇게 저민다. 가지 개수만큼 필요하다. 왁스지에 올리거나 차가운 접시에 담아서 사용하기 전까지 따로 둔다.

5. 동부콩을 조리한다. 프라이팬에 카놀라 오일 약 1과 1/2컵을 넣고 190℃로 가열한다. (오일은 최소 1.25cm 깊이가 되어야 한다.) 동부콩을 조심스럽게 넣고 아주 천천히 휘저으며 껍질이 아주 짙은 색이 되고 바삭바삭해질 때까지 6~7분 정도 튀긴다. 그물국자 등으로 바로 건져내 종이 타월에 올려 기름기를 제거한다. 튀긴 콩이 아직 뜨거울 때 소금 1/2작은술을 뿌린다.

6. 비네그레트를 만들자. 소형 볼에 모든 재료를 넣고 거품기로 잘 섞는다. (비네그레트는 미리 만들어서 병에 담아 사용하기 전까지 냉장 보관해도 좋다. 몇 분이 지나고 나면 서로 분리되지만 괜찮다. 먹기 직전에 흔들면 다시 유화된다.)

7. 먹기 전에 샐러드 그릇 4~5개에 가지를 골고루 나누어 담는다. 리코타 혼합물을 한 숟갈씩 가지에 올린다. 리코타 위에 컨트리 햄 한 장을 얹고 튀긴 동부콩을 고루 뿌린다. 자몽 비네그레트를 둘러서 낸다.

동부콩은 아프리카에서 노예선을 타고 미국으로 건너왔다. 세계에서 가장 흔한 형태의 콩 중 하나다. 동부콩을 만들고 싶다면 일단 말린 콩 220g을 준비한다. 찬물에 헹군 다음 대형 냄비에 넣고 따뜻한 물 3컵을 붓는다. 돼지고기를 좋아한다면 남은 햄 자투리 한 줌도 같이 넣자. 한소끔 끓인 다음 뚜껑을 닫고 불 세기를 줄인 다음 그대로 약 45분간 건드리지 말고 뭉근하게 익힌다.

콩 상태를 확인한다. 씹을 수 있을 정도로 부드럽지만 살짝 저항감이 느껴져야 한다. 나는 완전히 물크러진 것이 아닌 이런 상태의 콩을 선호한다.

TAMARIND-STRAWBERRY-GLAZED HAM

타마린드 딸기 글레이즈드 햄

잘못된 햄을 사용하는 일이 없도록 미리 말하자면 이 레시피에는 시티 햄을 사용하는 것이 중요한데, 즉 염지액을 주입하고 주로 아주 가볍게 훈연해 일부 조리를 거치거나 혹은 바로 먹을 수 있는 상태로 손질해 판매하는 햄을 말한다. 전통적으로 시티 햄은 아주 달콤한 글레이즈를 입히는데, 언젠가 분명 통조림 파인애플과 마라스키노 체리로 장식된 햄을 본 적이 있을 것이다. 이 타마린드 글레이즈는 잘 익은 딸기와 황설탕으로 단맛과 질감을 더하면서도, 타마린드 과육의 강렬한 새콤한 맛이 단맛과 햄의 기름진 맛을 깔끔하게 정리하며 요리에 또 다른 풍미를 선사한다.

다음 부활절이 왔을 때 식탁에 차릴 햄으로 시도해보기 좋은 레시피로, 좋아하는 구운 채소와 카다멈 암브로시아 샐러드(210쪽)를 곁들여보자.

분량 가뿐히 8~10인분

완전히 익힌 스파이럴 컷 햄
(햄에 얇게 나선형으로 칼집을 많이 넣은 것.
보통 완전히 익힌 상태로 판매한다 - 옮긴이)
1개(약 3.6kg)

타마린드 딸기 글레이즈

씻어서 심을 제거한 생 딸기 140g

다진 마늘 3쪽 분량

타마린드 페이스트 또는 농축액
(295쪽의 구입처 참조) 1/4컵

꿀 1/4컵

생 오렌지 주스 1/2컵

간장 2작은술

꾹 눌러 담은 황설탕 3/4컵

파프리카 가루 1/2작은술

정향 가루 1/4작은술

검은 후추 갓 간 것 1/2작은술

---

1. 먼저 글레이즈를 만들자. 중형 냄비에 모든 재료를 넣고 약한 불에 올린 다음 휘저어서 설탕을 잘 녹여가며 한소끔 끓인다. 딸기가 부드러워질 때까지 8~10분간 뭉근하게 익힌다. 윗면에 올라온 불순물을 제거한다.

2. 냄비 내용물을 믹서에 넣고 중간 속도로 갈아 퓌레를 만든다. 딸기 씨를 완전히 제거하기 위해 체에 걸러서 볼 또는 기타 용기에 담아 덮개를 씌워서 실온에 보관한다.

3. 오븐 아래 1/3단에 선반을 설치하고 다른 선반을 빼낸다. 오븐을 120℃로 예열한다.

4. 햄의 포장지를 벗기고 대형 로스팅 팬에 지방 부분이 위로 오도록 담는다. 팬 바닥에 물 약 1컵을 붓는다. 날카로운 칼을 이용해서 햄의 지방 부분에 약 2.5cm 간격에 약 0.5cm 깊이로 격자무늬 칼집을 넣는다. 중간에 실수를 하더라도 걱정하지 말자. 우리는 과학 실험실에 있는 것이 아니니까. 알루미늄 포일로 햄 전체를 감싼 다음 오븐 아래쪽 선반에 넣는다.

> 붓으로 글레이즈를 바를 때는 진짜 그림을 그릴 때 쓰는 붓을 사용하는 것이 좋다. 진심이다. 대부분의 제과용 붓은 몇 번 사용하면 갈라지는 저렴한 제품이다. 양질의 화가용 붓을 구입해서 사용할 때마다 바로바로 잘 씻으면 오랫동안 사용할 수 있다.

5. 오븐에서 햄을 450g당 10분으로 계산해서 굽는다. (3.6kg이면 1시간 20분이 될 것이다.) 조리용 온도계로 햄 안쪽 온도를 재서 48℃가 되었는지 확인한다.

6. 포일을 제거하고 붓으로 글레이즈를 햄 전체에 두껍게 펴 바른다. 앞서 넣은 칼집이 살짝 벌어지기 시작할 것이다. 붓으로 안쪽까지 골고루 글레이즈를 발라서 살점까지 스며들 수 있게 한다. 오븐 온도를 230℃로 높이고 햄을 다시 오븐에 넣어 글레이즈가 사탕처럼 반짝이고 캐러멜화될 때까지 10분 더 굽는다. 군데군데 타더라도 그 부분이 제일 맛있을 것이니 걱정하지 말자.

7. 햄을 꺼내서 10분간 휴지한 다음 큰 접시에 담아 썰어 낸다.

타마린드는 서아프리카와 인도, 동남아시아 전역에서 자라는 열대 나무의 열매다. 꼬투리 모양으로 신선한 것은 구하기 어렵지만 전문 마켓에 가면 다양한 페이스트와 익스트랙트의 형태로 구입할 수 있다. 나는 타미콘^{Tamicon}이라는 브랜드 제품을 구입한다. 색이 짙고 맛이 진하며 실제 타마린드 열매와 비슷한 맛이 난다. 안타깝게도 대부분의 브랜드에서는 물을 타서 희석을 시키거나 인공 향료를 섞는다.

COUNTRY HAM AND OYSTER STUFFING

컨트리 햄 굴 스터핑

명절이 다가오면 저녁 식탁에 올리고 싶어질 스터핑(스터핑은 원래 칠면조 등 가금류를 구울 때 배 속에 채워 같이 익힌 다음 내놓는 요리였지만 위생상, 조리의 편의성상 꺼내서 따로 조리하기 시작했다 – 옮긴이)이다. 다음 추수감사절 저녁 식사나 언제든 커다란 가금류를 구울 때가 있으면 만들어보자. 너무 달지 않은 콘브레드를 사용하는 것이 관건인데 (또는 직접 만들어서 사용하자. 224쪽 참조), 밤이 스터핑에 단맛을 가미하기 때문이다. 짭짤한 컨트리 햄을 사용할 경우에는 소금 양을 줄이거나 아예 빼버리자. 사용하는 굴의 종류는 상관없으니 마음에 드는 것을 넣으면 된다. 다만 반드시 신선한 굴을 사용해야 한다.

분량 반찬 8인분

곱게 깍둑 썬 컨트리 햄 170g

껍데기에서 제거해 즙은 따로 모으고 굵게 다진 생굴 18~20개 분량

껍질을 벗기고 굵게 다진 군밤(설명 참조) 15개 분량

콘브레드(위 소개글 참조) 900g

다진 양파 2컵

다진 셀러리 1과 1/2컵

곱게 다진 마늘 2쪽 분량

다진 세이지 2큰술

다진 타임 2작은술

가볍게 푼 달걀 3개(대) 분량

녹인 무염 버터 12큰술

무염 버터 5큰술과 2작은술

우유(전지유) 3/4컵

닭 육수 1컵

넛멕 간 것 1/2작은술

천일염 1과 1/2작은술

검은 후추 갓 간 것 1작은술

1. 오븐을 200℃로 예열한다. 23x33cm 크기의 베이킹 그릇에 버터를 가볍게 바른다.

2. 콘브레드를 1.3cm 크기로 깍둑 썬다. 콘브레드에 녹인 버터를 두르고 골고루 버무린 다음 베이킹 시트에 부스러기까지 빠짐없이 한 층으로 깐다. 오븐에 넣고 가끔 뒤적여가면서 콘브레드가 전체적으로 잘 구워진 색을 띨 때까지 30분간 굽는다. 따로 둔다.

3. 그동안 대형 프라이팬에 버터 5큰술을 넣어 녹인다. 양파와 셀러리, 마늘을 넣고 반투명해질 때까지 약 6분간 볶는다.

4. 대형 볼에 익힌 채소를 넣고 콘브레드를 넣어 조심스럽게 버무린다. 컨트리 햄과 세이지, 타임, 소금, 후추, 넛멕을 넣고 다시 골고루 버무린다. 마지막으로 굴과 굴즙을 넣고 고무 스패출러로 조심스럽게 버무린다.

5. 소형 냄비에 닭 육수와 우유를 넣고 끓기 직전까지 따뜻하게 데운다. 잘 버무린 콘브레드 스터핑과 달걀물을 넣고 접듯이 잘 섞는다. 베이킹 그릇에 옮겨 담고 남은 버터 2작은술을 작게 군데군데 올리고 다진 밤을 고루 뿌린다. 알루미늄 포일로 완전히 덮어씌운다.

6. 오븐을 175℃로 낮추고 그릇을 넣어서 15~20분간 굽는다. 포일을 벗기고 윗부분이 노릇노릇하지만 아직 촉촉해 보일 때까지 15~20분 더 굽는다. 뜨겁게 낸다.

겨울이 되면 어느 고메 식료품점에서나 껍질을 벗긴 군밤을 구할 수 있다. 생밤을 샀다면 가운데 부분에 날카로운 칼로 칼집을 내고 끓는 물에 넣어서 5분간 삶는다. 건져서 베이킹 시트에 담고 200℃의 오븐에서 15분간 굽는다. 겉껍질과 속껍질을 모두 벗긴다. 뜨거울 때 손질해야 껍질이 더 잘 벗겨진다.

햄 여사님

낸시 뉴섬Nancy Newsom은 햄에 소금을 손으로 직접 문질러 바르는 것부터 질산염을 넣지 않고 염지하는 것까지 전통적인 방식 그대로 컨트리 햄을 만들어오고 있다. 처음 그의 햄을 맛봤을 때 나는 '이 햄을 매일 밤 먹을 수 있다면 프로슈토가 그리울 일은 없을 텐데'라고 생각했다. 낸시는 햄을 최소 10개월 이상 숙성시키는데, 우리 레스토랑에서 공급받는 햄은 대부분 14~16개월간 숙성시킨 것으로, 수축률이 30~34%에 달해 햄의 풍미가 농축되어 있다. 수축률은 숙성 과정 중에 햄에서 수분이 얼마나 많이 증발했는지를 보여준다. 낸시는 탐스워스, 레드 와틀, 버크셔, 듀록 등 다양한 돼지 품종을 이용해서 햄을 만드는데, 모두 살코기와 지방의 비율이 좋은 품종이다.

"사람이 역사를 만들기도 하지만, 우리를 만드는 것 또한
역사입니다. 세대가 바뀔 때마다 우리가 잃어버리는 것이
생깁니다. 컨트리 햄을 만드는 능력, 자연에 대한 사랑, 도덕,
사업상의 윤리 등은 모두 우리 선조가 물려준 것들이죠.
그분들이 기초를 닦았으니 우리는 선조의 생각을 우리 삶에
체화시켜야 마땅합니다."

—낸시 뉴섬,
켄터키 주 프린스턴의
콜 빌 뉴섬스 켄터키 컨트리 햄 운영

SEAFOOD & SCRUTINY

수산물과 검증

냄비는 항상 시계 방향으로 젓고,
오른쪽 신발 끈을 먼저 묶는다.

—〈탑 셰프〉 시즌 9 참여 중
지키던 내 징크스

★ ★ ★

내 〈탑 셰프〉 도전은 굴 한 캔과 많은 소란, 그리고 일시적인 슬픔과 함께 끝났다.
하지만 내 앞에, 그리고 내 뒤에 있을 많은 셰프처럼 나 또한
탈락이라는 쓴 약을 먹고 다시 앞으로 나아갔다.
리얼리티 요리 쇼에 대해서 호들갑을 떠는 사람은 많고, 그럴 만도 하다.
이 프로그램들은 경력을 쌓아나가는 젊은 요리사의 지형을 바꿔놓았다.
셰프들이 오븐 문 앞에서 일생을 바치던 시대는 이제 지났다고 본다.
이제 셰프는 본인의 칼 솜씨만큼이나 대중적인 이미지에 대해서도 신경을 써야 한다.
이 새로운 유명세와 우상 숭배의 흐름은 이를 자연스럽게 비방하는 사람뿐만 아니라
열정적으로 응원하는 사람까지 생겨나게 만들었다.

논란거리가 점화되고, 인터넷은 불야성을 이룬다. 우리 또한 음식 블로그를 젤리 까먹듯 소비한다. 그리고 우리가 매일 먹는 음식들을 한 톨도 빠짐없이 기도문처럼 줄줄이 써서 올린다. 요리 쇼는 뻔뻔하고 무자비하게 계속해서 등장한다. 나는 '리얼리티' TV 프로그램의 현실을 옹호하려는 게 아니다. 그에 대해 어떤 식으로든 의견을 가진 사람들은 항상 존재하고, 나는 그들의 마음을 바꾸고 싶은 생각이 없다.

대신 나는 〈탑 셰프〉, 〈아이언 셰프〉같이 재능과 재능을 서로 겨루는 여타의 모든 프로그램에서 이루어지는 공개적인 검증에 대한 생각을 이야기하고 싶다. 옥스퍼드 영어 사전에 따르면 검증scrutiny은 '비판적인 관찰 또는 검사'를 의미한다. 이 단어는 '쓰레기를 분류하다'는 뜻의 라틴어 동사 스크루타scruta에서 유래했다. 이 얼마나 완벽한 어원인지! 〈탑 셰프〉는 우리의 요리를 관찰하고, 검사하고, 비판한 다음 쓰레기를 분류해서 버린다. 우리는 면밀한 검증을 받고 탈락했다. 예술은 모두가 즐기는 스포츠가 되었고 시시각각 면밀한 검증이 우상 숭배를 대체했다. 많은 사람들은 이러한 변화를 나쁘게 생각한다. 하지만 나는 그렇게 생각하지 않는다. 그저 우리가 이런 시대를 살고 있을 뿐이지.

나는 15살이 되던 여름, 뉴욕 5번가 트럼프타워 5층에 있는 작고 허름한 레스토랑 '테라스 5'에서 테이블 서빙 보조로 일하며 처음으로 레스토랑 업계에 입성했다. 첫 출근 날에 나비넥타이를 구입하는 것을 깜박 잊어버려서 매니저가 에르메스에서 근무하는 지인인 여성분에게 나를 보냈고, 거기서 실크 나비넥타이를 저렴하게 구입하고, 매는 법도 배웠다. 출근한 지 이틀째 되던 날에는 킴 베이싱어에게 에스프레소를 만들어줬고, 이 도시에서 가장 멋진 직업을 가진 것 같은 기분이었다. 그해 여름에는 수많은 유명인을 만났다. 매일 점심 서비스 전에 손님을 방해하지 않으면서 서빙하는 방법, 눈을 마주치지 않고 말하는 법 등에 대한 교육을 받았다. 나는 멋진 종업원들과 함께 어울렸는데, 가끔 함께 담배를 피우게도 해주었다. 저녁 서비스가 끝나면 몰래 주방에 숨어 들어가서 남은 음식을 먹곤 했다.

그곳 셰프의 이름은 기억이 잘 나지 않는다. 내가 기억하는 한 셰프의 이름 같은 건 딱히 중요하지 않았다는

거다. 미국의 외식 역사에서 그렇게 셰프가 기계에서 가장 중요한 톱니바퀴가 아니었던 시기가 있었다. 셰프를 알아보는 사람들과 함께 사진을 찍거나 식당을 돌아다니면서 사람들과 악수하는 일 자체가 없던 시절이었다. 단순히 요리하기 위해 셰프로 취업해서 익명으로 존재하던 이들이었다. 당시에 나는 음식에 대해 별달리 아는 바는 없었지만 테라스 5의 셰프가 하루 일과를 보내는 모습을 지켜보는 것이 좋았다. 그는 조용하고 겸손했으며 항상 보온용 스팀 테이블 위에서 땀을 흘리며 일하고 있었다. 혼자 주방에 남아 모든 접시의 가장자리를 깨끗하게 닦고, 식사를 하는 사람들이 뭐라고 말했는지 물어보던 모습이 기억에 남는다. 그는 늘 약간 기운이 없어 보였다. 조금 비극적이었다. 아무도 그에게 악수를 청하지 않았다. 또한 아무도 그의 사인을 원하지 않았다. 매일 밤 영업이 끝나고 나면 그는 목에 감았던 수건에서 땀을 짜내고는 걸레받이 통에 던져 넣었다. 그의 호화로운 음식 접시는 아름다웠던 만큼 철저한 익명성을 유지했다. 당시에도 신문에는 앙드레 솔트너^{André Soltner}의 이름이 많이 실렸고, 울프강 퍽^{Wolfgang Puck}도 마찬가지였다. 하지만 음식에 대한 컬트 문화는 아직 탄생하기 전이었다. 푸드 네트워크 방송국도 생기기 전이었고 〈프루갈 구르메^{The Frugal Gourmet}〉(1973년도에 처음 시작한 TV 요리 쇼 – 옮긴이)만이 존재했다. 그리고 뉴욕의 주방에서는 수많은 익명의 셰프들이 쉼없이 걸작을 만들어내고 있었다.

단순히 요리하기 위해 셰프로 취업해서 익명으로 남던 시절이었다.

그 시절은 내가 음식과 레스토랑에 대해서 본격적으로 익히기 시작할 무렵이기도 했다. 공교롭게도 마침 이 시기에 뉴욕 시가 그래피티를 대대적으로 단속하기 시작했다. 지하철 차량에 그래피티가 남아 있는 것을 막기 위해 스테인리스 스틸 마감재를 사용했다. 역 구내 보안 역시 강화되면서 예술가들은 더 이상 정교한 벽화를 그릴 수 없게 됐다. 아이들은 감옥에 가거나 성장했고, 나는 자연스레 흥미를 잃었다. 지하철에 그려진 수많은 걸작들은 추억 속으로 사라졌지만 나는 그 상실에 슬퍼하지 않았

다. 나는 고급 프랑스 요리의 표면 아래 파고든 새롭고, 훨씬 더 일시적인 예술 형식에 끌리고 있었다. 오랫동안 매료되었던 그래피티보다 더 복잡하고 위험한 예술이었다.

그때만 해도 셰프가 록스타가 되는 세상은 상상도 할 수 없었다. 초창기에 내가 일했던 곳의 셰프는 모두 주방에 매여 있었고 칼에 베인 희미한 상처 자국, 오래된 화상으로 인해 변색된 팔, 항상 팔다리 어딘가에 새롭게 감겨 있는 붕대 등 전투의 상처로 얼룩져 있었으니까. 그들은 예술가라기보다 장인에 가까웠다. 당시에는 공항에서나 길을 걷다가 사람들이 나를 알아보는 날이 올 거라고는 상상도 하지 못했다. 사실 평생을 익명으로 살아온 나로서는 불편한 경험이기도 했다.

그럼에도 나는 〈탑 셰프〉에서 견뎌낸 검증 과정 내내 즐거웠다. 자신이 노력한 바에 대해 최고의 동료들로부터 그토록 면밀한 분석을 받을 수 있는 사람이 얼마나 될까? 내 작품을 하나하나 뜯어보는 것은 모욕적이면서 동시에 해방감을 주는 일이다. 이미 지나간 일이니 그간 내가 들었던 모든 비평을 하나하나 꼬집어 반박할 수도 있겠지만, 일단 훅 일었던 먼지가 가라앉고 나자 내 요리에 관한 가장 정직하면서도 객관적인 검증 절차였다는 사실을 깨달을 수 있었다. 어찌 보면 참 특권을 누린 일이었다. 그리고 대중이 쏟아내는 뭉뚱그려진 언사에 비하면 아주 사소한 것에 불과하다. 지금은 여기 존재하지만, 내일이면 사라지고 말 것들. 찬사와 굴욕, 영원성에 대한 추구, 그리고 굴 한 캔에 대한 희미해진 기억까지 우리 대부분이 미처 따라잡을 수 없을 속도로 우리를 몰아붙였다. 그래도 어딘가 위안이 되는 부분이 있었다.

매해 남부 푸드웨이 연합은 미시시피 주 옥스퍼드에서 심포지엄을 개최한다. 익명성이 허용되지도 않지만 검증 또한 허용되지 않는 친밀한 모임이다. 옥스퍼드는 내가 자랐던 열광적인 도시와는 매우 다른 곳이다. 의도적으로 느린 속도를 유지하고, 한 걸음 한 걸음이 훨씬 큰 의미를 가지는 장소다. 심포지엄에 처음 참석한 것은 2005년이었다. 나는 주말 내내 이름표를 달고 위스키를 마시며 걸어 다녔다.

옥스퍼드는 우리가 숨을 돌릴 수 있는 공간이다. 마을 광장에 들어서면 처음 방문한 사람도 집처럼 편안한 기분을 느낄 수

있다. 존 T. 엣지는 남부 푸드웨이 연합의 이사다. 나는 그를 통해서 일일이 열거하기 힘들 정도로 많은 남부의 모든 위대한 셰프(그리고 그다지 위대하지 않은 셰프까지)를 만났다. 린튼, 숀, 애슐리, 마이크, 안드레아, 타일러, 휴, 커런스, 앤지 등 그들 모두에 대해 들려주고 싶은 일화가 각각 존재하고, 나는 이런 기억들을 모자이크 타일처럼 수집하고 있다. 하지만 스프레이 페인트로 그려진 덧없는 벽화나 어린 시절의 희미해지는 기억, 그리고 유명인 숭배 문화와 달리 나는 이 이야기들이 영속성을 갖기를 원한다. 이들을 수집하는 것과 동시에 이 이야기들이 영원히 남아 있기를 바란다. 인공적인 소음과는 격리된 장소에 존재하면서도 동시에 서로 간의 관계성을 유지하기를 기원한다. 그것이 모순이라는 점은 나도 알고 있다.

지금은 음식계에서 모든 일이 엄청난 속도로 일어나는 것처럼 느껴진다. 스페인의 한 마을에서 일어난 획기적인 일이 루이빌의 뉴스를 장식한다. 세상은 140자의 텍스트와 요리 쇼의 DVR 메뉴로 압축되어 있다. 주방에는 값비싼 일본 칼을 든 잘생긴 젊은 셰프가 가득하다. 우리는 당근 하나를 가져다가 해체하고 다시 조립해서 음, 어쨌든 당근 맛이 나도록 만들 수 있다. 우

리는 지구 구석구석의 음식을 맛보고 먹을 수 있어 다소 지친 양가감정을 가지고 그에 반응한다. 무언가에 대한 검증이 더없이 공개적이고 세밀하면서도 공격적인 시대다. 스포츠로서의 요리는 계속될 것이다. 시인과 화가는 조금 괴로워질 것이다. 지금은 셰프에게 귀속된 세대다. 그리고 세상에는 언제나 발견되고 제조되어서 우리가 소비해주기만을 기다리는 다음의 대유행 요소가 존재한다. 나는 그게 무엇이 될지 예측해달라는 질문을 자주 받는다. 나에게 답이 있는 것은 아니지만, 미시시피 주 옥스포드가 언제나 그 자리에 있을 것이라고 믿는다. 실제로 그 전설은 점점 더 커지고 있다.

RICE BOWL WITH TUNA,
AVOCADO, PORK RINDS, AND JALAPEÑO RÉMOULADE

참치와 아보카도, 돼지 껍질 튀김, 할라페뇨 레물라드 덮밥

나는 거의 모든 음식에 돼지 껍질 튀김(바삭하고 가볍게 튀긴 돼지 껍질 과자로 치차론Chicharrón이라고도 부른다 – 옮긴이)을 얹는다. 돼지 껍질 튀김은 대부분의 휴게소 편의점에서도 구입할 수 있을 정도로 고급 미식 식재료라고는 할 수 없지만 동시에 그 어떤 요리에도 풍미와 깊이를 더해준다는 점에서 더없이 훌륭하다. 나로 하여금 "트럭 운전사가 숨기고 있는 또 다른 맛의 비결이 어딘가 있지 않을까?" 라고 생각하게 만든다. 물론 직접 돼지 껍질을 조리해서 크래클링(125쪽 참조)의 형태로 만들 수도 있지만 나는 돼지 껍질에 대해서는 까다롭게 따지고 드는 종류의 사람이 아니다. 어떤 모습이라도 사랑한다.

분량 메인 4인분 또는 전채 6인분

밥(4쪽) 4컵

토핑 재료

횟감 참치 225g

반으로 잘라서 껍질과 씨를 제거하고 깍둑
썬 아보카도 1개 분량

굵게 다진 로메인 양상추 속심 1개(소) 분량

굵게 다진 야자나무 속심 1/4컵

참기름 1과 1/2작은술

할라페뇨 레물라드 재료

완벽한 레물라드(22쪽) 1/4컵

씨를 제거하고 곱게 깍둑 썬 할라페뇨
2개 분량

장식용 재료

돼지 껍질 튀김 42g

검은깨 1큰술

1. 먼저 할라페뇨 레물라드를 만들자. 소형 볼에 레물라드와 할라페뇨를 넣어서 잘 섞어 따로 둔다.

2. 생 참치를 1.3cm 크기로 깍둑 썬다. 중형 볼에 참치를 넣고 참기름 1/2작은술을 둘러서 잘 버무린다. 다른 중형 볼에 야자나무 속심과 아보카도, 로메인 양상추를 넣고 나머지 참기름을 두른다. 둘 다 냉장 보관한다.

3. 먹기 전 그릇에 밥을 나누어 담는다. 로메인 양상추와 아보카도 약간씩을 밥 위의 한쪽 공간에 몰아 담는다. 그 옆에 돼지 껍질 튀김과 검은깨를 올리고 반대쪽에는 야자나무 속심을 얹은 뒤 참치를 군데군데 골고루 놓는다. 한 그릇당 레물라드 약 1큰술을 참치 위에 얹고 숟가락과 같이 바로 낸다. 다 같이 잘 비벼서 섞어 먹어야 맛있다.

RICE BOWL WITH SALMON,
ENDIVE, SHIITAKE, AND TASSO RÉMOULADE

연어와 엔다이브, 표고버섯, 타소 레물라드 덮밥

타소는 향신료에 염지한 돼지 어깨살로 루이지애나의 명산품이다. 카이엔 페퍼와 훈제 향이 아주 독특한 풍미를 자아낸다. 타소를 구할 수 없다면 염지한 햄 종류로 대체할 수 있으며, 여기에 카이엔 페퍼 한 꼬집과 검은 후추를 여러 번 갈아서 뿌려 넣으면 된다.

분량 메인 4인분 또는 전채 6인분

타소 레물라드 재료

아주 곱게 깍둑 썬 타소 햄(또는 프로슈토 등 기타 숙성 햄) 110g

완벽한 레물라드(22쪽) 5작은술

올리브 오일 1/2작은술

양념장 재료

생 생강 간 것(그레이터 사용) 2작은술

간장 2큰술

생 레몬즙 2작은술

설탕 1작은술

토핑 재료

밥(20쪽) 4컵

껍질을 제거하고 2.5cm 크기로 썬 연어 필레 225g

저민 표고버섯 갓 42g

올리브 오일 2작은술

간장 1작은술

장식용 재료

길고 가늘게 세로로 썬 엔다이브 1개(대) 분량

길고 아주 가늘게 썬 말린 망고 30g

---

1. 타소 레물라드를 만들자. 소형 소테 팬에 올리브 오일을 두르고 중간 불에 올린다. 타소 햄을 넣고 바삭바삭해질 때까지 약 3분간 볶는다. 꺼내서 종이 타월에 올려 기름기를 제거하고 식힌다.

2. 소형 볼에 레물라드와 타소 햄을 넣고 섞어 따로 둔다.

3. 양념장을 만들자. 소형 볼에 모든 재료를 넣고 잘 섞는다.

4. 토핑을 만들자. 양념장에 연어를 넣고 골고루 버무린 다음 냉장고에 넣어 15~20분 정도 절인다. 연어를 건지고 양념장은 버린다. 연어를 종이 타월로 두드려 물기를 제거한다. 25cm 크기의 프라이팬을 중강 불에 올려서 달군다. 올리브 오일 1작은술을 두르고 연어를 넣어서 고르게 캐러멜화되었지만 가운데는 아직 분홍색을 띨 정도로 3~4분간 볶는다. 가볍게 누르면 살점이 아직 탄력 있게 돌아오고 절대로 부서지지 않는 정도여야 한다. 연어를 건져서 따뜻한 그릇에 담는다.

5. 팬에 남은 올리브 오일 1작은술을 두르고 중간 불에 올린다. 표고버섯과 간장을 넣고 버섯이 숨이 죽어 캐러멜화될 때까지 4~5분간 볶는다.

6. 먹기 전 그릇에 밥을 담고 연어와 버섯을 얹는다. 레물라드를 연어 위에 약 1큰술씩 올린다. 엔다이브와 말린 망고를 조금씩 뿌리고 숟가락과 같이 바로 낸다. 다 같이 잘 비벼서 섞어 먹어야 맛있다.

POACHED GROUPER
IN EGG-DROP MISO BROTH
참바리 미소 달걀국

나는 플로리다에 갈 때마다 최선을 다해 참바리grouper를 먹는다. 트렌드 메뉴 레이더에 항상 올라갔다 내려오기를 반복하는 식재료이지만 나에게는 언제나 최고의 생선이다. 신선한 참바리를 구했다면 튀기거나 굽는 대신, 다른 방법으로는 얻을 수 없는 부드러움을 선사하는 데치는 방식을 선택해보자.

분량 4인분

국물 재료

껍질을 제거하고 얇게 저민 참바리 필레 225g

깨끗하게 손질한 느타리버섯 170g

아스파라거스 8대

주키니 1개

고구마 1개

얇게 저민 말린 살구 4개 분량

베이컨 1장 크기의 다시마(설명 참조) 2조각

꾹 눌러 담은 말린 가다랑어 포 1컵

백미소 3큰술

물 6컵

간장 7작은술

생 레몬즙 1개 분량

달걀(유기농 권장) 2개(대)

장식용 재료

곱게 송송 썬 실파 1대 분량

볶은 참깨 1작은술

미국에서 구할 수 있는 다시마는 일본 홋카이도 섬에서 주로 수확하는 해조류를 말린 것이다. 말린 가다랑어 포와 함께 동양식 수프와 스튜의 기본 바탕으로 쓰이는 필수 육수인 다시를 만드는 데에 쓰인다. 주로 셀로판 봉지에 담아서 판매하며 서늘한 응달에 두면 영원히 보관할 수 있다.

1. 국물을 만들자. 소형 냄비에 물과 다시마를 넣고 한소끔 끓인다. 불을 줄이고 5분간 뭉근하게 익힌 뒤 불을 끈다. 말린 가다랑어 포를 넣고 15분간 우린다.

2. 그동안 채소를 준비한다. 느타리버섯은 잘 손질해 어슷하게 썰어 중형 볼에 담는다.

3. 아스파라거스는 하나씩 평평한 작업대에 놓고 채소 필러로 종이처럼 얇고 긴 리본 모양으로 깎아낸다. 아스파라거스의 줄기 끝부분을 잡고 약 5cm 위부터 이삭 방향으로 깎아낸다. 아래 5cm 부분은 버린다. 깎아낸 아스파라거스는 버섯 볼에 넣는다.

4. 주키니는 길게 반으로 자른다. 아스파라거스와 같은 방식으로 길고 얇은 리본 모양으로 깎아서 버섯 볼에 넣는다. 주키니의 끝 부분은 버린다.

5. 고구마는 길이 약 7.5cm, 가로 세로 2.5cm 크기의 직사각형 모양으로 썬다(소분한 버터 같은 모양이어야 한다). 손질한 고구마는 다시 반으로 잘라서 위와 같은 방식으로 길고 얇은 리본 모양으로 깎는다. 버섯 볼에 넣고 골고루 섞는다.

6. 국물을 체에 걸러 여분의 볼에 붓고 건더기는 버린다. 냄비를 깨끗하게 닦은 뒤 다시 국물을 붓는다. 미소와 간장, 레몬즙을 넣고 약한 불에서 잔잔하게 한소끔 끓인다. 손질한 채소를 국물에 넣고 3분간 뭉근하게 익힌다. 재빨리 달걀을 깨트려 넣고 천천히 조심스럽게 휘젓는다. 달걀이 마치 물속에서 춤추는 그물 같은 형태가 되어야 한다. 말린 살구를 넣는다.

7. 냄비를 불에서 내린 다음 참바리를 넣고 딱 3분간 익힌다. 따뜻한 볼에 국물과 채소, 참바리를 넣는다. 실파와 참깨를 뿌려서 바로 낸다.

WARM SHRIMP SALAD

WITH LEMONGRASS CRUMBS

레몬그라스 빵가루를 뿌린 따뜻한 새우 샐러드

나는 레몬그라스라면 아주 환장을 한다. 반드시 나무 같은 긴 줄기에 사람을 애태우는 매혹적인 향이 나는 '진짜' 레몬그라스만 사용해야 한다. 레시피 중에는 레몬그라스를 조리하거나 우려내서 그 에센스를 국물 등에 주입하는 경우가 많다. 하지만 그 과정을 거치면 내가 사랑하는 특유의 화사함과 강렬한 풍미가 둔탁해진다. 나는 뿌리에서 약 5cm 정도 되는 부분의 속심 부분만 요리에 사용한다. 매끄러운 표면이 드러날 때까지 계속해서 껍질을 벗겨 그 안쪽만 요리에 쓰는 것이다. 나머지로는 푹 쉬는 저녁 시간을 위해 긴장을 풀어주는 근사한 차를 만들어보자.

분량 전체 4인분

껍질을 벗기고 내장을 제거한 새우 340g
(대, 21~25마리)

잘게 썬 씨 없는 오이 1컵

깍둑 썬 포블라노 고추 1개 분량

건져서 물에 헹궈 곱게 다진 통조림 물밤
1캔(225g)

속심만 손질해서 그레이터에 간 레몬그라스
9대 분량(3큰술)

다진 생 민트 1작은술

올리브 오일 1큰술

생 레몬즙 2작은술

간장 1작은술

피시 소스 약간

카이엔 페퍼 1/4작은술

소금과 검은 후추 갓 간 것 취향껏

레몬그라스 빵가루 재료

잘게 부순 라르도 콘브레드(224쪽) 85g(1/4컵)

속심만 손질해서 그레이터에 간 레몬그라스
1대 분량(1작은술)

1. 오븐을 220℃로 예열한다.

2. 레몬그라스 빵가루를 만들자. 베이킹 시트에 콘브레드를 펼쳐 담고 오븐에서 바삭바삭하게 구워질 때까지 15분간 익힌다. 꺼내서 식힌 다음 레몬그라스 간 것을 넣어 잘 섞는다. 레몬그라스 덕분에 손에서 좋은 향이 날 것이다. 사용하기 전까지 밀폐용기에 담아 보관한다.

3. 25cm 크기의 프라이팬에 올리브 오일을 두르고 중간 불에 올린다. 새우를 넣어서 불투명해지기 시작할 때까지 2분간 볶는다. 오이와 포블라노 고추, 물밤을 넣고 3분 더 볶는다. 레몬즙과 간장, 피시 소스를 넣고 1분간 뭉근하게 졸인다. 팬을 불에서 내리고 카이엔 페퍼와 레몬그라스, 민트를 넣고 소금과 후추로 간한다.

4. 새우를 접시 4개에 나누어 담는다. 레몬그라스 빵가루를 뿌려서 바로 낸다.

빵가루를 만들기 위해서 콘브레드를 굽는 것이 번거롭다면 시판 콘브레드를 사용해도 무방하다. 다만 설탕을 따로 첨가하지 않은 콘브레드를 구입하도록 하자. 진정한 콘브레드에는 설탕이 들어가지 않는다. 설탕을 넣으면 옥수수 머핀과도 같은 맛이 된다.

QUICK-SAUTÉED SQUID AND BACON SALAD

WITH GRATED GINGER AND APPLE

간 생강과 사과를 곁들여 빠르게 익힌 오징어 베이컨 샐러드

많은 재료가 들어가지만 전체적으로 균형이 아주 잘 잡힌 샐러드다. 오징어는 재빨리 볶아내면 환상적인 질감을 보여주지만 순식간에 질겨지므로 불에서 내릴 타이밍을 주의 깊게 지켜봐야 한다. 셰프들이 즐겨 말하듯이 거의 날것인 상태로 불에 가볍게 키스하듯이 살짝 데워지는 정도면 충분하다. 하지만 맛이 심심할 수 있어 강력한 조연이 필요하다. 베이컨은 언제나 훌륭한 선택지이고, 신선한 생강과 사과의 조합은 매콤하면서도 새콤한 향을 더해서 요리 전체의 풍미를 화사하게 밝혀준다. 리슬링 Riesling 와인을 곁들여 낸다.

분량 4인분

타히니 비네그레트 재료

손질해서 가느다란 링 모양으로 썬 오징어
(설명 참조) 8마리 분량

1.3cm 너비로 길게 썬 베이컨 225g

타히니 2큰술

참기름 2큰술

물 3큰술

세리 식초 1큰술

생 레몬즙 1큰술과 1/2작은술

간장 1작은술

천일염 1/4작은술

소금과 검은 후추 간 것 적당량

장식용 재료

그래니 스미스 사과(탄탄하고 아삭아삭한
과육에 녹색 껍질이 특징인 사과 품종 - 옮긴이)
1개

생 생강 간 것(그레이터 사용) 2작은술

아루굴라 1단

1. 비네그레트를 만들자. 믹서에 타히니와 참기름, 물, 식초, 레몬즙 1큰술을 넣고 강 모드로 곱게 간다. 소금과 후추로 간한 뒤 병이나 소형 볼에 옮겨 담는다.

2. 25cm 크기의 대형 팬을 중간 불에 달군다. 베이컨을 넣어서 살짝 바삭해지고 기름이 거의 녹아나올 때까지 5분간 볶는다. 꺼내서 종이 타월에 얹어 기름기를 제거하고 볼에 넣는다.

3. 팬에 고인 베이컨 기름을 2작은술만 남기고 따라내 버린다. 남은 베이컨 기름을 중강 불에 올려 달군다. 오징어를 넣고 계속 휘저으면서 2분간 볶는다. 간장과 레몬즙 1/2작은술, 소금, 후추를 넣고 1분간 더 볶은 다음 오징어를 바로 팬에서 꺼내 베이컨 볼에 넣는다.

4. 심을 제외한 약 절반 분량의 그래니 스미스 사과를 그레이터로 갈아 볼에 넣는다. 갈아낸 사과 2큰술을 덜어서 생강 간 것과 함께 섞는다. (갓 갈아낸 사과는 쉽게 산화되어 갈변하기 때문에 요리를 완성하기 거의 직전에 갈아내는 것이 좋다.)

5. 먹기 전 얕은 볼 4개의 바닥에 아루굴라 한 단을 각각 조금씩 깐다. 그 위에 오징어 혼합물을 얹는다. 타히니 비네그레트 1큰술을 오징어에 두르고 사과 생강 혼합물을 오징어 위에 뿌려서 바로 낸다.

오징어는 반드시 아주 신선한 것을 사용해야 한다. 냉동 제품은 구입하지 말자. 맛의 비결은 오징어를 아주 뜨겁고 빠르게 볶아내는 것이다. 오랫동안 익히면 오징어가 질겨지므로 팬을 불에 올리기 전에 반드시 모든 재료와 접시를 옆에 준비해놓도록 하자.

FROG'S LEGS

WITH CELERY, CHILE PEPPER, FISH SAUCE, AND BROWN BUTTER

셀러리와 고추, 피시 소스, 브라운 버터를 곁들인 개구리 다리

나는 뉴욕 차이나타운 근처에 거주했는데, 그곳에서는 통통한 개구리 다리를 저렴한 가격에 구입할 수 있었다. 사람들은 항상 개구리 다리에서 닭고기 같은 맛이 난다고 농담을 하곤 하지만 사실은 그렇지 않다. 가금류와 비슷한 질감에 은은한 물내음이 느껴지는, 육지와 바다의 맛있는 조합이랄까. 같은 맥락에서 개구리 다리를 브라운 버터에 조리하는 고전적인 프랑스식 기법에, 내 동남아시아 피시 소스에 대한 사랑을 결합시켜 멋진 조화를 이룬 레시피를 소개한다. 로버트 신스키의 뱅 그리 오브 피노 누아 로제*Vin Gris of Pinot Noir rosé*를 구할 수 있다면 이 요리와의 환상적인 궁합을 꼭 경험해보자.

분량 전체 4인분

---

1. 주방용 가위를 사용해서 개구리 다리의 관절 부분을 자르고 발이 붙어 있다면 그것도 잘라낸다.

2. 대형 팬에 버터를 넣고 센 불에 올려서 녹인 다음 살짝 갈색이 될 때까지 3~4분간 계속 휘저어가며 가열한다. 버터에서 고소한 향이 올라올 것이다. 중간 불로 낮추고 개구리 다리를 넣어 앞뒤로 2분씩 노릇하게 굽는다. 화이트 와인과 레드 페퍼 플레이크, 피시 소스, 식초, 소금, 후추를 재빨리 넣는다. 2분간 볶은 다음 불에서 내린다.

3. 셀러리 잎과 비타민 잎, 깍지 완두콩을 개구리 팬에 넣고 조심스럽게 버무린 뒤 바로 낸다.

개구리 다리(설명 참조) 225g

무염 버터 2큰술

드라이 화이트 와인 1큰술

피시 소스 1/4작은술

쌀 식초 1/4작은술

레드 페퍼 플레이크 1/2작은술

천일염 1/2작은술

검은 후추 갓 간 것 1/4작은술

장식용 재료

셀러리 잎 2단 분량

비타민 또는 물냉이 잎 1줌(소)

길고 어슷하게 채 썬 깍지 완두콩 55g

개구리 다리를 구하려면 인내심이 좀 필요하다. 남부에 살면서 개구리 잡기에 능한 친구가 있다면 더없이 운이 좋겠지만 그럴 가능성은 거의 없을 것이다. 대신 생선 가게에 개구리 다리를 구해달라고 주문할 수는 있다. 대부분 껍질을 벗겨서 손질한 냉동 상태로 오겠지만 개구리 다리는 냉동해도 품질이 유지되기 때문에 괜찮다. 요리하기 전에 물기를 제거하고 종이 타월로 두드려 완전히 닦아내도록 하자.

FRIED TROUT SANDWICHES

WITH PEAR-GINGER-CILANTRO SLAW AND SPICY MAYO

배 생강 고수 슬로와 매콤한 마요네즈를 곁들인 송어 튀김 샌드위치

베트남의 유명한 반미 샌드위치를 내 나름대로 재해석한 레시피다. 전통적으로 반미에는 돼지고기가 들어가지만 송어를 넣으면 훨씬 가벼우면서도 신선한 아삭아삭함을 즐길 수 있다. 플라이 낚시의 역사가 깊은 켄터키-테네시 수로에서 가장 흔하게 잡을 수 있는 품종은 브라운 송어와 무지개 송어다. 하지만 그냥 주변에서 구하기 쉬운 송어로 만들어도 좋다. 신선한 송어에서는 깨끗하고 고소한 맛이 나며 육질은 살살 녹을 것처럼 부드럽다.

이 샌드위치에는 좋아하는 감자칩 한 봉지와 파운더스 브루잉 컴퍼니의 센테니얼^{Centennial} IPA를 곁들여 내보자.

분량 샌드위치 4개

송어 필레 4장(각 110g)

프랑스 바게트 4개(각 15cm 길이)

잎을 분리한 빕 양상추 또는 보스턴 양상추 1통 분량

튀김용 식용유

소금과 검은 후추 갓 간 것

스파이시 마요네즈 재료

다진 생 태국 고추 2개 분량

마요네즈(듀크 추천) 1컵

생 라임 즙 4작은술

피시 소스 1작은술

소금 1/4작은술

배 생강 고수 슬로 재료

심을 제거하고 막대 모양으로 채 썬 한국 배 1개 분량(약 1과 1/2컵)

생 숙주 1컵

굵게 다진 생 고수 줄기(잎과 부드러운 줄기) 1컵

생 생강 간 것(그레이터 사용) 1큰술

쌀 식초 1작은술

피시 소스 1작은술

코셔 소금과 검은 후추 갓 간 것

1. 마요네즈를 만들자. 소형 볼에 모든 재료를 넣고 잘 섞은 뒤 덮개를 씌워서 사용하기 전까지 냉장 보관한다.

2. 슬로를 만들기 위해 중형 볼에 배와 숙주, 고수, 생강, 식초, 피시 소스를 넣고 잘 섞는다. 소금과 후추로 간을 맞춘다. 맛을 본다. 달콤하고 아삭한가? 그렇다면 됐다. 송어를 튀기는 동안 냉장고에 넣어서 잠시 재운다.

3. 튀김 반죽을 만들자. 볼에 밀가루와 옥수수 전분, 소금을 넣어서 잘 섞는다. 달걀흰자와 탄산수를 넣고 잘 섞어서 팬케이크 반죽 느낌으로 만든다. 이때 너무 많이 휘저어서는 안 된다. 덩어리가 좀 남아 있는 정도는 괜찮다.

4. 대형 무쇠 프라이팬에 오일을 1.5cm 깊이로 채우고 중강 불에 올려서 190℃로 가열한다. 송어 필레에 앞뒤로 소금과 후추를 뿌려 간한다. 필레 2개를 튀김 반죽에 담가서 골고루 묻힌 다음 흔들어서 여분의 반죽을 털어내고, 오일에 넣어 한두 번 뒤집어가면서 노릇노릇하게 고루 익을 때까지 3~4분간 튀긴다. 건져서 종이 타월을 깐 접시에 담아 기름기를 제거한다. 튀김옷이 노릇노릇하고 바삭바삭하며 안의 생선은 아직 촉촉한 상태여야 한다. 나머지 송어로 같은 과정을 반복하는 동안 처음 튀긴 송어는 따뜻하게 보관한다.

5. 샌드위치를 만들기 위해 톱니칼로 바게트를 길게 반으로 자른다. 위아래 단면에 스파이시 마요네즈를 살짝 펴 바른다. 아래쪽 바게트에 양상추를 깔고 그 위에 송어 튀김과 슬로를 얹는다. 위쪽 바게트를 얹어서 낸다.

튀김 반죽 재료

달걀흰자 1개(대) 분량

탄산수 1컵

밀가루(중력분) 1컵

옥수수 전분 1큰술

코셔 소금 1/2작은술

PANFRIED CATFISH
IN BACON VINAIGRETTE
베이컨 비네그레트를 곁들인 메기 구이

메기 양식은 수많은 발전을 거듭해서 이제 진흙탕이나 퍼석한 질감과는 거리가 멀다. 오늘날의 메기는 깨끗하고 아주 섬세하다. 그래서 나는 메기를 거뭇거뭇하게 익히는 것을 좋아하지 않는다. 팬에 가볍게 튀기듯이 굽는 것이면 충분하다. 메기에는 포도와 베이컨이 잘 어울린다. 강렬한 인상을 주면서도 메기의 맛을 압도하지 않을 정도로 딱 적당히 은은한 맛을 내기 때문이다.

여름철의 가벼운 식사로 맛있게 즐기고 싶다면 첫 코스로 절인 딸기를 곁들인 노란 호박 수프(206쪽)를 낸 다음 차려내보자.

분량 4인분

베이컨 비네그레트 재료

껍질을 제거한 메기 필레 4개(각 약 110g)

두껍게 저며 곱게 깍둑 썬 베이컨 3장 분량

다진 샬롯 1개 분량

씨 없는 적포도 280g(1과 1/2컵)

다진 생 타임 2작은술

크레올 머스터드 1작은술

무염 버터 1큰술

올리브 오일 1작은술

셰리 식초 2작은술

소금과 검은 후추 갓 간 것 취향껏

고명 재료

다진 생 타임

저민 씨 없는 적양파

1. 비네그레트를 만들자. 중형 프라이팬에 베이컨을 넣고 강한 불에서 기름이 녹아 나오기 시작할 때까지 약 3분간 굽는다. 샬롯을 넣고 자주 휘저으면서 베이컨과 샬롯이 노릇하고 바삭해질 때까지 5분간 더 익힌다.

2. 그동안 믹서에 포도를 넣고, 으깨져 즙이 생겼지만 굵은 퓌레 정도의 질감이 될 때까지 짧은 간격으로 10~15번 정도 돌린다.

3. 프라이팬에 포도 퓌레를 붓고 나무 주걱으로 프라이팬 바닥에 붙은 파편을 긁어낸다. 타임과 식초, 머스터드를 넣고 약한 불로 줄인 뒤 천천히 휘저으면서 5분간 뭉근하게 익힌다. 불에서 내리고 먹기 전까지 비네그레트를 따뜻하게 보관한다.

4. 메기 필레에 소금과 후추로 간을 한다. 대형 프라이팬에 버터와 오일을 넣고 센 불에 올린다. 버터에서 연기가 나기 시작하면 메기를 팬에 넣는다. 3분간 구운 다음 조심해서 뒤집고 중간 불로 줄여서 뒷면도 바삭해지고 전체적으로 익을 때까지 3분 더 굽는다. 불에서 내린다.

5. 따뜻한 얕은 볼 4개의 바닥에 베이컨 비네그레트를 각각 수 큰술씩 두른다. 메기를 올리고 다진 타임과 포도 슬라이스 약간을 뿌려 바로 낸다.

SEAFOOD BOIL

해산물 보일

찰스턴은 동부 해안에서 가장 아름다운 바닷가 도시 중 하나다. 그곳에 갈 때마다 나는 로카운티 해산물 보일(Lowcountry boil, 인기 높은 남부 요리로 해산물과 소시지, 감자, 옥수수 등을 향신료를 가미한 국물에 삶아내 모두 모여 함께 먹는다 - 옮긴이)에 초대받으려고 노력한다. 요만큼도 복잡할 것이 없는 음식이다. 해산물 보일은 그저 더없이 풍성하게 차리고 술을 잔뜩 마시며 손으로 음식을 먹는 것이 전부다. 나는 여름 내내 루이빌에서 해산물 보일 파티를 여는데, 매번 조금씩 디테일이 달라진다.

처음에는 이 레시피를 켄터키 해산물 보일이라고 부르려고 했지만 켄터키스러운 점이라고는 식사에 버번 위스키를 곁들여보라고 권하는 것뿐이라는 사실을 깨달았다. 물론 원하는 음료라면 무엇이든 같이 마셔도 좋으니 재미있게 즐겨보자. 이 식사의 가장 중요한 요소는 좋은 손님이기 때문에 초대할 사람들을 신중하게 선택해야 한다. 그리고 실내에서 먹기에는 너무 지저분해지기 때문에 반드시 날씨가 화창한지 확인하자! 피크닉 식탁에 신문지를 깔고 그 위에 삶아낸 음식을 부어버리면 된다. 게딱지를 부술 수 있도록 랍스터 전용 도구도 넉넉하게 준비하자.

여기에는 웨지로 썬 신선한 레몬 조각과 천일염, 핫 소스, 녹인 버터, 오크라 튀김(212쪽), 간단 캐러웨이 피클(189쪽), 또는 라르도 콘브레드(224쪽)를 곁들인다. 그리고 나는 포르투갈산 화이트 와인에서 10년산 버번 위스키, 깔끔한 필스너 맥주, 대량의 달콤한 홍차 등 손님들이 원하는 것을 무엇이든 골라 마실 수 있도록 음료를 다양하게 준비하는 편이다.

분량 8~10인분

향신료 주머니 재료

월계수 잎 2장
쿠민 씨 3큰술
코리앤더 씨 3큰술
검은 통후추 2큰술
수막 가루(다음 쪽 설명 참조) 1큰술
레드 페퍼 플레이크 1큰술

1. 향신료 주머니를 만들자. 커피 필터나 면포에 모든 향신료를 담고 주머니 모양으로 만들어서 조리용 끈으로 입구를 단단하게 봉한다.

2. 집에서 제일 큰 냄비(최소 업소용 38L 냄비)에 물을 붓고 한소끔 끓인다. 향신료 봉지와 레몬, 마늘, 버번 위스키, 소금, 파프리카 가루를 넣고 한소끔 끓인 다음 불 세기를 줄여 1분간 뭉근하게 익힌다.

3. 감자와 옥수수를 넣고 5분간 익힌 뒤 소시지와 새우, 게, 조개, 홍합을 넣는다. 한소끔 끓인 다음 소시지가 익고 조개와 홍합은 입을 벌리고(입을 벌리지 않은 것은 버린다) 감자와 옥수수가 부드러워질 때까지 10~12분 더 익힌다.

4. 채소와 소시지, 해산물을 꺼내서 신문지를 깐 식탁 위에 올린다.

통 꽃게 4마리

껍질과 머리까지 달린 왕새우 450g

잘 문질러 씻은 새끼 대합 225g

잘 문질러 씻고 족사를 제거한 홍합 225g

돼지고기 소시지 450g

껍질을 벗기고 2.5cm 두께로 둥글게 썬 옥수수 6개 분량

잘 문질러 씻은 붉은 감자 900g(소)

마늘 6쪽

반으로 자른 레몬 2개 분량

물 5.7L

버번 위스키 1컵

천일염 1/2컵

훈제 파프리카 가루 1큰술

수막은 관목 식물의 열매를 갈아서 만든 향신료다. 살짝 새콤한 레몬 같은 풍미가 나며 중동 요리에서 인기가 높다.

남부산 굴

지구상에는 야생 굴 수확에 크게 의존하는 지역이 마지막으로 두 곳 남았는데, 멕시코 걸프만과 체서피크만이다. 안타깝게도 체서피크 굴 무역은 1980년대에 기울기 시작했고 걸프만의 굴 사업도 현재 위기에 처해 있다. 그 외의 지역에서는 이미 수 백 년 전에 야생 굴 개체수가 멸종에 이르렀다. 예를 들어 뉴욕의 굴 양식업자는 1900년대 초반부터 체서피크만 굴을 스쿠너 범선에 가득 실어다 롱아일랜드 사운드까지 와서 롱아일랜드 블루포인트 굴이 되도록 '마무리' 작업을 해야 했다. 그리고 골드 러시와 그에 따른 수요 및 남획으로 인해 20세기에 접어들면서는 샌프란시스코만에서도 올림피아 굴이 사라졌다. 다행히 걸프만과 체서피크만은 워낙 방대한 덕분에 꽤 오랫동안 수확에 수확을 거듭하면서도 살아남을 수 있었다. 하지만 이제 두 곳 모두 취약해져서 굴 양식장뿐만 아니라 역사와 전통, 지역사회, 그들의 생계까지 많은 것들이 위태로운 상태다.

트래비스와 라이언 크록스턴은 버지니아 동부의 래퍼해넉 강변을 따라 굴 양식 회사를 운영하며 체서피크만의 원조격 굴인 크라소스트레아 버지니카(Crassostrea virginica, 대서양 굴, 블루포인트 굴, 버지니아 굴이라고도 불리는 동부 지역의 굴 품종 - 옮긴이)를 이용해 이곳의 야생 환경과 깨끗한 바닷물을 되살리기 위한 운동을 이끌고 있다. 내가 좋아하는 두 가지 굴이 이 래퍼해넉 굴과 올드 솔트 굴이다. 둘 다 생으로 먹어도 맛있고 구워도 맛있는 깨끗한 품종으로, 감귤류와 버터 향을 겹겹이 쌓아 올리기 좋은 훌륭한 바탕이 되어준다.

최근 들어 굴의 지리적 식별이 트렌드가 되면서 태평양 북서부와 케이프 코드의 특정 지역에서 생산된 것들이 섹시한 굴의 대명사로 자리 잡았다. 걸프 연안에서는 플로리다 팬핸들의 애펄래치콜라 만에서 생산하는 유명한 굴을 제외하면 대부분의 굴을 '걸프 굴'이라는 일반 분류로 판매한다. 훌륭한 굴 양식지로 이름난 갤버스턴 연안이 있는 텍사스에서는 걸프만의 굴을 지역별로 특정하려는 움직임이 시작되고 있다. 이 모든 흥분과 관심은 남부의 활기찬 굴 공동체가 북쪽 지역의 냉수 굴의 명성에 필적하는 위상을 유지하도록 돕는 자원이 될 것이다.

RAPPAHANNOCK
래퍼해넉

GULF COAST
걸프 연안

OLDE SALTS 올드 솔트

RAW OYSTERS
WITH RHUBARB MIGNONETTE
생굴과 루바브 미뇨네트

봄이 되어 루바브 싹이 트기 시작하면 나는 이 레시피에 푹 빠지고 만다. 루이빌 주변에는 루바브가 많이 나니 나는 참으로 운이 좋은 셈이다. 루바브의 새콤한 맛을 부담스러워하는 사람도 많지만 나는 열렬한 팬이다. 굴의 짭조름함과 어우러지면서 숭고한 풍미를 만들어낸다.

분량 굴 24개

잘 문질러 씻은 다음 반쪽 껍데기만 남게 깐, 좋아하는 품종의 굴 24개

루바브 미뇨네트 재료
다진 루바브 1/4컵,
곱게 다진 루바브(설명 참조) 2작은술
다진 샬롯 2작은술
물 1큰술
피시 소스 1/4작은술
샴페인 식초 1/4컵
천일염
설탕 1/2작은술
검은 후추 갓 으깬 것 1/4작은술

1. 미뇨네트를 만들자. 소형 냄비에 식초와 물, 다진 루바브, 설탕을 넣고 따뜻하게 데운다. 이때 절대 팔팔 끓이지 않는다. 약 2분 후 만졌을 때 뜨겁게 느껴질 정도가 되면 불에서 내리고 그대로 실온에서 30분간 루바브를 절인다. 루바브에서 배어나온 색으로 밝은 분홍빛을 띤 식초가 될 것이다.

2. 식초를 체에 걸러 소형 볼에 넣고 냉장고에 넣어 완전히 차갑게 식힌다. 익은 루바브는 버린다.

3. 차가운 식초에 곱게 다진 루바브와 샬롯, 피시 소스, 후추를 넣어서 간을 맞춘다.

4. 얼음을 깔고 그 위에 굴을 얹은 다음 미뇨네트를 굴 위에 두르거나 소형 라메킨에 담아서 곁들여 낸다.

루바브는 밝은 분홍색에서 붉은색을 띠어야 한다. 너무 일찍 딴 녹색 루바브는 요리에 사용하지 않는다. 루바브 잎에는 독성이 있어서 시장에 나오기 전에 이미 손질해 없앤 상태일 테지만 혹시 발견했다면 반드시 요리에 사용하기 전에 떼어버려야 한다.

WARMED OYSTERS
WITH BOURBON BROWN BUTTER
버번 브라운 버터를 곁들인 따뜻한 굴

나는 야외에 있는 벽돌 오븐으로 굴을 요리하는 것을 좋아하지만, 260℃ 정도로 아주 뜨겁게 가열할 수만 있다면 주방용 오븐으로 조리해도 상관없다. 오븐에서 꺼낸 굴은 사람들이 모인 한가운데에서 직접 깐다. 나는 항상 여분의 굴 전용 칼을 여러 개 준비해두는데 같이 해보고 싶어 하는 사람들이 많기 때문이다. 재미있기도 하고, 또 오븐에서 갓 꺼낸 굴에서는 천국의 맛이 난다. 내가 생각하는 최고의 굴 먹는 방법이 바로 이것이다. 주변에 모인 모든 사람이 손을 더럽히고 싶어 하는 상황에서, 함께 손이 지저분해질 정도로 굴을 까서 먹는 것이다.

분량 4~6인분

1. 오븐을 제일 높은 온도로 예열한다. 대형 무쇠 프라이팬에 암염을 한 층 깔고 오븐에 넣어서 최소 15분 정도 가열한다.

2. 그동안 브라운 버터를 만든다. 소형 냄비를 중간 불에 올리고 버터를 넣어서 거품이 일기 시작할 때까지 약 2분간 따뜻하게 데운다. 소금을 넣고 버터가 갈색을 띠고 고소한 냄새가 날 때까지 약 2분 더 익힌다. 불에서 내리고 팬 바닥 부분을 나무 주걱으로 잘 긁어 파편을 모은다 (풍미가 가득한 부분이다). 버터에 버번 위스키를 아주 천천히 붓는다. 거세게 보글보글 끓어오를 것이다. 이때 레몬즙을 넣고 거품을 걷어낸 다음 사용하기 전까지 따뜻하게 보관한다.

3. 따뜻한 소금 위에 굴을 얹고 오븐에 넣어 4~6분간 굽는다. 굴의 껍데기 가장자리 부분이 살짝 보글거리기 시작하면 다 된 것이다. 팬을 꺼내려고 몸을 굽히면 가볍게 끓는 굴즙의 향에 침이 고인다.

4. 익은 굴의 위쪽 껍데기는 굴 전용 칼을 밀어 넣으면 쉽게 툭 분리된다. 위쪽 껍데기를 제거하고 굴은 아래쪽 껍데기에 담은 채 다시 소금에 얹는다. 따뜻한 브라운 버터를 굴에 두른다. 라임 제스트와 다진 고수로 장식해서 낸다.

잘 문질러 씻은 굴 12개
대형 무쇠 프라이팬 바닥에 가득 찰 정도의 암염

버번 브라운 버터 재료

무염 버터 6큰술
버번 위스키 1/4컵
생 레몬즙 여러 방울
천일염 1/2작은술

고명 재료

라임 제스트 2개 분량
다진 생 고수 1큰술

오븐에서 막 꺼낸 굴은 너무 뜨거워서 위험하니 반드시 행주 등을 이용해서 잡아야 한다. 뜨거울 때 먹어야 맛있는 요리라 식탁에 차리기 직전 오븐에 넣도록 하자.

CORNMEAL-FRIED OYSTER LETTUCE WRAPS

굴 옥수수 가루 튀김 양상추 쌈

굴 상추쌈은 칵테일 파티에서 항상 인기가 많은 메뉴라 늘 빠르게 동이 난다. 감칠맛이 풍부한 컨트리 햄과 따뜻한 굴의 조합은 음식의 수준을 또 다른 차원으로 신비롭게 끌어올린다. 진정한 빕 레터스는 독특한 흙 내음을 풍기는 것이 특징이다. 켄터키의 석회암이 풍부한 토양에서 자라기 때문이라고 한다. 빕 양상추를 구할 수 없다면 보스턴 양상추나 버터 양상추로 대체한다. (잎이 부드럽고 푸른 계열의 양상추 종류를 사용하면 된다 - 옮긴이)

분량 쌈 4개

껍데기를 깐 굴 8개
컨트리 햄 4장
빕 양상추 잎 4장
달걀 1개(대)
튀김용 카놀라 오일
우유(전지유) 1작은술
물 1작은술
고운 옥수수 가루 1/2컵
밀가루(중력분) 1/2컵
코셔 소금

캐비아 마요네즈 재료

마요네즈(듀크 추천) 1/4컵
스푼빌 캐비아(295쪽 구입처 참조) 28g
생 레몬즙 여러 방울

1. 마요네즈를 만들자. 소형 유리 볼에 모든 재료를 넣고 고무 스패출러나 플라스틱 주걱으로 조심스럽게 접듯이 섞는다. 사용하기 전까지 냉장 보관한다.

2. 대형 무쇠 프라이팬에 오일을 1.5cm 깊이로 붓고 중약 불에 올려서 160℃로 가열한다. 그동안 얕은 그릇 2개에 밀가루와 옥수수 가루를 따로 담는다. 또 다른 얕은 볼에 달걀흰자와 물, 우유를 넣고 거품기로 잘 섞는다. 굴에 밀가루를 묻히고 달걀물에 담갔다 꺼내어 여분의 물기를 털어낸 다음 옥수수 가루 볼에 넣어서 앞뒤로 골고루 잘 묻힌다.

3. 굴을 오일에 넣고 중간에 한 번 뒤집어가며 노릇하고 바삭해질 때까지 2~3분간 튀긴다. 건져내 종이 타월을 깐 접시에 얹어 기름기를 제거하고 소금으로 간한다.

4. 양상추 잎에 컨트리 햄을 한 장씩 올리고 굴 튀김 2개를 얹은 다음 말거나 접어서 쌈을 만든다. 위에 캐비아 마요네즈를 조금 얹고 바로 낸다.

스푼빌Spoonbill 캐비아는 남부 전역에서 판매된다. 패들피시 캐비아, 즉 주걱철갑상어 캐비아라고도 불리는 민물 철갑상어의 알이다. 질감이 좋고 짭쪼름하며 먹물 같은 풍미가 난다. 가격은 비싸지만 카스피해 캐비아의 엄청난 수준에는 미치지 않는다. 그리고 스푼빌 캐비아는 지속 가능한 재료로, 이는 내가 레스토랑에서 사용하는 모든 식재료를 선택할 때 가장 중요하게 생각하는 부분이다.

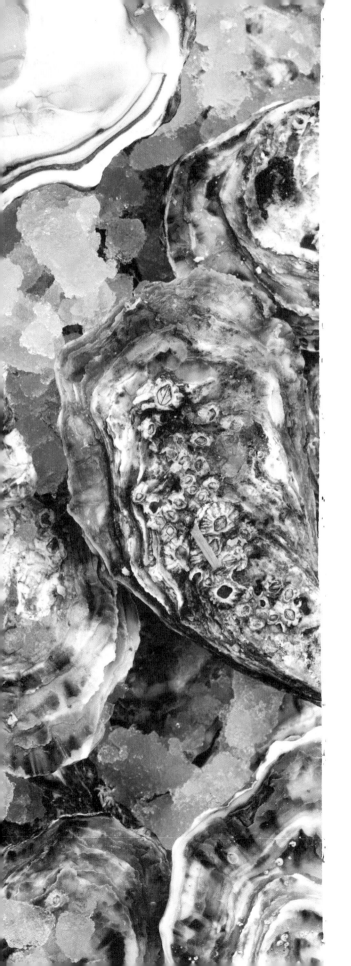

어부

브라이언 캐스웰Bryan Caswell을 처음 만난 것은 찰스턴에서 남부 음식에 대한 좌담을 나눌 때였다. 그날 저녁 나는 대학생 두 명과 맥주 마시기 시합을 했는데, 무려 2L짜리 '부츠' 신발에 부은 맥주였다. 나에게는 파트너가 없었기 때문에 브라이언에게 혹시 함께할 수 있을지 권해보았다. 그는 눈썹 하나 꿈틀대지 않고 참여했다. 그리고 우리는 대학생 둘을 손쉽게 제압했다. 이런 브라이언의 모험 정신은 그가 하는 모든 일에서 분명하게 드러난다. 브라이언은 내가 만난 사람 중 가장 열심히 일하는 어부다. 걸프만에서의 낚시에 대해 언급할 때면 그는 영혼 깊은 곳에서 우러나오는 이야기를 들려준다.

"나는 불 앞에 서기 훨씬 전부터 어부였어요. 휴스턴에서 자라면서 온갖 종류의 생선과 조개를 찾아 애펄래치콜라에서 브라운스빌에 이르기까지 걸프 연안을 샅샅이 뒤지고 다녔죠. 수백 종의 식용 어종이 서식하는 제3 해안(걸프만 등 미국의 동해안 및 서해안과 구별되는 해안 지역을 지칭하는 단어 - 옮긴이)의 다양성과 풍요로움에 아직도 놀라움을 금치 못하고 있습니다. 걸프만은 야생 굴 개체수가 세계에서 가장 많이 남아 있는 곳이고, 눈에 닿는 곳 그 어디까지나 바다숲과 보초도堡礁島가 널리 퍼진 가운데 플라워 가든의 놀라운 산호초와 깊고 푸른 바닷속을 모두 감상할 수 있죠. 근해에서 연안까지 지구상에 이런 곳은 또 없는데 이곳을 고향이라 부를 수 있으니 나는 운이 좋은 사람입니다."

—브라이언 캐스웰,
휴스턴 리프의 오너 셰프

PICKLES & MATRIMONY

피클과 결혼

어린 아이가 밥을 남기면 남긴
밥알 개수만큼 여드름이 난
상대를 만나게 된다.
—한국의 미신

피클은 사랑 이야기와 매우 비슷하다.
둘 다 시간이 오래 걸리고, 잘 되지 않을까봐 걱정이 되지만
인내심을 가지면 언제나 해피엔딩이 기다리고 있다는 점에서 그렇다.
작가 로리 콜윈Laurie Colwin은 "부엌을 편안하게 느끼는 가장 좋은 방법은
누군가의 무릎 아래에서 배우는 것"이라고 말한 적이 있다.
나는 어렸을 적에 할머니가 김치를 담그는 모습을 자주 봤다.
항상 배추를 절이거나 생강을 갈고 병에 차곡차곡 담는 등
일이 끝이 없는 작업처럼 느껴졌다.

배추 손질이 끝나자마자 할머니는 오이와 무와 부추와 깻잎을 손질했다. 그런 다음에는 말린 오징어와 목이버섯, 고사리처럼 낯선 재료를 손질했다. 내가 요리할 차례가 되었을 때 나는 그저 할머니의 손놀림을 따라했다. 그러면 레시피 없이도 내가 제대로 무언가를 하고 있다는 걸알 수 있었다. 나는 할머니에게서 손목 바깥쪽으로 이마의 땀을 닦는 방법과 모든 것을 찍어 맛보는 도구는 바로손가락이라는 점 등을 배웠다.

나는 할머니를 한도 끝도 없이 사랑했다. 우리 할머니는 내가 저지른 잘못들에 아랑곳없이 나를 사랑해주었다. 한번은 중국 요리책에서 본 레시피를 만들어보고 싶어서 차이나타운에서 무작정 오리를 사 왔다. 그리고는 주방에 있는 모든 냄비와 도구를 사용하고 아무도 보지 않을 것 같은 곳에 기름과 소스를 흘렸다.(대체 어떻게 하면 천장에 간장을 묻힐 수 있을까?) 내가 미처 몰랐던 점은 차이나타운의 오리는 손질하지 않은 채로(즉 내장이 그대로 들어 있는 상태) 판매한다는 것이었다. 그런데 요리책 속 레시피는내가 손질한 오리(즉 내장을 제거한 상태)를 사용할 것이라

고 가정했다. 나는 레시피가 시키는 대로 모든 지침을 충실히 따랐고 오리는 반짝반짝 윤기가 흐르는 상태로 통통하게 잘 부풀어 올랐다. 나는 그날 저녁 식탁에 오리를 냈다. 부모님은 두 분 다 일을 했기 때문에 보통 저녁식사는할머니와 나 둘만의 시간이었지만, 우리는 마치 잔치를 열고 손님이 잔뜩 모인 것처럼 행세했다. 할머니는 종이 냅킨을 멋들어지게 삼각형으로 접고 차를 따랐다. 그리고 마침내 내가 오리 껍질을 뜨는 순간 초록색 장액이 내 무릎위로 쏟아졌다. 우리는 오리 반대쪽 부분에서 고기를 좀뜯어냈고, 대체 어디서부터 뭐가 잘못되었는지 궁금해 하며 내가 레시피를 몇 번이고 다시 읽는 동안 할머니는 별말 없이 엉망진창인 방을 치워주셨다.

할머니는 미망인 할머니만이 가질 수 있는 손자에 대한 사랑과 인내심을 지니고 있었다. 적어도 내 유대인 여자친구를 만나기 전까지는 그랬다. 데버라는 나보다 한 살많은 8학년이었다. 파스텔 톤의 옷에 적갈색 앞머리 아래로 참깨 같은 주근깨가 흩어져 있어 내 혼을 쏙 빼놓았다. 데버라가 놀러 오면 우리는 몇 시간 동안 함께 텔레비전을

봤고, 나는 안절부절못하는 와중에도 용기를 내서 손이라도 한 번 잡아보려고 애썼다. 그동안 할머니는 김치 병의 뚜껑을 단단히 닫고, 말렸다 불린 멸치를 조용히 숨겼다. 데버라가 할머니의 곶감차를 먹어볼 일은 결단코 없었다. 데버라가 돌아가면 할머니는 나를 앉혀놓고 본인이 매일 밤마다 하는 유일한 기도가 나로 하여금 좋은 한국 여자를 만나게 해달라는 것이라고 말했다. 내가 좋은 아내를 만났다는 걸 알면 기쁘고 평온하게 죽을 준비가 될 것이라는 말과 함께. 할머니는 신을 들먹이는 사람은 아니었다. 내가 성경을 거스르겠다고 하면 그렇게 하게 두었다. 나는 당시 열세 살이었고, 할머니는 끈질긴 사람이었다. 데버라 이후로 사라와 로리 등등이 거쳐갔지만 그 누구도 할머니의 김치를 먹어보지 못했으니까. 그 사이 할머니의 성경책은 이음매가 다 닳아가고 있었다.

할머니는 돌아가시기 전 나에게 좋은 아내를 만나겠다는 약속을 하라고 했다. 나는 그러겠다고 했다. 할머니의 말은 한국인 아내를 의미한다는 것을 알고 있었지만 우리 둘 다 그 점을 입 밖에 내지는 않았다. 그리고 나는 부자가 될 수 있는 좋은 직장을 찾았다고 말씀드렸다. 거짓말이었다. 하지만 그 말은 할머니를 정말로 편안하게 만들어서 이후 몇 시간 동안은 고통스러워하지 않으셨다. 할머니는 1997년 새해 첫날, 타운스 반 잔트(미국의 싱어송라이터 – 옮긴이)가 사망한 바로 그날에 돌아가셨다. 나는 가끔 두 사람이 천국 문 앞에 나란히 서서 차례를 기다리는 꿈을 꾼다. 타운스는 할머니에게 노래를 들려주고, 할머니는 매우 익숙한 노래라고 말할 테다. "내 손자가 그 노래를 들었어요." 그리고 이어 말씀하시겠지. "항상 어떤 백인 소녀에게 잘 보이려고 노력하는 아이죠." 그리고 두 사람은 웃으며 평화롭게 다음 세상을 향해 나아갈 것이다.

어머니에게 다이앤과 약혼했다고 말해야 할 때가 되었을 때, 나는 온 가족을 한식당에 불러 모았다. 나는 한 번도 부모님을 저녁 식사에 초대한 적이 없었기 때문에 어머니는 무슨 일이 일어날지 대강 예측하고 있었다. 우리 어머니는 누구보다도 편한 사람이다. 진보적이고 재미있고 개방적이다. 하지만 그럼에도 여전히 어머니이고, 한국인이다. 어머니는 내가 고등학교 때부터 사귀었던 모든 한국인 여자친구의 명단을 어딘가에 적어둔 채

로 계속 그들을 추적하고 있었다. 페이스북을 처음 알게 됐을 땐 어머니를 위해 개발됐나 했을 정도였다. 어머니는 야구단을 모집하듯 내 전 여자친구들의 정보를 색인 카드에 하나씩 적어두었다가 그중 한 명이 결혼할 때마다 그 카드를 버렸다. 카드가 버려짐과 동시에 또 다른 행복의 기회가 사라졌다. 그날 밤 어머니는 나도 그 존재를 알고 있는, 아직 그 안에 들어 있을 한두 장의 색인 카드를 잃어버리고 싶지 않다는 듯이 핸드백을 평소보다 꽉 움켜쥐고 있었다.

나는 다이앤에게 그날 저녁에는 무슨 일이 있어도 마치 내일이 없는 사람처럼 김치를 계속 먹으라고 말했다. 내가 우리의 약혼을 발표하자 갑자기 모두가 한국어로 이야기하기 시작했는데, 평소라면 절대로 일어나지 않을 일이었다. 다이앤은 참으로 용감하고 강인하고 아름답고 인내심이 많은 사람이라, 김치를 거의 500g 정도 먹어치운 상태였다. 우리 어머니도 용감하게 반응했다. 심지어 미소까지 지으면서. 아버지는 그 전까지 10년간 나에게 웃어 보인 적이 없었는데, 그날 밤에는 웃으면서 다이앤을 안아주었다. 어머니는 일순 조용해졌고, 나는 어머니가 속에서 본인의 감정과 무수히 싸우고 있다는 것을 알 수 있었다. 어머니는 다이앤이 마음에 드는 점과 가족으로 맞이하게 된 것을 환영한다고 전할 수 있는 말을 찾으려고 애썼다. 긴 침묵이 흐른 후 어머니는 나를 바라보며 말했다. "김치를 좋아하는구나, 그렇지?" 그 말씀은 영어로 하셨다. 그렇게 어머니는 우리를 축복해주었다.

이제 내가 다이앤의 가족을 만날 차례였다. 우리는 차를 몰고 인디애나 주 퍼디낸드로 향했다. 인구는 아주 적고 독일계 가톨릭 신자가 많은 곳이었다. 고풍스러운 마을이라고 말하고 싶지만 고풍스럽다는 것은 아늑하다는 뜻이고 아늑하다는 뜻은 불완전하다는 뜻인데, 퍼디낸드는 완벽했다. 잔디밭은 정확히 직각으로 배치되어 있었고 소박한 집은 흠잡을 곳이 없었으며 차도의 자동차는 마치 면봉으로 꼼꼼하게 광을 낸 것처럼 보였다. 이것이 다이앤의 세상이었다. 겸허하지만 기지가 넘치는 곳. 그리고 양배추만큼 기지가 넘치는 존재도 없다. 세상에 양배추와 소금, 그리고 독창성의 결합인 사워크라우트보다 더 기발한 것이 있을까? 우편함이 마치 바이에른 전화번호부처럼 보이는

이 마을에서 사워크라우트는 최고의 자부심을 표현하는 음식이다.

다이앤의 사워크라우트는 키펜브록 사워크라우트인데, 이는 어머니 집안에서 대대로 내려오는 레시피라는 뜻이다. 이 집에는 사워크라우트 병이 잔뜩 들어가 있는 비밀 찬장이 있는데 정확한 개수는 다이앤의 어머니만이 알고 있었다. 선반에는 똑같이 생긴 225g들이 병이 죽 늘어서 있었는데, 그 안에 들어 있는 발효된 아삭아삭하고 맛있는 존재를 보호하기 위해 뚜껑 아래에 동그랗게 자른 작은 면포를 씌워놓았다. 다이앤의 가족을 방문할 때면 항상 형제자매와 조카가 모두 모인다. 그리고 소금 간을 약하게 한 칠면조와 으깬 감자, 너무 푹 익힌 깍지콩, 햄 샌드위치, 줄줄이 이어진 소시지, 그리고 스프라이트로 만든 라임 젤로Jell-O에 호두와 파인애플, 크림치즈가 들어갔지만 다들 '샐러드'라고 부르는 신기한 아스픽(육류나 생선, 채소 등을 젤리로 굳힌 프랑스 고전 요리. 짭짤하게 만들어 전채로 주로 먹는다 - 옮긴이)을 함께 나누어 먹는다. 하지만 저녁 식탁에는 절대 사워크라우트를 올리지 않는다. 마치 나누어 먹기에는 너무 귀한 음식인 것처럼. 마치 아직 이를 획득하기에는 이르다는 듯이.

그리고 양배추만큼 기지가 넘치는 존재도 없다.

다이앤의 어머니는 이런 가족 저녁 식사를 주재하는 동안 주변을 굉장히 주의 깊게 살핀다. 서로 다정하게 농담을 주고받도록 내버려두지만 가끔씩 모두가 본인에게 집중하고 있는지 확인하기 위해서 몇 분 늦게 한 마디씩 발언을 하고는 한다. 이웃의 대출 불량에 대한 수다도, 퍼디낸드 뉴스의 부정확한 소식도, 심지어 지역 교회에서 인쇄한 기도 팸플릿의 암호화된 메시지마저도 그녀의 시야 속을 그냥 지나치는 법이 없었다.

나는 처음 어머님의 사워크라우트를 먹었을 때 주니퍼가 들어갔는지 물어봤다. 아마 바보 같은 질문이었을 것이다. 나에게는 아니스와 마늘 향에 이어 사과주와 이스트에 정향이 살짝 가미된 풍미가 느껴졌다. 하지만 다이앤의 어머니는 동정 어린 눈으로 나를 바라봤다. 사워크라우트는 양배추와 소금이다. 하지만 그냥 양배추가 아니라 다이앤의 아버지가 뒷마당에서 대대로 내려오는 전통적인 방식으로 사랑스럽게 가꾼 양배추다. 언젠가 다이앤의 어머니에게 레시피를 물어본 적이 있었다. 실제로 종이와 연필도 꺼냈었다. 양이 어떻게 되는지부터 물어봤다. 다이앤의 어머니는 말했다. "팔로 안고 들 수 있는 양 정도야. 그리고 얇게 채를 썰어." "얼마나 썰어야 하나요?" 내가 물었다. "한두 통 정도." "소금은요?" 내가 물었다. "필요한 만큼 넣고 나서 다 될 때까지 기다리면 돼. 중요한 건 꽉 채운 다음에 꾹꾹 눌러 담아야 한다는 거야. 조금 지나고 나서 국물이 얼마나 생기는지 봐. 그러면 언제 다 되는지 알 수 있지."

참으로 현명한 분이다.

다이앤 가족과의 저녁 식사는 결코 긴 시간이 걸리지 않는다. 대본에 따라 진행되며 압축적이다. 불필요한 여운은 존재하지 않는다. 가족이 하나씩 자리를 뜰 때마다 다이앤의 어머니는 사워크라우트 병을 조심스럽게 건네준다. 개수는 그때그때 다른데 대부분은 한 병, 누군가는 두 병, 그리고 또 누군가는 한 병도 받지 못한다. 아무도 그에 대해 항의하지 않는다. 그저 어머니가 주는 대로 받아서 가져갈 뿐이다. 나는 그 체계가 어떻게 돌아가는지 파악할 수 없었다. 파악하려고 시도하는 것도 그만두었다. 사워크라우트가 몇 병이 남았는지는 어머니만이 알고 있고, 배분도 직접 통제했다. 다른 시대에 태어났다면 아마 여제였지 않았을까.

나는 퍼디낸드를 처음 방문했을 때 다이앤의 부모님께 쓴 편지를 가져갔다. 그리고 거실에서 읽어드렸다. 내가 따님을 얼마나 사랑하는지, 얼마나 평생을 함께 보내고 싶은지에 대해 이야기했다. 그리고 허락을 구했다. 그들은 마치 우리 부모님처럼 감정을 절제한 채로 나를 축복해주었다. 우리는 즐거운 저녁 식사를 하면서 퍼디낸드에 사는 모든 사람에 대한 수다를 떨었다. 그날 식사가 끝나고 우리가 떠날 무렵, 다이앤의 어머니는 우리에게 사워크라우트 여섯 병을 주었다.

김치의 사계절

나에게 배추는 곧 김치이고 그 반대도 마찬가지다. 나파^{Napa} 배추는 한국인의 모든 식사에 함께하는 매콤한 빨간색의 전통 김치에 들어가는 품종이다. 하지만 '김치'라는 단어는 이 요리만을 뜻하는 이름이 아니다. 명사보다는 동사라고 생각하는 것이 좋다. 양배추, 오이, 무, 굴, 심지어 과일까지 무엇이든 김치로 만들 수 있다. 여기서 중요한 것은 방법이다. 김치를 김치로 만들어주는 것은 발효다. 나는 끊임없이 여러 재료로 김치를 만든다.

이 장에서는 내가 가장 좋아하는 김치 만드는 법 네 가지를 계절에 따라 소개한다. 각 레시피는 배추와 찹쌀풀, 김칫소(각종 채 썬 채소와 향신료를 섞은 것으로 김치에 풍미와 질감을 부여하는 요소)의 세 가지 부분으로 나뉘어져 있다. 레시피를 읽다 보면 김치는 오직 이 세 가지 요소의 조합이며 네 번째 요소는 시간이라는 것을 이해하게 될 것이다. 일단 이 과정을 통달하고 나면 원하는 종류의 김치를 자유롭게 탐험하며 만들어 볼 수 있다. 선택지는 그야말로 무한하다.

SPRING

SUMMER

FALL

WINTER

RED CABBAGE-BACON KIMCHI
(WINTER)
겨울의 적양배추 베이컨 김치

적양배추의 선명한 색상 덕분에 식탁 위가 단조로워지기 쉬운 어두운 겨울철에 더욱 매력적으로 빛나는 김치다. 브랏부어스트, 프라이드 치킨식 돼지고기 스테이크(128쪽) 또는 레몬그라스 하바네로 양념장을 가미한 티본 스테이크(83쪽)와 함께 먹어보자. 여기에 시금치나 케일을 첨가하면 첫 번째 코스의 샐러드로 낼 수도 있다. 베이컨은 깊이와 짠맛을 더하는 역할을 하지만 채식 버전으로 만들고 싶다면 배도 무방하다.

분량 3.8L 병 1개를 가득 채울 만큼

바삭하게 구워서 종이 타월로 기름기를 제거한 다음 잘게 빻은 베이컨 3줄 분량

양배추 재료

적양배추 2개(총 1.8~2.2kg)

코셔 소금 1/2컵

풀 재료

물 3컵

찹쌀가루(설명 참조) 1/2컵

설탕 1/4컵

김칫소 재료

곱게 채 썬 적양파 2개(소) 분량

당근 간 것(박스 그레이터 사용) 340g

심을 제거하고 얇게 저민 풋사과 3개 분량

마늘 간 것(그레이터 사용) 3쪽 분량

생강 간 것(그레이터 사용) 56g

피시 소스 1/2컵

한국 고춧가루 1/2컵

1. 적양배추를 칼이나 푸드 프로세서로 곱게 채 썬 다음 대형 볼에 담는다. 소금을 뿌려서 골고루 버무려 그대로 40분간 재운다. 채반에 밭쳐 흐르는 물에 헹군 다음 다시 볼에 담는다.

2. 그동안 풀을 쑨다. 중형 냄비에 물과 쌀가루, 설탕을 넣고 계속 휘저으면서 걸쭉해질 때까지 1~2분간 익힌다. 불에서 내려 식힌다.

3. 김칫소를 만들자. 대형 볼에 적양배추와 적양파, 당근, 풋사과, 고춧가루, 피시 소스, 마늘, 생강을 넣고 잘 버무린다.

4. 식은 풀에 김칫소를 넣고 접듯이 섞는다. 베이컨을 넣고 마저 섞는다. 깨끗한 라텍스 장갑을 끼고 적양배추와 김칫소 혼합물을 골고루 잘 섞는다. 딱 맞는 뚜껑이 있는 3.8L 유리병 또는 플라스틱 밀폐용기에 넣는다. 실온에서 24시간 동안 절인 다음 냉장고에 넣는다. 김치는 4~5일 뒤부터 먹을 수 있으며 2주일간 보관할 수 있다.

찹쌀가루는 아시아 식품 전문점에서 구입할 수 있다.

GREEN TOMATO KIMCHI
(SPRING)

봄의 녹색 토마토 김치

나는 언제나 녹색 토마토를 요리할 새로운 방법을 찾아 헤맨다. 켄터키에서 녹색 토마토가 많이 나기 때문이다. 녹색 토마토는 김치에 아삭아삭한 식감과 봄처럼 연한 초록빛을 더한다. 양배추과에 속하는 방울양배추는 섬세한 배추의 질감과 풍미를 더해준다. 게살 크로켓에 곁들이거나 파테 또는 샤퀴테리와 함께 내도 참 맛있고, 아도보 프라이드 치킨(98쪽)과 함께 먹으면 정말 맛있다.

분량 3.3L 용기를 가득 채울 만큼

1. 대형 채반에 방울양배추와 녹색 토마토를 넣고 소금을 뿌려 잘 버무린 뒤 실온에 두어 30분간 절인다. 물에 헹군 다음 대형 볼에 담는다.

2. 풀을 쑨다. 중형 냄비에 물과 쌀가루, 설탕을 넣고 걸쭉해질 때까지 계속 휘저으면서 1~2분간 익힌다. 김칫소를 만드는 동안 식힌다.

3. 김칫소를 만든다. 푸드 프로세서에 무와 마늘, 생강, 고춧가루, 피시 소스, 식초를 넣고 거친 퓨레가 되도록 간다.

4. 식은 풀에 김칫소를 넣고 접듯이 섞는다. 다진 고수를 넣어서 마저 섞는다.

5. 깨끗한 라텍스 장갑을 끼고 방울양배추에 김칫소 혼합물을 넣어 골고루 섞는다. 딱 맞는 뚜껑이 있는 대형 유리병 또는 플라스틱 밀폐용기에 넣고 실온에서 24시간 동안 절인 다음 냉장고에 넣는다. 김치는 4~5일 뒤부터 먹을 수 있으며 2주간 보관할 수 있다.

방울양배추 재료
얇게 저민 녹색 토마토 900g
곱게 다진 방울양배추 900g
코셔 소금 1/4컵

풀 재료
물 1과 1/2컵
찹쌀가루 1/4컵
설탕 2큰술

김칫소 재료
무 간 것(박스 그레이터 사용) 170g
생강 간 것(그레이터 사용) 55g
마늘 간 것(그레이터 사용) 2쪽 분량
한국 고춧가루 1작은술
피시 소스 1/4컵
쌀 식초 1/4컵

다진 생 고수 1/2컵

WHITE PEAR KIMCHI
(SUMMER)
여름의 흰 배 김치

피시 소스나 고춧가루가 들어가지 않아 비건이고, 아주 순한 맛을 내는 김치다. 전통적으로 여름에만 먹는 김치로, 나는 새우 샐러드처럼 차가운 요리와 함께 먹거나 잘게 썰어서 콘비프 샌드위치에 넣는다. 용기에서 꺼내 바로 샐러드 코스로 낼 수도 있는 김치다.

분량 3.8L 병 1개를 가득 채울 만큼

손질해서 한입 크기의 송이로 나눈 브로콜리 1통(소) 분량

심과 씨를 제거하고 길게 썬 빨강 파프리카 2개 분량

심과 씨를 제거하고 길게 썬 노랑 파프리카 2개 분량

곱게 송송 썬 세라노 또는 할라페뇨 고추 4개 분량

잣 1/2컵

배추 재료

배추 1개(대, 1.8~2.26kg)

물 5.6L

코셔 소금 1컵

풀 재료

물 3컵

찹쌀가루 1/2컵

설탕 1/3컵

김칫소 재료

심과 껍질을 제거하고 깍둑 썬 배 1개 분량(약 280g)

무 간 것(박스 그레이터 사용) 225g

다진 양파 1컵

생강 간 것(그레이터 사용) 110g

마늘 간 것(그레이터 사용) 6쪽 분량

코리앤더 씨 가루 2작은술

펜넬 가루 1과 1/2작은술

코셔 소금 1/4컵

1. 배추는 길게 4등분해 심은 잘라낸다. 대형 용기에 배추를 넣고 물과 소금을 넣는다. 실온에서 2시간 동안 절인 뒤 건져서 물에 헹군다.

2. 배추를 약 5cm 크기로 송송 썰어 대형 볼에 담는다.

3. 풀을 쑨다. 중형 냄비에 물과 찹쌀가루, 설탕을 넣고 한소끔 끓인 다음 걸쭉해질 때까지 계속 휘저으면서 1~2분간 익힌다. 김칫소를 만드는 동안 식힌다.

4. 김칫소를 만들자. 푸드 프로세서에 양파와 배, 무, 생강, 마늘, 소금, 코리앤더 씨 가루, 펜넬 가루를 넣고 갈아 거친 퓨레를 만든다.

5. 식은 풀에 김칫소를 넣고 접듯이 섞는다. 브로콜리와 파프리카, 고추, 잣을 넣는다.

6. 깨끗한 라텍스 장갑을 끼고 김칫소 혼합물을 배추와 함께 잘 섞는다. 딱 맞는 뚜껑이 있는 3.8L 유리병 또는 플라스틱 밀폐용기에 넣는다. 실온에서 24시간 동안 절인 다음 냉장고에 넣는다. 김치는 4~5일 뒤부터 먹을 수 있고 2주간 보관할 수 있다.

SPICY NAPA KIMCHI
(FALL)
가을의 매운 배추 김치

아마 이 김치는 사진만 보고도 알아보는 사람이 많을 텐데, 가장 인기 있는 김치이기 때문이다. 전통 레시피에서는 염장 발효한 새우젓을 넣지만 좋은 품질을 일관성 있게 보장하는 브랜드를 찾기가 너무 어려웠다. 그래서 이리저리 시도한 결과 양질의 피시 소스를 넣어도 비슷하게 좋은 김치가 된다는 사실을 알아냈다. 발효하는 시간은 취향에 따라 조절한다. 김치를 훨씬 오래 발효시켜서 냄새가 나고 새콤해진 상태를 선호하는 사람도 있는데, 나 또한 그렇다. 발효 시간이 짧을수록 더 신선하고 아삭한 김치가 되지만 맛이 아직 어우러지지 않고 각각 따로 노는 것처럼 느껴질 수도 있다. 돼지고기나 소갈비, 버거, 핫도그 등 기름진 육류나 그릴에 구운 모든 고기류와 아주 잘 어울리는 김치다.

분량 3.8L 병 1개를 가득 채울 만큼

1. 배추는 길게 4등분하고 심은 잘라낸다. 대형 용기에 배추를 넣고 물과 소금을 넣어 실온에서 2시간 동안 절인다. 절인 배추를 건져내 물에 헹군다.

2. 배추를 약 5cm 크기로 송송 썰어 대형 볼에 담는다.

3. 풀을 쑨다. 중형 냄비에 물과 찹쌀가루, 설탕을 넣고 한소끔 끓인 다음 걸쭉해질 때까지 계속 휘저으면서 1~2분간 익힌다. 김칫소를 만드는 동안 식힌다.

4. 김칫소를 만들자. 푸드 프로세서에 양파와 고춧가루, 무, 생강, 마늘, 피시 소스를 넣고 갈아 잘 섞는다.

5. 식은 풀에 김칫소를 넣고 접듯이 섞는다. 실파를 넣고 다시 잘 섞는다.

6. 깨끗한 라텍스 장갑을 끼고 김칫소 혼합물을 배추와 함께 잘 섞는다. 딱 맞는 뚜껑이 있는 3.8L 유리병 또는 플라스틱 밀폐용기에 넣는다. 실온에서 최소 24시간, 최대 하루 반나절 동안 절인 다음 냉장고에 넣는다. 김치는 4~5일 뒤부터 먹을 수 있고 2주간 보관할 수 있다.

배추 재료

배추 1개(대, 1.8~2.26kg)

물 5.6L

코셔 소금 1컵

풀 재료

물 3컵

찹쌀가루 3/4컵

설탕 1/4컵

김칫소 재료

무 간 것(박스 그레이터 사용) 280g

다진 양파 1컵

생강 간 것(그레이터 사용) 110g

마늘 간 것(그레이터 사용) 6쪽 분량

피시 소스 1/3컵

한국 고춧가루 2와 1/2컵

다진 실파 2컵

양배추

모든 배추과 식물은 중국과 로마, 이집트, 유대, 중동, 인도, 독일, 스칸디나비아, 폴란드, 러시아, 아일랜드 등등 역사적으로 수많은 문화권과 지역 곳곳에서 중요하게 여겨져왔다. 양배추는 염증에서 숙취, 조류 독감까지 모든 것을 치료한다고 한다. 하지만 아시아의 여러 국가와 유럽 문화 및 요리에서 아주 중요한 위치를 차지하는 식재료임에도 불구하고, 사람들이 좋아하는 식재료 목록에서는 양배추를 찾아보기 힘들다. 음식 잡지의 표지를 장식한 적도 없다. 너무 쉽게 구할 수 있기 때문이다.(마치 전화벨이 울리자마자 받는 소녀 같다. 그리 섹시하지는 않다.) 하지만 양배추를 과소평가하게 만드는 바로 그 부분, 쉽고 빠르게 자라면서 풍성한 수확을 약속한다는 그 점이 바로 양배추를 역사상 가장 중요한 채소로 만들었다. 전쟁과 전염병, 기근의 시기에는 조리고 절인 양배추 종류와 아주 약간의 기타 식량만으로 문명 전체가 살아남았다. 그리고 그 과정에서 각 문화권은 이 칭송받지 못하는 영웅을 맛있게 즐기는 방법을 알아서들 발명해왔다.

방울양배추
Brussels Sprouts

Green Cabbage
양배추

Red Cabbage
적양배추

Napa
배추

Savoy
사보이 양배추

PINEAPPLE-PICKLED JICAMA

지카마 파인애플 피클

지카마는 멕시코와 동남아시아 요리에 널리 사용되는 달콤한 뿌리채소다. 하얗고 아삭한 속살이 피클을 만들기에 딱 좋은데, 특유의 은은한 단맛을 잃지 않으면서 피클 절임액의 풍미를 쉽게 흡수하기 때문이다. 여기에 파인애플 즙을 넣고 칠리 플레이크, 신선한 민트를 가미해 열대 과일의 풍미를 담은 지카마를 완성했다.

꽤 간단한 피클 레시피 중 하나다. 지카마가 아직 뜨거울 때 피클 절임액을 부으면, 전통 피클 절임보다 훨씬 빠르게 지카마를 부드럽게 만들어주며 절임액이 안으로 쑥 스며든다. 하루 정도면 먹을 수 있다. 나는 이 피클을 아시아식 바비큐에 즐겨 곁들인다. 칵테일 파티를 열 때 볼에 담아서 견과류와 아티초크 절임을 더해 내기도 한다.

분량 1L 병에 가득 찰 만큼

지카마 1개(소, 약 450g)

파인애플 1개

빨강 파프리카 1개(소)

노랑 파프리카 1개(소)

생 민트 줄기 약간

팔각 2개

정향 3개

증류 백식초 1/2컵

물 1/4컵

레드 페퍼 플레이크 1작은술

설탕 1과 1/2큰술

소금 1큰술

1. 지카마는 껍질을 벗긴다. 두께 약 0.5cm에 길이 약 2.5cm 크기의 가느다란 막대 모양으로 채 썬다. 파프리카는 심과 씨를 제거하고 같은 크기로 길게 썬다.

2. 파인애플은 껍질을 벗기고 4등분해 심을 제거한 다음 큼직하게 썬다. 믹서에 파인애플과 식초, 물을 넣고 느린 속도로 갈아 퓨레를 만든다. 파인애플 주스에 거품이 생기면 곤란하기 때문에 너무 오래 갈지 않도록 주의한다. 퓨레를 체에 밭쳐 볼에 내리고 걸러낸 섬유질은 버린다.

3. 소형 냄비에 파인애플 주스를 넣고 한소끔 끓인다. 설탕과 소금을 넣고 5분간 뭉근하게 익히면서 휘저어 잘 녹인다. 불에서 내린다.

4. 약 950ml 유리병에 지카마와 파프리카를 넣으면서 한 층마다 레드 페퍼 플레이크와 팔각, 정향, 민트를 같이 깐다. 뜨거운 피클 절임액을 병에 붓는다. 뚜껑을 단단히 닫고 냉장고에 넣어 최소 하루 동안 재운 다음 먹는다. 냉장고에서 2주까지 보관할 수 있다.

QUICK CARAWAY PICKLES

간단 캐러웨이 피클

피클을 만들 시간이 하루밖에 없다면 이 레시피를 사용하자. 다음 날에 먹으면 풍미가 더 깊어지지만 당일에 먹어도 맛있다. 캐러웨이는 보통 딜 맛이 나는 피클에 예상치 못한 향을 더한다. 나는 절임액에서 캐러웨이 씨앗을 따로 걸러내지 않는다. 그냥 먹어도 될 정도로 충분히 부드럽고 맛있기 때문이다.

분량 2.5L 병에 가득 찰 만큼

1. 대형 유리병 또는 플라스틱 용기에 오이를 넣는다.

2. 대형 냄비에 소금과 식초, 물, 설탕, 캐러웨이 씨, 레드 페퍼 플레이크, 시나몬 스틱을 넣고 한소끔 끓인 다음 잘 저어서 설탕을 완전히 녹인 다. 불에서 내린 다음 10분간 식힌다.

3. 피클 절임액을 오이 병에 붓는다. 딱 맞는 뚜껑을 닫거나 랩을 여러 겹으로 씌워서 냉장고에 넣는다. 4시간 뒤부터 먹을 수 있지만 하룻밤을 재우는 것이 훨씬 맛있으며 3일간 보관할 수 있다.

잘 문질러 씻어서 1.3cm 두께로 송송 썬 커비 등의 피클용 오이 1.13kg

코셔 소금 1/2컵

쌀 식초 2컵

사과 식초 2컵

물 1컵

설탕 1컵

캐러웨이 씨 2큰술

레드 페퍼 플레이크 2작은술

시나몬 스틱 1개

BOURBON-PICKLED JALAPEÑOS

할라페뇨 버번 피클

구구절절한 설명이 필요 없는 레시피다. 그냥 온갖 이유로 맛있고 좋다. 나는 할라페뇨를 칵테일뿐만 아니라 다양한 요리의 고명으로 사용한다.

분량 1.5L 병에 가득 찰 만큼

1. 일회용 장갑을 끼고 할라페뇨를 0.5cm 두께로 둥글게 송송 썰어 병에 담는다.

2. 소형 냄비에 식초와 버번 위스키, 꿀, 코리앤더 씨, 소금, 머스터드 씨, 월계수 잎을 넣고 한소끔 끓인 다음 5분간 뭉근하게 익힌다.

3. 뜨거운 피클 절임액을 할라페뇨 병에 붓고 꼭 맞는 뚜껑을 닫은 후 실온에서 식힌 뒤 냉장고에 넣는다. 3일 뒤면 먹을 수 있으며 2주간 보관할 수 있다.

할라페뇨 고추 450g
코리앤더 씨 2작은술
옐로우 머스터드 씨 1작은술
월계수 잎 2장
꿀 1/2컵
버번 위스키 1컵
증류 백식초 1과 1/4컵
소금 1작은술

피클 만들기

내가 '간단 피클'레시피라고 칭하는 것은 단순히 식재료를 발효시키는 것이 아니라 식초를 이용해서 피클을 만드는 과정을 빠르게 진행시킨다는 뜻에서다. 이 장에 실린 김치 같은 진정한 피클은 숙성되기까지 여러 주가 걸린다. 하지만 간단 피클은 하루나 이틀이면 완성된다. 그리고 진정한 피클은 채소를 병조림하는 과정이 필요한데 이는 너무 고된 작업이다. 간단 피클은 그냥 깨끗한 병에 담고 뚜껑을 단단하게 밀봉해서 냉장고에 보관하기만 하면 된다. 물론 진짜 피클이라면 더 오래 보관할 수 있겠지만 간단 피클은 너무 맛있어서 오래 보관할 일도 없다. 내가 개발한 이 챕터의 레시피는 보관 가능한 기간인 2주 이내에 충분히 다 먹을 수 있는 적은 분량임을 참고하자.

PICKLED JASMINE PEACHES
WITH STAR ANISE

복숭아 재스민 팔각 피클

피클에는 맛과 향을 더해야 하지만 그러면 체에 따로 걸러내거나 둥둥 떠다니는 향신료를 제거해야 하는 번거로움이 생긴다. 이때 풍미 가득한 티백을 사용하는 것이 완벽한 해결책이 된다. 차 한잔을 우려내듯 피클 절임액에 넣고 재우면 된다. 그리고 피클이 완성되면 티백을 꺼내버리면 끝이다. 물론 양질의 차를 사용해야 한다.
이 피클은 기름진 돼지고기 요리와 잘 어울리지만 양고기나 염소 고기 같은 야생 육류의 맛과도 잘 맞는다. 또는 숙성시킨 양젖 치즈와 바삭한 빵에 곁들여서 상큼한 치즈 플레이트를 완성해보자.
분량 2L 병에 가득 찰 만큼

살짝 덜 익은 복숭아 900g
반으로 자른 세라노 고추 2개 분량
팔각 4개
재스민 티백 3개
샴페인 식초 1컵
물 1컵
설탕 1과 1/2컵
코셔 소금 1작은술

1. 채소 필러로 복숭아의 껍질을 벗긴다. 씨를 제거하고 웨지 모양으로 썬다. 대형 유리병 또는 기타 내열용 용기에 가득 채워 담는다.

2. 중형 냄비에 식초와 물, 설탕, 소금, 팔각을 넣고 한소끔 끓이면서 잘 휘저어 설탕과 소금을 녹인다. 뜨거운 피클 절임액을 복숭아 병에 붓고 고추와 티백을 넣는다. 딱 맞는 뚜껑을 닫고 냉장고에 넣는다.

3. 1일 후에 티백을 제거한다. 복숭아는 2일 후부터 먹을 수 있으며 3주간 보관할 수 있다.

PICKLED CHAI GRAPES

포도 차이 피클

나는 과일로 피클을 만드는 것을 좋아한다. 짠맛과 신맛의 조합이 과일의 단맛을 다듬어주는데, 이 피클도 포도의 정체성을 해치지 않으면서 겹겹이 쌓아 올린 풍미를 느끼게 한다. 나는 포도 피클(오른쪽)을 만체고나 심지어 숙성한 체더처럼 짭짤한 숙성 치즈에 곁들여 먹는다. 샤퀴테리 플레이트에도 잘 어울린다. 또는 얇게 썬 배와 석류 씨를 곁들여서 향기로운 과일 샐러드를 만들어보자.

분량 3L 병에 가득 차는 만큼

심을 제거하고 잘 씻어 물기를 제거한
씨 없는 적포도 1.36kg

시나몬 스틱 1개

차이 티백 3개

샴페인 식초 2컵

물 1컵

설탕 2컵

소금 1작은술

1. 포도알을 반으로 잘라 대형 병 또는 용기에 담는다. 시나몬 스틱을 넣는다.

2. 대형 냄비에 식초와 물, 설탕, 소금을 넣고 한소끔 끓이면서 잘 저어 설탕과 소금을 녹인다. 뜨거운 피클 절임액을 포도 병에 붓는다. 티백을 넣고 딱 맞는 뚜껑을 닫는다. 냉장고에 넣고 2일 후에 티백을 제거한다. 포도는 4일 후부터 먹을 수 있으며 1개월까지 보관할 수 있다.

PICKLED COFFEE BEETS

비트 커피 피클

티백을 넣고 피클을 만드는 것이 너무 재미있던 나머지 어느 날 '커피를 넣어도 괜찮지 않을까?' 하는 생각이 들었다. 그래서 펜넬과 당근, 파스닙에 커피콩을 넣고 피클을 만들어보았지만 결과는 신통치 않았다. 그러다 비트를 넣어보았다. 이 비트 커피 피클은 꽤 성공적이었는데, 커피 원두의 맛이 압도하기에는 비트의 단맛이 아주 강한 덕분이었다. 솔직히 커피는 배경에 은은히 깔려서 거의 느껴지지 않을 정도지만 비트에 쌉싸름하고도 신비로운 맛을 더하는 역할을 한다.

분량 2L 병에 가득 차는 만큼

빨간색 비트 900g

반으로 자른 세라노 고추 1개 분량

코리앤더 씨 2작은술

커피 콩 1/2작은술

월계수 잎 4장

증류 백식초 2컵

물 1컵

설탕 1/2컵

소금 4작은술

1. 비트는 손질해서 껍질을 벗기고 채칼을 사용해 둥근 모양으로 얇게 저민다. 대형 유리병에 저민 비트와 세라노 고추를 함께 넣는다.

2. 중형 냄비에 식초와 물, 설탕, 소금, 코리앤더 씨, 커피 콩, 월계수 잎을 넣고 한소끔 끓이면서 잘 휘저어 설탕과 소금을 녹인다. 뜨거운 피클 절임액을 비트 병에 붓고 딱 맞는 뚜껑을 닫아 냉장고에 넣는다. 비트는 4일 후부터 먹을 수 있고 1개월까지 보관할 수 있다.

PICKLED GARLIC
IN MOLASSES SOY SAUCE
마늘 당밀 간장 피클

내 기억 속에서 꺼내온 레시피다. 간장에 절인 마늘은 우리 할머니가 만들던 음식이다. 할머니는 매번 조금씩 다른 방식으로 마늘을 절였다. 그래서 나도 레시피에 당밀을 추가하는 등 내 나름대로 만들었다. 아마 할머니도 좋아하실 거라고 생각한다. 미리 경고하는데 매우 톡 쏘는 맛이 강한 피클이다. 하지만 나처럼 마늘에 미친 사람이라면 분명 좋아할 것이다. 구운 고기나 볶음에 곁들여도 좋고 메추라기 튀김과도 잘 어울린다. 나는 가끔 마늘 피클을 즙과 함께 갈아서 퓨레로 만들어 양상추 쌈이나 스프링롤, 두부 튀김의 양념으로 사용하기도 한다.

분량 약 1.5L 병에 가득 차는 만큼

1. 병에 마늘을 넣고 증류 백식초를 마늘이 완전히 잠기도록 붓는다. 딱 맞는 뚜껑을 닫고 냉장고에 넣어 5일간 보관한다.

2. 마늘을 건져내고 식초는 버린다. 마늘은 흐르는 찬물에 깨끗하게 씻어 다시 병에 넣는다.

3. 중형 냄비에 간장과 물, 쌀 식초, 설탕, 당밀, 할라페뇨를 넣고 한소끔 끓인다. 불에서 내리고 15분간 식힌다.

4. 피클 절임액을 마늘 병에 붓고 냄비에 남은 할라페뇨를 넣는다. 딱 맞는 뚜껑을 닫고 냉장고에 보관한다. 마늘은 6일 후부터 먹을 수 있으며 수 개월간 보관할 수 있다.

껍질을 벗겨서 잘 씻은 마늘 225g
(약 4통 분량)

할라페뇨 1개

증류 백식초 마늘이 잠길 만큼

당밀 1/2컵

간장 2컵

물 2컵

쌀 식초 3/4컵

설탕 1/2컵

PICKLED CORN-BACON RELISH

옥수수 베이컨 피클 렐리쉬

요즘에는 각 지역별 농산물 시장에서 본인이 직접 만드는 것만큼이나 맛있고 품질이 좋은 렐리쉬(과일, 채소에 양념을 해서 걸쭉하게 끓인 뒤 차게 식혀 고기, 치즈 등에 얹어 먹는 소스 - 옮긴이) 또는 비슷한 범주에 속하는 콤포트 및 잼 종류를 쉽게 구할 수 있다. 나는 뭐든 처음부터 직접 만드는 것을 좋아하지만 내가 만드는 것만큼 맛있는 병조림을 찾을 수 있다면 기꺼이 양보할 수 있다. 하지만 이 렐리쉬는 아무데서나 찾을 수 있는 것이 아니다. 나는 어디든 베이컨을 넣을 방법이 있다면 넣고 본다.

이 렐리쉬는 빵껍질을 잘라낸 샌드위치나 풀드 포크를 넣은 부드러운 버터롤 등 모든 피크닉 요리에 아주 잘 어울린다. 아이스티와 짭짤한 감자칩도 잊지 말자. 그러면 바로 내가 좋아하는 종류의 오후가 된다.

분량 2L 병에 가득 찰 만큼

베이컨 2장

껍질을 벗긴 옥수수 5개

심과 씨를 제거하고 곱게 깍둑 썬 빨강 파프리카 1개 분량

심과 씨를 제거하고 곱게 깍둑 썬 주황 파프리카 1개 분량

곱게 깍둑 썬 적양파 1컵

사과 식초 1과 1/2컵

흑겨자 씨 2작은술

펜넬 씨 1/2작은술

물 1과 1/2컵

설탕 1/3컵

소금 1큰술

1. 중형 프라이팬에 베이컨을 넣어 바삭하게 굽고 종이 타월에 올려 기름기를 제거한다.

2. 날카로운 칼로 옥수수에서 낟알만 잘라낸다. 볼에 옥수수와 파프리카, 적양파를 넣고 찬물을 잠기도록 부어서 10분간 재워 전분기를 빼낸 뒤 건진다.

3. 대형 냄비에 식초와 물, 설탕, 흑겨자 씨, 펜넬 씨, 소금을 넣고 한소끔 끓인 다음 잘 저어서 설탕과 소금을 녹인다. 옥수수와 파프리카, 양파를 넣고 다시 뭉근하게 한소끔 끓인다.

4. 렐리쉬를 유리병에 담는다. 통째로 또는 잘게 부순 베이컨을 넣고 딱 맞는 뚜껑을 닫는다. 렐리쉬는 2일 후부터 먹을 수 있으며 1주까지 보관할 수 있다.

PICKLED ROSEMARY CHERRIES

체리 로즈메리 피클

내가 우승했던 〈탑 셰프〉 도전 과제 중 하나로 메추라기에 곁들였던 피클이다.(고마워요, 타일러!) 체리는 달콤하지만 로즈메리가 강렬한 과일의 맛을 순화시켜 피클의 맛을 짭짤한 간식 스타일로 만들어준다. 닭고기 또는 오리, 메추리, 꿩처럼 야생 조류 고기에 곁들여보자. 다음 추수감사절에 크랜베리 소스 대신 내도 좋다. 색다른 경험을 원한다면 바닐라 아이스크림에 얹어 달콤짭짤한 디저트로 즐겨보자.

분량 2L 병에 가득 찰 만큼

꼭지와 씨를 제거한 체리 900g

생 로즈메리 줄기 2개

쌀 식초 1컵

물 1/2컵

검은 통후추 1/2작은술

설탕 1/4컵

소금 1작은술

1. 대형 유리병에 체리와 로즈메리 줄기를 넣는다.

2. 소형 냄비에 식초와 물, 설탕, 소금, 통후추를 넣고 한소끔 끓인 다음 잘 저어서 설탕과 소금을 녹인다. 불에서 내리고 10분간 식힌다.

3. 피클 절임액을 체리 병에 붓고 딱 맞는 뚜껑을 닫아 냉장고에 넣는다. 체리는 4일 후부터 먹을 수 있으며 1개월간 보관할 수 있다.

피클 명인

내가 빌 킴[Bill Kim]을 처음 만난 것은 시카고에서 열린 한 레스토랑 쇼에서였다. 둘 다 한국 농림축산식품부의 연락을 받고 온 것이었다. 우리는 각각 하나의 전통 한식 메뉴를 현대적으로 만들어달라는 부탁을 받았다. 빌의 호미니와 베이컨을 넣은 김치찜은 지금까지도 기억에 남는데, 전통 요리를 그만의 독특한 시각으로 재탄생시킨 요리였다. 우리는 순식간에 친구가 되었고 나는 자주 그에게 전화를 걸어서 즐겁게 서로 의견을 나누곤 했다. 빌의 시각은 라틴 요리에 대한 애정을 한 번 거치고, 내 시각은 남부라는 필터를 한 번 통과한다. 하지만 우리에게는 둘 다 김치를 사랑한다는 공통점이 있었다.

"드디어 한국 요리가 주목받고 있어요. 그리고 김치는 모두가 좋아하는 음식입니다. 강렬한 냄새가 나고 매콤한, 내가 즐겨 먹는 음식 중 하나죠. 내가 가장 좋아하는 김치 재료는 제철을 맞은 커비 오이로 여기에 마늘과 부추, 한국 고춧가루, 피시 소스, 새우 페이스트를 넣습니다. 사람들은 '갓 담근' 김치와 푹 발효시킨 김치 중에 어느 쪽을 선호하는지에 대해서 논쟁을 하곤 해요. 저는 갓 담근 김치를 좋아합니다. 라틴식 살사를 떠올리게 하거든요. 매운맛과 짠맛, 마늘맛, 흙맛 등 온갖 풍미가 한 입에 겹겹이 쌓여 있어요. 폭탄처럼 말이죠!"

—빌 킴,
시카고의 어반벨리와
벨리 색의 오너 셰프

VEGGIES & CHARITY

채소와 자선

새해 첫날에는 양배추와
동부콩을 먹으면서 다가오는
한 해의 행운을 기원한다.
— 미국 남부의 전통

★ ★ ★

첫 시작은 조니 캐시의 노래였다.

1968년 1월 13일 캐시는 폴섬 교도소에서 콘서트를 열었고 그해 말에 라이브 앨범을 발매했다.

실황 녹음의 세상을 영원히 바꿔놓은 앨범이었다.

나는 고등학교 시절에 카세트테이프로 구입했고, 대학에 가서는 CD로 다시 샀다.

지금은 컴퓨터로 듣고 있다.

'폴섬 프리즌 블루스'는 수천 번을 들었지만 지금껏 나를 감동시킨다.

나는 항상 그렇게 미친 듯이 중요한 무언가를 만들고 싶었다.

대부분의 셰프처럼 나도 항상 자선 활동을 해 달라는 요청을 받는다. 보통 상품권을 기부하거나 턱시도와 드레스를 입은 사람을 위해 카나페 천 개를 만드는 것과 같은 일이다. 이런 행사에서는 거액이 모금되는데, 나는 그때마다 항상 좋은 시민이 되기 위해 노력해왔다. 수년간 탐욕스러운 삶을 살면서 쌓인 죄책감을 덜어주길 바라면서 말이다. 나는 훌륭한 음식과 희귀한 술에 둘러싸여 있다는 것이 얼마나 큰 행운인지 알고 있다. 좋은 음식은 언제나 최고의 선물이 된다. 맛있는 음식을 만드는 데에 필요한 시간과 에너지, 사랑은 그 어떤 금전적 가치로도 환산할 수 없다. 내 절친한 작가 친구인 프랜신 마루키안Francine Maroukian이 말했듯이 시간은 우리에게 가장 소중한 재화이기 때문이다. 돼지 등심을 염지하는 데에 필요한 하룻밤, 반죽이 부풀기까지 기다리는 한 시간, 신선한 마늘의 껍질을 벗기는 데에 소요되는 시간이 모여 세상에 많은 차이를 가져온다.

약 1년 전, 한 자선 행사에서 400명을 위해 요리를 하고 집으로 돌아오는 길이었다. 와인과 푸아그라, 초콜릿 슈, 스폰서로 들어온 데킬라와 반짝이는 옷차림의 예쁜 사람들이 있었고, 우리 모두는 스스로 제법 뿌듯함을 느끼고 있었다. 하지만 차를 몰고 돌아오던 중에 나는 방금 모금 활동을 한 자선단체가 어떤 곳인지 전혀 모른다는 사실을 깨달았다. 이건 그 누구의 잘못도 아닌 내 잘못이었다. 아마 천장에 매단 데킬라와 와인 로고 바로 옆에 500미터 간격으로 걸어둔 배너마다 자선 단체의 이름이 새겨져 있었을 것이다. 나는 어떤 병원에 있는 불행한 아이가 필요한 수술을 받을 수 있게 됐을 거라고 확신했었다. 그리고 지금까지 내가 그저 단체의 기금 모금 활동에 도움을 주기 위해 고용된 사람 그 이상의 존재일 거라고 생각한 것이 이기적이고 얄팍하게 느껴졌다.

하지만 그건 내가 자라면서 익힌 자선의 개념이 아니었다. 우리 가족이 다른 이민자 가족으로 가득한 새 아파트로 이사했을 당시에는 살고 있던 주민들이 아무 날 밤에나 저녁 식사를 담은 밀폐용기를 재활용한 슈퍼마켓 쇼핑백에 담아서 찾아오는 암묵적인 규칙이 있었다. 문 앞에서 항상 상냥하게 웃으며 음식을 받아들던 할머니는 그들이 가면 쇼핑백을 바로 주방 싱크대로 가져가 의심스럽게 냄새를 맡아보곤 했다. 독을 먹이려는 게 아니라면 대체 왜 우리에게 공짜로 밥을 준단 말인가? 북한군이 할머니가 살던 도시를 침공하기 위해 남하했을 때 할머니는 한 팔에는 아들(우리 아버지)을, 다른 팔에는 옷가지를 담은 바구니 하나만 든 채로 집을 떠나야 했다. 수천 명의 낯선 사람과 함께 비좁은 배와 기차 안에서, 상상도 할 수 없는 곳에서 야영을 해야 했고, 때로는 자기 몸집의 두 배나 되는 남자들과 식량 한 톨을 두고 싸워야 했다. 이 결정적인 경험은 할머니를 강인하고 교활하면서도 전략적인 여장부로 만들었지만 동시에 지독하게 냉소적인 인간이 되게 했다. 이 자메이카 가족은 대체 정체가 뭘까? 우리에게 먹이려는 이 냄새 나는 음식은 뭐지? 할머니가 독이 들어 있지 않다고 판단한 후에야 나는 겨우 한 접시를 먹을 수 있었다. 할머니는 음식을 절대 자신의 입에는 대지 않고 내가 오크라와 노란 쌀밥을 먹는 모습을 지켜보기만 했다. 한국인 가족은 두부국과 쌀죽을, 인도인 가족은 가지와 병아리콩을 넣은 커리를 가져왔다. 대부분 할인해서 구입한 값싸고 오래된 채소가 들어가 있었다. 하지만 자선을 베풀려는 그 마음 덕분에 그들의 음식은 맛있었고 또 위로가 되었다.

다시 조니 이야기로 돌아오자. 그 앨범이 대단한 것은 그의 노래뿐만 아니라 재소자가 그의 공연에 반응하는 방식 때문이다. 물론 홍보를 위한 공연이었고 당연히 결과물인 테이프를 만들 때는 환호성을 더 키우는 식으로 편집을 했겠지만, 그렇다고 해서 빼곡하게 모인, 소외된 범죄자를 위해 콘서트를 열어준 그의 시간적 공헌이 사라지는 것은 아니다. 그의 시간은 귀중한 재화이지만 재소자에게는 가진 것이 시간뿐이다. 이 두 가지가 합쳐지는 정말 소중하고 드문 순간이었다.

나는 그 자선 만찬 직후 나 역시 조니처럼 되고 싶다고 결심했다. 교도소에 수감된 재소자를 위해 저녁을 요리해주겠다고 말이다. 나는 형사 사건 전문 변호사 친구에게 전화를 걸어 켄터키 주에서 가장 경비가 삼엄한 교도소의 현장 방문을 예약했다. 물론 나는 겁이 없는 편이고 살면서 싸움도 많이 해봤지만 교도소를 견학할 준비까지는 되어 있지 않았다. 수감자와 20미터 이내로 가까워질 일은 애초에 없었지만, 멀리서 보기만 해도 기회

만 되면 나를 산 채로 잡아먹을 것만 같았다. 가장 무서웠던 부분은 냄새였다. 단순히 음습한 폭력의 냄새가 아니었다. 사방에서 나는 암모니아의 역한 냄새였다. 계속되는 걸레질과 청소는 말로 표현할 수 없는 무언가를 숨기려는 것처럼 느껴졌다. 계단 통로의 아래쪽에 도착했을 때 나는 깨끗한 바닥에 핏자국이 튀어 있는 것을 보았다. 경비 요원의 반응은 침울했다. "가끔 있는 일입니다." 그는 별다른 감정을 드러내지 않은 채 무전으로 청소를 요청했다. 내 변호사 친구는 다른 방법을 제안했다. 근처에 아이들을 위한 교정 시설이 있는데 거기에 도움을 줄 수 있을 것 같다고 했다.

누구나 좋은 식사를 할 자격이 있다.

결과적으로 나는 교도소에 가기엔 너무 어린 청소년 범죄자를 위한 루이빌 메트로 소년원에서 저녁 식사를 요리하게 되었다. 다양한 사이드 메뉴와 복숭아 코블러를 곁들인 바비큐 식사를 만들었고 아이들을 위한 과일 펀치도 같이 제공했다. 스티로폼 접시에 저녁 식사를 담아주며 뷔페 줄을 따라 지나가는 아이들과 이야기를 나누었다. 여기 있는 아이들 모두가 나쁜 선택을 했고, 그중에는 조금 더 안 좋은 선택을 한 아이들도 있었지만, 놀라웠던 것은 그들의 눈이 지극히 아이다웠다는 점이다. 대체로 수줍음이 많았다. 모든 십대들이 그렇듯 무엇에 대해서든 낄낄대며 웃었다. 탐구심과 호기심이 많고 배가 고픈 아이들이었다. 소장은 나에게 아이들에게 한마디 해달라고 부탁했다. 나는 강연을 하거나 내 인생 이야기를 들려주지 않았다. 그저 누구나 좋은 식사를 할 자격이 있고 그들도 마찬가지임을 진심으로 생각한다고 말했을 뿐이다. 아이들은 나를 안아주며 다시 올 거냐고 물었다. 그리고는 나에게 편지를 썼다. 말했듯이 나는 스스로를 꽤나 강인한 사람이라고 여기고 무엇이든 할 준비가 되어 있다고 생각했지만, 갈색 점프수트와 슬리퍼 차림에 웃으며 작별 인사를 하는 아이들의 모습을 두고 나오며 눈물을 삼켜야 할 줄은 꿈에도 몰랐다.

그 이후로 나는 조용히 적은 인원의 가족들을 위한 저녁 식사를 준비하는 데에 시간을 할애했다. 농장을 보여주고 몇 가지

요리하는 요령을 가르쳐준 다음, 아이들과 라임을 짜고 반죽을 밀며 오후 시간을 보내는 것이다. 아이들은 빠르게 학습한다. 편견이나 두려움 없이 새로운 지식을 흡수한다. 여러 가족을 내 레스토랑해 초대해 점심 식사를 하면서 아이들을 위해 와인 잔에 사과 주스를 따르고, 제대로 된 포크를 사용하게 하고, 디저트를 먹기 전에 식탁을 정리하게 했다. 이들 가족들로부터 받은 감사 편지는 한 장도 빠짐없이 소중히 간직하고 있다. 언론에 따로 전화를 하거나 후원자를 요청하지 않는다. 그저 시간과 장소를 정하고 도움이 필요한 스무 명에서 서른 명 규모로 사람을 찾아 맛있는 식사를 대접한다. 새로운 소스를 맛보거나 양파 다지는 법을 배우며 얼굴이 점차 밝아지는 아이들의 모습은 내게 늘 귀한 영감이 된다. 수표를 쓰는 대신 몇 시간 동안 아이들이 상상력을 발휘하고 성장할 수 있는 안전한 장소를 제공하기 위해 고민한다. 그리고 아이들에게 좋은 음식의 중요성과 그에 수반되는 모든 것을 가르치기 위해 노력하고 있다.

가끔 휴대폰이 울리지 않는 조용한 하루를 보내고 싶을 때면 인디애나 주 멤피스에 있는 잭슨 농장으로 가서 농산물을 잔뜩 산다. 약 18만 평이 넘는 경지로 옥수수에서 복숭아, 비트, 온실 토마토까지 모든 농작물을 재배하는 곳이다. 항상 일손이 부족하기 때문에 내가 별 도움이 안 되더라도 농장에서 일하는 것을 용인해준다. 나는 보통 어설프게 물건을 수선하는 일을 한다. 농부들은 항상 친절하고, 내가 가진 새로운 아이디어를 듣거나 내가 카탈로그에서 발견한 새로운 씨앗을 재배할 준비가 되어 있다. 하지만 내가 노닥거리기 제일 좋아하는 곳은 어린 묘목이 싹을 틔우기 시작하는 육모장이다. 서로 거의 구분할 수 없을 정도로 새싹에 불과한 초기 단계의 묘목을 보는 것은 정말 놀라운 일이다. 어떤 것은 멜론이, 또 어떤 것은 토마토와 고추가 되겠지만 지금은 이 통제된 환경 속에서 살아남기 위해 바들거리며 흙을 뚫고 올라오고 있을 뿐이다. 대부분의 모종과 싹은 밭까지 가지 못한다. 짓밟히거나 비에 침수되거나 새에게 먹히기 때문이다. 외부 환경으로 옮겨지기 전까지 묘목장에서 안전하고 튼튼하게 자라야 한다. 이 묘목들은 나와 함께 일하는 아이들을 떠올리게 한다. 왜 이 아이들이 더 적은 것을 누려야만 할까?

YELLOW SQUASH SOUP

WITH CURED STRAWBERRIES

딸기 절임을 올린 노란 호박 수프

산뜻한 수프에서는 꼭 여름이 접시에 담긴 것 같은 맛이 난다. 가벼운 식사의 시작이나 구운 샌드위치에 곁들이는 음식으로 내기에 좋다. 여름이 제철인 노란 애호박에 잔뜩 물이 올랐을 때 만들어보자. 딸기도 마찬가지다. 절이는 과정을 거치고 나면 딸기의 풍미가 강해지고 신맛이 줄어든다. 딸기에 거의 고기를 씹는 듯한 질감을 선사한다. 프랑스의 고전적인 상세르^{Sancerre} 와인을 곁들여보자.

분량 8인분

딸기 재료

씻어서 심을 제거한 생 딸기 450g

설탕 1/2작은술

코셔 소금 1/2작은술

수프 재료

굵게 다진 노란 애호박 900g

다진 양파 1/2컵

생 타임 잎 1과 1/2작은술

올리브 오일 2큰술

사워크림 1/2컵

채소 국물 2컵

소금 2작은술

검은 후추 갓 간 것

1. 수프를 만들자. 대형 프라이팬을 중간 불에 올린다. 양파를 넣고 반투명해질 때까지 약 2분간 볶다가 호박과 타임을 넣어 3분간 더 볶는다. 채소 국물을 붓고 한소끔 끓인다. 호박이 완전히 부드러워질 때까지 10분간 뭉근하게 익힌다. 불에서 내리고 수 분간 식힌다.

2. 수프를 믹서기에 넣고 사워크림과 소금을 넣어서 2분간 아주 곱게 간다. 농도를 확인한다. 수프가 좀 거칠면 고운 체에 한 번 내린다. 냉장고에서 최소 2시간, 최대 하룻밤까지 차갑게 식힌다.

3. 먹기 1시간 전에 딸기를 조리한다. 딸기를 0.5mm 두께로 저며서 유리 볼에 담는다. 소금과 설탕을 뿌리고 손가락으로 조심스럽게 버무린다. 이때 딸기가 으깨지지 않도록 주의한다. 실온에서 1시간 동안 재운다. 그 이상 재우면 딸기가 너무 물러지니 주의한다.

4. 먹기 전에 차가운 수프를 그릇에 나누어 담는다. 절인 딸기를 여러 장 얹는다. 검은 후추를 갈아서 뿌리고 바로 낸다.

절인 딸기를 치즈 플레이트에 올리거나 샤퀴테리를 낼 때 함께 내보자. 오래 보관할 수 없으니 필요한 만큼만 절여야 한다.

SOUTHERN FRIED RICE

남부식 볶음밥

나는 이 레시피를 책에 꼭 실어야만 했다. 처음에는 너무 진부하다고 생각했다. 깊은 성찰을 거쳐서 떠올린 레시피는 확실히 아니었기 때문이다. 내 뺨을 치며 "자, 거만하게 굴지 말고 저들이 원하는 걸 만들어줘요"라고 말하는 듯한 음식이다. 볶음밥을 제대로 만들고 싶다면 프라이팬이나 궁중팬을 뜨겁게 달구고 레시피를 따라 정신없이 볶아야 한다. 사람들 앞에서 만들기 전에 몇 번 연습해보자. 곧 프로처럼 보일 것이다.

분량 곁들임 6인분

식은 장립종 쌀밥(설명 참조) 2컵

익혀서 식힌 다음 물기를 제거한 동부콩 (141쪽) 3/4컵

옥수수 낟알 3/4컵

곱게 다진 녹색 파프리카 1/4컵

곱게 다져서 물기를 제거한 토마토 1/4컵

곱게 다진 양파 1/2컵

곱게 다진 할라페뇨 1개 분량

다진 마늘 2쪽 분량

달걀 2개(대)

참기름 2큰술

땅콩 오일 2큰술

굴 소스 2작은술

우스터 소스 2작은술

햄 육수(설명 참조) 1/4컵

간장 2큰술(취향껏 조절)

소금

흰색 후추 갓 간 것

장식용 다진 실파

1. 대형 프라이팬에 참기름을 두르고 연기가 피어오를 때까지 달군 다음 중간 불로 줄인다. 양파와 할라페뇨, 마늘을 넣고 양파가 노릇해질 때까지 2~3분간 볶는다. 동부콩과 옥수수를 넣고 2분간 볶은 다음 파프리카와 토마토를 넣고 2분 더 볶는다.

2. 팬의 내용물을 볼에 옮겨 담고 종이 타월로 팬을 깨끗하게 닦는다. 땅콩 오일 1큰술을 두르고 센 불에 올린다. 달걀에 햄 육수와 흰색 후추를 넣고 가볍게 풀어서 팬에 붓고 스크램블드에그를 만든다. 덩어리가 지기 시작하면 바로 불에서 내리고 채소 볼에 담는다.

3. 다시 팬을 깨끗하게 닦고 남은 땅콩 오일 1큰술을 둘러서 달군다. 뜨거워지면 찬밥을 넣고 나무 주걱으로 밥알을 재빠르게 휘저어 분리하면서 약 2분간 볶는다. 간장과 굴 소스, 우스터 소스를 넣고 밥알이 으깨지지 않도록 계속 휘저으면서 1분간 볶는다. 팬의 내용물을 쉬지 않고 휘저으면서 전체적으로 따뜻해지도록 볶는 것이 성공의 비결이다.

4. 볼의 채소와 달걀을 팬에 넣어서 밥과 잘 섞은 다음 약간의 소금과 흰 후추, 간장으로 간을 맞춘다. 전체적으로 뜨거워지면 따뜻한 볼에 옮겨 담고 다진 실파로 장식해 낸다.

햄 육수를 만들려면 냄비에 햄 자투리 170g과 물 2컵을 넣고 한소끔 끓인 다음 1시간 동안 더 끓인다. 육수를 체에 걸러서 햄 자투리를 버린다. 햄 육수는 병에 담아서 사용하기 전까지 냉장고에 보관한다. 냉장실에서는 1주간, 냉동실에서는 수 개월간 보관할 수 있다.

밥은 항상 남은 찬밥을 사용한다. 갓 지은 밥은 뭉개지기 때문에 볶음밥에 쓰기엔 적절하지 않다.

BRAISED BACON RICE

베이컨 조림 솥밥

나는 베이컨을 조리는 것을 좋아한다. 베이컨에 완전히 새로운 정체성을 부여해서 어디에 넣어도 훈연 향과 멋진 질감을 구현하게 만든다. 로스트 치킨이나 폭찹에 곁들이는 반찬으로 내도 좋지만, 풍미가 뛰어나고 포만감이 커서 달걀프라이만 추가로 하나 올려 저녁 식사로 먹기도 한다.

분량 곁들임 6~8인분

1. 대형 냄비에 베이컨을 넣고 지방이 거의 녹아 나올 때까지 약 5분간 약한 불에 익힌다. 양파와 다진 셀러리, 마늘을 넣고 바닥에 붙지 않도록 계속 휘저어가며 약 6분간 볶는다.

2. 머스터드와 카이엔 페퍼, 파프리카를 넣고 잘 휘저은 다음 닭 육수와 토마토 주스를 넣고 한소끔 끓인다. 쌀을 넣고 잘 저은 뒤 불 세기를 줄여 천천히 뭉근하게 끓도록 한다. 뚜껑을 연 채로 쌀이 수분을 거의 흡수할 때까지 약 16분간 익힌다.

3. 다진 셀러리 잎과 버터, 소금, 후추를 넣고 잘 섞어서 간을 맞춘다. 불에서 내리고 자주 휘저으면서 수 분간 뜸을 들인다. 뜨겁게 낸다.

캐롤라이나 쌀 또는
기타 장립종 쌀 1컵

0.5cm 크기로 깍둑 썬 통 베이컨
225g

다진 양파 1과 1/2컵

다진 셀러리 1컵

다진 셀러리 잎 2큰술

다진 마늘 2쪽 분량

무염 버터 2큰술

닭 육수 4컵

토마토 주스 1/2컵

드라이 머스터드 1/2작은술

카이엔 페퍼 1/4작은술

훈제 파프리카 가루 1/4작은술

소금과 검은 후추 갓 간 것

요즘 세상에는 훌륭한 베이컨이 참으로 많지만, 나한테는 테네시 주의 벤턴스 베이컨이 제일이다. 아주 짭짤하고 훈연 향이 강렬해서 일부러라도 찾아볼 만한 가치가 있다.(295쪽 구입처 참조)

CARDAMOM AMBROSIA SALAD

WITH BLUE CHEESE DRESSING

블루 치즈 드레싱을 두른
카다멈 암브로시아 샐러드

대부분의 사람들은 암브로시아 샐러드라고 하면 유리 그릇에 새하얗게 뒤덮인 과일 조각이 구름처럼 담겨 있는 가운데에 통조림 귤을 깔끔하게 올려 장식한 음식을 떠올린다. 하지만 우리는 그 암흑기에서 진화해왔고 이제 이 샐러드도 새롭게 변신할 때가 되었다. 가장 신선한 최고의 재료로 만들면 암브로시아는 저어엉말로 맛있을 수 있다. 봉지에 담긴 시판 말린 코코넛 플레이크를 사용할 생각이라면 엄두도 내지 말자. 달콤하고 신선한 코코넛 과육이 포인트다.

나는 보통 식전주를 즐기지 않지만 이 샐러드에는 차가운 릴렛 한 잔이 딱 맞는다.

분량 곁들임 6~8인분

드레싱 재료

블루 치즈 70g

버터밀크 3큰술

사워크림 3큰술

화이트 와인 식초 2작은술

설탕 1/4작은술

소금과 검은 후추 갓 간 것

샐러드 재료

과육만 웨지 모양으로 잘라낸 오렌지(설명 참조)
2개 분량

과육만 웨지 모양으로 잘라낸 자몽(설명 참조)
1개 분량

껍질과 씨를 제거하고 얇게 저민 샴페인 망고
2개 분량 (달콤한 맛에 과육이 탄탄해서 구워 먹을 수
있는 종류의 노란 망고 - 옮긴이)

심을 제거하고 얇게 저민 양주 배 2개 분량
(뭉뚝한 초록색의 서양 배 품종 - 옮긴이)

채 썬 생 코코넛(설명 참조) 1/2컵

씨를 제거하고 굵게 다진 대추야자 85g,
장식용 여분

아몬드 슬라이버 1/4컵
(세로로 길게 채 썬 모양의 아몬드 - 옮긴이)

코코넛 워터(생 코코넛에서 받아낸 것) 2작은술

카다멈 가루 3/4작은술

장식용 다진 생 이탤리언 파슬리(선택)

1. 드레싱을 만들자. 소형 볼에 치즈를 넣고 포크로 으깬다. 나머지 재료를 넣고 거품기로 아직 살짝 덩어리가 남아 있을 정도로 잘 섞는다.

2. 샐러드를 만든다. 중형 볼에 오렌지와 자몽, 망고, 배를 넣어서 잘 섞는다. 채 썬 코코넛과 대추야자, 아몬드를 넣고 카다멈을 뿌린 다음 코코넛 워터를 두르고 골고루 잘 섞는다. 드레싱을 넣고 다시 한번 버무린다.

3. 개인용 그릇에 나누어 담거나 가족 식사용으로는 대형 볼에 담는다. 여분의 다진 대추야자와 파슬리(사용 시)로 장식해서 낸다.

감귤류에서 과육만 웨지 모양으로 잘라낸 것을 시트러스 수프림 _citrus suprême_ 이라고 부르는데, 이걸 만들려면 우선 날카로운 칼로 과일의 위아래를 가로로 잘라낸다. 위에서 아래로 과육의 형태를 따라 돌려가며 하얀 속껍질을 벗겨 과육 속살이 드러나게 한 뒤 볼 위에서 과육을 단단히 잡고 조각으로 나뉘는 부분마다 칼집을 넣어 과육만 웨지 모양대로 볼에 떨어지게 한다.

생 코코넛을 손질하려면 우선 900g 코코넛 하나를 준비한다. 대형 볼을 아래에 두고 한 손으로 단단하게 잡은 다음 단단한 육류용 칼의 등으로 결을 따라 툭툭 두들긴다. 껍질에 금이 가면 코코넛 워터를 볼에 따라내고 다른 용기에 옮겨 담아 보관한다. 숟가락으로 코코넛 과육을 긁어낸 다음 박스 그레이터의 굵은 면으로 간다. 바로 사용하지 않을 경우에는 지퍼백에 담아서 냉동 보관한다. 냉동실에서 수 주일간 보관할 수 있다.

OKRA TEMPURA
WITH RÉMOULADE
리물라드를 곁들인 오크라 튀김

깃털처럼 가볍고 바삭바삭한 일본식 튀김옷으로 감싼 오크라는 부드러우면서도 아삭아삭한 질감을 선사한다. 반찬이자 전채, 파티 간식으로 내기 좋고 나른한 오후에 가볍게 배를 채우기에도 제격이다. 갈색 유산지나 린넨 냅킨에 담아서 내면 훨씬 우아한 분위기를 낼 수 있다. 레물라드만으로도 훌륭한 요리가 되지만 듀크 마요네즈와 텍사스 피트 핫 소스를 곁들이면 더욱 맛있게 즐길 수 있다. 오크라 튀김만 준비해 로그 모리모토 소바 에일^{Rogue Morimoto Soba Ale}과 함께 먹어보자.

분량 곁들임 4~6인분

손질해서 길게 반으로 자른 오크라 450g
딥 소스용 완벽한 레물라드(22쪽)
튀김용 옥수수 오일 약 4컵
소금 적당량

튀김 반죽 재료

달걀노른자 2개(대) 분량
클럽 소다 또는 탄산수 2컵
밀가루(중력분) 1컵
옥수수 전분 2/3컵
베이킹 파우더 1작은술
소금 1/4작은술

1. 튀김 반죽을 만들자. 중형 볼에 밀가루와 옥수수 전분, 베이킹 파우더, 소금을 체에 쳐서 담는다. 달걀노른자를 넣고 거품기로 잘 섞는다. 클럽 소다를 천천히 부으면서 거품기로 잘 휘저어 섞는다. 팬케이크 반죽과 비슷한 농도여야 한다. 따로 둔다.

2. 묵직한 냄비에 오일을 5cm 깊이로 붓고 175℃로 가열한다. 오크라를 적당량씩 덜어서 튀김 반죽에 푹 담갔다가 흔들어 여분의 튀김 반죽을 털어낸 후(이때 긴 나무젓가락을 사용하면 손에 반죽이 묻는 것을 피할 수 있다) 뜨거운 오일에 조심스럽게 넣는다. 노릇노릇해질 때까지 약 2분간 튀긴다. 그물국자로 건져서 종이 타월에 얹어 기름기를 제거한 후 소금을 가볍게 뿌린다. 새 오크라를 튀길 때는 오일을 다시 175℃가 되도록 가열한 뒤 튀기도록 한다.

3. 뜨거울 때 찍어 먹을 소스로 레물라드를 곁들여 낸다.

튀김을 할 때는 넓고 속이 깊은 냄비를 사용하고 항상 적당량씩 덜어서 넣어야 한다. 나머지를 튀기는 동안 갓 튀겨낸 오크라를 따뜻하게 유지하고 싶다면 유산지를 깔지 않은 베이킹 시트에 담아서 80℃의 오븐에 넣어두자. 먹기 전까지 바삭바삭함이 유지될 것이다.

ROASTED OKRA
AND CAULIFLOWER SALAD
오크라 로스트와 콜리플라워 샐러드

미끈거리는 채소라고 해서 오크라를 굳이 피하지는 말자. 사실 점액질이라고 불리는 이 '미끈거림'은 씨앗 꼬투리를 둘러싸고 있다가 오크라를 썰 때 터져 나오는 것이다. 즉 오븐의 건조하고 강한 열에 오크라를 구우면 점액질이 최소화되어 부드러운 질감만 남는다. 여기에 쿠민을 가미하면 오크라와 콜리플라워에 알싸한 꽃향기를 더해서 말린 살구의 단맛과 훌륭한 조화를 이룬다.

분량 곁들임 6~8인분

작게 송이를 나눈 콜리플라워 1/2통
(약 280g) 분량

손질해서 길게 반으로 썬 오크라 225g

얇게 저민 말린 살구 5개 분량

오렌지 제스트 간 것 1개 분량(1작은술)

다진 구운 캐슈 1/4컵

올리브 오일 2작은술

생 오렌지 주스 1/2개 분량

쿠민 가루 1과 1/2작은술

소금 1작은술

1. 오븐을 200℃로 예열한다.

2. 베이킹 시트 하나에 콜리플라워를 담고 다른 베이킹 시트에 오크라를 담는다. 콜리플라워 위에 올리브 오일 1작은술을 두르고 쿠민 3/4작은술과 소금 1/2작은술을 뿌려서 골고루 버무린다. 오크라에도 오일 1작은술과 쿠민 가루 3/4작은술, 소금 1/2작은술을 뿌려서 골고루 버무린다. 두 재료가 서로 겹치지 않도록 한 켜로 잘 편다.

3. 둘 다 오븐에 넣고 오크라는 약 10분, 콜리플라워는 약 25분간 굽는다. 부드럽고 살짝 쪼글거리면서 가장자리가 살짝 노릇노릇해지면 다 익은 것이다. 대형 볼에 오크라를 넣고 이어서 콜리플라워가 다 익으면 마저 볼에 넣는다.

4. 말린 살구와 캐슈, 오렌지 제스트, 주스를 넣고 골고루 버무린다. (이 샐러드는 먹기 전까지 90℃의 오븐에서 따뜻하게 보관할 수 있다.)

5. 따뜻한 볼에 담아서 낸다.

오크라가 한창 제철인 늦봄에서 여름 사이에 만들면 좋은 레시피다. 가능한 작고 부드러운 오크라를 고르자. 오크라가 어리고 신선할 때는 윗부분도 충분히 먹을 수 있을 정도로 부드럽기 때문에 잘라낼 필요도 없다.

EDAMAME HUMMUS

풋콩 후무스

610 매그놀리아의 셰프 닉 설리번이 소갈비찜에 곁들일 반찬을 찾던 중에 떠올린 레시피다. 그 이후로 우리 레스토랑에서 가장 인기 있는 메뉴가 되었다. 갈비 그릴 구이와 햄 호크 외에도 천천히 익힌 육류 요리와 훌륭하게 어우러진다. 우리는 후무스를 곱게 갈지 않는다. 대신 거친 질감을 그대로 유지해서 풋콩의 맛이 제대로 느껴지게 한다. 생채소를 곁들여 내면 건강 간식이 된다.

분량 곁들임 6~8인분

1. 대형 냄비에 올리브 오일을 두르고 중간 불에 올려서 가열한다. 샬롯과 마늘을 넣고 부드러워질 때까지 약 2분간 볶은 뒤 풋콩을 넣고 2분 더 볶는다. 물과 타히니, 레몬즙, 간장, 소금, 쿠민을 넣고 잘 휘저은 다음 한소끔 끓인다. 6분간 천천히 뭉근하게 익힌다.

2. 냄비 속 내용물을 푸드 프로세서에 부어 걸쭉하고 거친 퓌레가 될 때까지 간다. 다시 냄비에 넣어서 아주 약한 불에 올려 먹기 전까지 따뜻하게 보관하거나 또는 실온으로 낸다.

곱게 다진 샬롯 1개 분량
곱게 다진 마늘 5쪽 분량
껍질을 벗겨 익힌 풋콩(설명 참조) 2컵
타히니(설명 참조, 252쪽) 1/2컵
올리브 오일 2큰술
물 1컵
생 레몬즙 1/2컵
간장 1큰술
쿠민 가루 2작은술
소금 2작은술

껍질을 벗긴 냉동 풋콩은 아시아 식품 전문점이나 고급 식료품점에서 구입할 수 있다. 이미 익혀서 바로 먹을 수 있는 상태로 판매한다. 다른 콩과 달리 대두는 냉동한 후에도 질감과 풍미가 그대로 유지된다.

COLLARDS AND KIMCHI

콜라드와 김치

가장 보람찬 음식은 가장 평범한 재료에서 복합적인 맛을 이끌어내는 요리다. 식초의 풍미와 짠맛이 느껴지는 콜라드 조림을 처음 맛봤을 때가 그랬다. 정말 놀라웠다. 비록 가난했을지라도 섬세함이 깃들어 있던 입맛에 깊은 인상을 남겼던 귀한 음식, 양배추 김치를 먹던 시절로 돌아가게 만들었기 때문이다. 나는 서로 다른 두 문화의 강렬한 풍미가 마치 서로에게 속하기라도 한 것처럼 어쩐 일인지 조화롭게 어우러지는 모습을 보는 것을 좋아한다.
콜라드와 김치는 양고기 로스트나 프라이드 치킨과도 아주 잘 어울린다.

분량 곁들임 6~8인분

씻어서 심을 제거하고 굵게 다진 녹색 콜라드 680g

적양배추 베이컨 김치 또는 시판 김치 다진 것(설명 참조) 1과 1/4컵(225g)

다진 컨트리 햄 1과 1/2컵(약 280g)

다진 양파 1컵

무염 버터 1큰술

라드 또는 베이컨 기름 1큰술

닭 육수 2와 1/2컵

간장 2작은술

사과 식초 1과 1/2큰술

1. 중형 냄비에 라드와 버터를 넣고 센 불에 올린다. 버터에 거품이 일기 시작하면 양파를 넣고 살짝 노릇해지기 시작할 때까지 5분간 볶는다. 이어서 햄을 넣고 바삭하지만 너무 갈색이 되진 않도록 3분간 볶는다. 콜라드와 닭 육수, 간장을 넣고 뚜껑을 닫은 뒤 가끔 휘저어가며 중간 불에서 약 30분간 익힌다. 콜라드의 맛을 본다. 부드럽지만 아직 질감이 살짝 남아 있는 정도면 된다.

2. 식초를 넣고 1분간 더 익힌다.

3. 김치를 넣고 골고루 버무린 뒤 즙까지 빠짐없이 담아서 바로 낸다.

아시아 식품 전문점에서 구입한 시판 김치를 사용한다면 잘 익은 것을 고르도록 하자. 배추가 거의 반투명해진 상태인지 잘 살펴보고 냄새도 맡아본다. 잘 익은 김치는 유리병 너머로도 톡 쏘는 신 냄새가 전해진다.

KABOCHA SQUASH MAC 'N' CHEESE

WITH PORK RIND CRUST

돼지 껍질 튀김 크러스트를 올린
단호박 맥앤치즈

맥앤치즈를 안 좋아하는 사람도 있을까? 내가 만든 맥앤치즈는 친숙해서 누구나 기분 좋게 먹을 수 있지만 아이들과 나눠 먹어야겠다는 생각이 들지 않을 만큼 우아하기도 하다. 돼지 껍질을 좋아하지 않는다면 빵가루를 토핑으로 대신해도 좋다. 하지만 세상의 맛있는 것을 탐지하는 능력이 있는 사람이라면 다시는 바삭한 토핑을 위해 빵가루를 찾지 않게 될 것이다. 이 책에는 돼지 껍질이 많이 나오지만(마치 내 인생과 같다) 아니, 솔직히 그렇지 않나? 내 마음에 쏙 드는 것을 찾았다면 거리낌 없이 열심히 써야 한다는 주의다. 프라이드 치킨에 곁들이거나 반찬을 다양하게 내고 싶은 모든 식사에 함께 차려보자.

분량 곁들임 8~10인분

단호박 1개(소, 약 680g)

엘보 마카로니 340g

샤프 체다 치즈 간 것 85g (부드러운 맛의 마일드 체다 치즈보다 오랜 기간 숙성하여 날카로운 톡 쏘는 맛이 강해진 체다 치즈 - 옮긴이)

콜비 치즈 간 것 85g

페코리노 로마노 치즈 간 것 85g

무염 버터 2큰술

잘게 부순 돼지 껍질 튀김(설명 참조) 5큰술

올리브 오일 2큰술

우유(전지유) 1과 1/2컵

닭 육수 1컵

검은깨 2작은술

넛멕 간 것 1/2작은술

코셔 소금과 검은 후추 갓 간 것

1. 오븐을 190℃로 예열한다. 깊이 10cm, 크기 23×30cm의 베이킹 그릇 또는 캐서롤에 버터를 골고루 바른다.

2. 단호박은 껍질을 벗기고 반으로 자른다. 씨와 막을 긁어내고 약 2.5cm 크기로 깍둑 썬다. 베이킹 그릇에 담고 올리브 오일을 둘러서 골고루 버무린 후 소금과 후추를 약간 뿌린다. 베이킹 시트에 한 켜로 펼쳐 담고 오븐에 넣어 포크로 찌르면 푹 들어갈 때까지 약 25분간 굽는다.

3. 그동안 대형 냄비에 소금 간을 가볍게 한 물을 한소끔 끓인다. 엘보 마카로니를 넣고 씹으면 살짝 저항감이 느껴질 정도로 8~10분간 삶고 채반에 부어서 흐르는 찬물에 식힌다. 따로 둔다.

4. 믹서에 익힌 단호박과 우유, 닭 육수, 치즈 3종, 버터를 넣고 강 모드로 곱게 갈아 퓨레를 만든다. 소금 2작은술, 후추 3/4작은술, 넛멕을 넣고 짧은 간격으로 여러 번 갈아서 잘 섞는다. 완성된 단호박 퓨레를 볼에 붓고 마카로니를 넣어서 잘 섞는다.

5. 호박 혼합물을 버터를 바른 베이킹 그릇에 붓고 돼지 껍질 튀김과 검은깨를 골고루 뿌린다. 알루미늄 포일을 덮어서 오븐에 넣어 20분간 굽는다.

6. 포일을 벗긴 뒤 윗면이 살짝 노릇해지고 바삭해질 때까지 25~30분 더 굽는다.

 돼지 껍질 튀김은 슈퍼마켓이나 주유소에서 구입할 수 있다. 푸드 프로세서에 한 봉지를 전부 붓고 1분간 갈거나 대형 볼에 넣고 손으로 잘게 부수자.

SPOON-BREAD WITH KALE AND BACON

케일 베이컨 스푼브레드

이름에서 알 수 있듯이 이 요리는 숟가락으로 먹는 것이 가장 좋으며, 뜨거울 때 먹어야 한다. 스푼브레드는 빵과 커스터드 중간의 요리로 길이 잘 든 무쇠 프라이팬이 필요한 음식 중 하나다. 무쇠 팬이 없으면 사실 제대로 만들기 어렵다. 그리고 큰 것 하나보다 지름 15cm 크기의 작은 무쇠 팬 여러 개를 사용하는 쪽이 더 맛있는 스푼브레드가 된다. 어쩌면 이 레시피가 작은 팬을 구입할 좋은 변명거리가 되어줄지도 모른다. 엄청 귀엽거든!

분량 15cm 크기 3개 또는 35cm 크기 1개, 최대 10인분

깍둑 썬 베이컨 225g

다진 양파 1/3컵

씻어서 심을 제거하고 굵게 다진 케일 110g

잘 푼 달걀 3개(대) 분량

녹인 무염 버터 2큰술, 조리용 여분

우유(전지유) 3컵

흰색 옥수수 가루 1과 1/4컵

베이킹 파우더 1과 3/4작은술

코셔 소금 1작은술

1. 대형 무쇠 프라이팬을 중강 불에 달궈서 베이컨을 넣는다. 기름이 녹아서 흐르고 베이컨이 살짝 바삭해질 때까지 약 2분간 구운 다음 양파를 넣어서 부드러워질 때까지 3분간 볶는다. 케일을 넣고 부드러워질 때까지 10분 더 볶고 불에서 내려 따로 둔다.

2. 오븐을 200℃로 예열한다.

3. 소형 냄비에 우유를 넣고 중간 불에 올려서 천천히 한소끔 끓을 때까지 가열한다. 옥수수 가루를 넣고 계속 휘저으면서 걸쭉해질 때까지 3~4분간 끓인다. 불에서 내리고 볼에 옮겨 담아 한 김 식힌다.

4. 옥수수 가루 볼에 달걀과 버터, 베이킹 파우더, 소금을 넣고 핸드 믹서를 이용하여 중간 속도로 6분간 잘 섞는다. 모든 재료가 고루 잘 섞이고 달걀 때문에 살짝 되직한 반죽이 되면 맞다. 베이컨과 케일을 넣어서 접듯이 섞는다.

5. 15cm 크기의 무쇠 프라이팬 3개에 버터를 1작은술씩 넣어 센 불에서 녹인다. 또는 35cm 크기의 무쇠 프라이팬 1개에 버터 2작은술을 넣고 센 불에서 거품이 일 때까지 2분간 녹인다. 뜨거운 프라이팬에 반죽을 붓고 오븐에 넣어 소형 팬 3개의 경우에는 15~18분, 대형 팬 1개의 경우에는 22~24분간 굽는다. 오븐에서 꺼내 팬째로 뜨겁게 낸다.

스푼브레드는 그대로 두면 가라앉으면서 질겨진다. 오븐에서 꺼내자마자 바로 식탁에 차려야 한다. 식고 난 후에는 다시 데워 먹기 힘들기 때문에 한 번에 먹을 수 있을 만큼만 만들기 권한다.

CREAMED CORN AND MUSHROOM CONGEE

크림드 옥수수 버섯 죽

내가 쌀을 좋아하는 것은 너무나 다양한 식감으로 조리할 수 있고, 그렇게 만든 게 다 맛있기 때문이다. 리소토처럼 천천히 익히면 쌀은 풍미를 흡수하면서도 살짝 씹히는 질감을 그대로 유지한다. 볶으면 겉은 바삭하지만 속은 폭신폭신하다. 하지만 가장 마음을 편안하게 달래는 형태는 쌀이 녹아서 크리미한 죽이 될 때까지 익히는 것이다. 죽은 전통적인 중국식 아침 식사 메뉴이지만 신선한 옥수수와 버섯을 넣으면 편안한 첫 번째 코스 메뉴 또는 매우 색다른 반찬으로 훌륭하게 즐길 수 있다.

나는 쌀쌀한 가을의 첫날, 이 죽에 버팔로 빌의 펌킨 에일을 한 잔 곁들여 먹는 것을 좋아한다.

분량 스타터 또는 곁들임 6인분

1. 대형 냄비에 쌀과 물, 피시 소스를 넣고 센 불에 올려 한소끔 끓인다. 약한 불로 줄이고 뚜껑을 반쯤 닫은 후 자주 휘저으면서 45분간 뭉근하게 익힌다.

2. 쌀 냄비에 옥수수와 버섯, 소금, 후추, 간장을 넣고 잘 휘저은 다음 20분 더 익힌다. 이때 쌀이 마르고 끈적끈적해 보이면 물을 조금 더 추가한다. 죽은 포리지(귀리에 우유나 물을 부어 걸쭉하게 끓인 음식 - 옮긴이)처럼 무르고 윤기가 흘러야 한다.

3. 죽이 완성되면 불에서 내리고 달걀을 넣어서 세차게 휘젓는다. 레몬 제스트와 즙, 생강, 마늘을 넣고 잘 젓는다.

4. 죽을 작은 그릇에 나누어 담는다. 참기름을 약간 두르고 으깬 땅콩을 뿌려서 뜨겁게 낸다.

재스민 쌀 3/4컵

옥수수 낱알 2컵

갓 부분만 손질해서 얇게 저민 표고버섯 110g

생 생강 간 것(그레이터 사용) 1작은술

마늘 간 것(그레이터 사용) 1쪽 분량

달걀 1개(대)

생 레몬즙과 제스트 1개 분량

물 8컵

간장 1/2작은술

피시 소스 1과 1/2작은술

소금 1과 1/2작은술

검은 후추 갓 간 것 1/4작은술

장식용 재료

참기름

으깬 땅콩

PARSNIP AND BLACK PEPPER BISCUITS

파스닙 검은 후추 비스킷

버터 향이 폴폴 풍기는 가볍고 맛있는 비스킷은 식사를 완성시키는 역할을 하지만 비스킷에 주로 곁들이는 그레이비 소스 한 국자가 없으면 조금 심심하게 느껴질 수 있다. 하지만 이 레시피로 만들면 그레이비 없이 내도 될 정도로 꽃향기와 맵싸한 맛이 복합적으로 어우러진 비스킷이 된다. 확실한 건 아침 식사용 비스킷은 아니다. 저녁 식사에 여럿이 함께 둘러앉은 자리에서 먹고 싶어진다. 녹인 버터를 곁들이거나 위에 꿀을 살짝 둘러 내자.

분량 비스킷 10~12개

파스닙 퓨레 재료

껍질을 벗기고 곱게 다진 파스닙 340g
무염 버터 2큰술
꿀 2큰술
버터밀크 1/2컵
물 1/2컵
코셔 소금 1/2작은술

비스킷 재료

잘게 썬 차가운 무염 버터 6큰술
밀가루(중력분) 2컵
베이킹 파우더 2와 1/2작은술
코셔 소금 1/2작은술
검은 후추 굵게 간 것 1/4작은술

곁들임용 녹인 버터 또는 꿀 적당량

1. 파스닙 퓨레를 만들자. 대형 프라이팬을 중간 불에 올리고 버터를 넣어서 거품이 일도록 녹인다. 파스닙을 넣고 골고루 노릇노릇하게 부드러워질 때까지 약 8분간 익힌다. 물을 부어서 바닥에 붙은 파편을 긁어낸 뒤 버터밀크와 꿀, 소금을 넣어 5분간 뭉근하게 익힌다.

2. 팬의 내용물을 믹서에 넣고 강 모드로 2분간 곱게 간다. 너무 되직하면 물을 조금 넣어 농도를 조절한다. 볼에 부어서 냉장고에 넣고 20분간 차갑게 식힌다.

3. 오븐을 200℃로 예열한 뒤 베이킹 시트에 유산지를 깐다.

4. 비스킷을 만들기 위해 대형 볼에 밀가루와 베이킹 파우더, 소금을 넣고 잘 섞는다. 차가운 버터를 넣고 손가락으로 재빠르게 문질러 섞는다. (또는 푸드 프로세서에 넣고 짧은 간격으로 10회 정도 돌려 크럼블 같은 형태가 되도록 한다.) 냉장고에 넣어서 약 10분간 차갑게 식힌다.

5. 차가운 파스닙 퓨레 1컵과 후추를 반죽에 넣고 섞일 만큼만 조심스럽게 치댄다. (남은 파스닙 퓨레는 덮개를 씌워서 냉장고에 1주간 보관할 수 있다.) 덧가루를 가볍게 뿌린 작업대에 반죽을 올리고 밀대에도 덧가루를 가볍게 뿌린 다음 반죽을 약 1.3cm 두께로 민다. 반죽 윗면에 덧가루를 가볍게 뿌리고 옆으로 3등분하여 접는다. 다시 반죽을 약 1.3cm 두께로 민 다음 5cm 크기의 원형 비스킷 커터로 10~12개 정도의 반죽을 찍어낸다. 찍어낸 반죽을 베이킹 시트 위에 2.5cm 간격으로 올린다.

6. 오븐에 넣고 노릇노릇해질 때까지 약 12분간 굽는다. 꺼내서 식힘망에 올려 2분간 식힌다.

7. 비스킷에 녹인 버터 또는 꿀을 둘러서 따뜻하게 낸다.

파스닙은 식료품 상점이나 농산물 시장에서 1년 내내 구할 수 있다. 단단하고 향이 좋은 것을 고르자. 냄새를 맡았을 때 감초 향이 살짝 감도는 꽃향기가 나야 한다. 봉지에 담겨 있다면 살짝 구멍을 내서 향을 맡아보자. 곰팡내가 쿰쿰하게 나는 파스닙은 피해야 한다.

LARDO CORNBREAD

라르도 콘브레드

때때로 우리 집에서는 콘브레드에 대한 논란과 토론이 펼쳐지곤 한다. 나는 반죽에 설탕을 넣지 말아야 한다고 알고 있다. 하지만 아내는 언제나 단수수 시럽이나 메이플 시럽을 두른다. "이건 넣는 게 아니니까 이야기가 다르잖아." 아내의 주장이다. 개인적으로 대부분의 콘브레드는 조금 퍼석하다고 생각해 반죽에 지방을 많이 넣기 때문에 설탕이 그리울 여지가 없다. "그건 반칙이야." 이것에 대해 마지막 콘브레드 한 조각을 입에 집어넣으며 아내가 말했다.
도무지 나는 이길 수가 없다.

분량 최대 10인분

깍둑 썬 **라르도**(설명 참조) 170g
(돼지 지방을 소금, 향신료 등에 염지해서 만든 이탈리아의 샤퀴테리 - 옮긴이)

달걀 3개(대)

달걀노른자 1개(대) 분량

옥수수 오일 1/4컵과 1큰술

버터밀크 2와 1/2컵

녹여서 식힌 무염 버터 4큰술

곁들임용 무염 버터 약간

숙성 샤프 체다 치즈 간 것 170g

노란 옥수수 가루 2컵

밀가루(중력분) 2컵

코셔 소금 1큰술

베이킹 파우더 1큰술

베이킹 소다 1큰술

1. 오븐을 200℃로 예열한다.

2. 대형 볼에 옥수수 가루와 밀가루, 소금, 베이킹 파우더, 베이킹 소다를 넣고 거품기로 잘 섞는다.

3. 중형 볼에 오일 1/4컵과 달걀, 달걀노른자, 버터밀크, 녹인 버터를 넣고 잘 섞는다. 달걀 볼에 가루 재료를 넣고 나무 주걱으로 잘 섞는다. 라르도와 치즈를 넣고 접듯이 섞는다.

4. 30cm 크기의 무쇠 프라이팬을 센 불에 올려서 아주 뜨겁게 달군다. 옥수수 오일 1큰술을 넣고 돌려서 바닥 전체에 두른 뒤 콘브레드 반죽을 붓고 센 불에서 2분간 굽는다.

5. 팬째 오븐에 넣고 칼로 가운데를 찔렀을 때 반죽이 묻어나지 않을 때까지 40분간 굽는다. 웨지 모양으로 썬 뒤 버터를 가볍게 발라 따뜻하게 낸다.

이름에서 알 수 있듯이 라르도를 사용하는 레시피지만, 나는 사실 숙성한 컨트리 햄에서 잘라낸 지방을 사용한다. 훈연 향이 돌면서 아름답게 녹아내리기 때문이다. 하지만 뭐가 되었든 반드시 염지 숙성된 지방만 사용한다면 다 좋다. 다만 베이컨 지방은 완전히 지글지글 녹아 다 사라지므로 사용하지 않는 것이 좋다.

CURRIED CORN GRIDDLE CAKES

WITH SORGHUM-LIME DRIZZLE

단수수 라임 드리즐을 두른
옥수수 커리 철판 케이크

옥수수와 커리는 내게 있어 무척 자연스러운 조합이고, 이 철판 케이크에서는 완벽한 조합이다. 신선한 여름 옥수수를 사용해 작은 팬케이크 같은 간식 안에 단맛이 터져 나오는 알갱이를 가득 채우는 것이 매우 중요하다. 채식 버전으로 만든 레시피이지만 돼지고기 소시지나 컨트리 햄을 반죽에 섞어 간단하게 변주할 수 있다. 저녁 식사 전에 간식으로 즐기거나 풍성한 메인 요리의 반찬으로 내보자.

분량 작은 철판 케이크 약 30개

1. 드리즐을 만들자. 소형 냄비에 버터를 넣고 불에 올려 완전히 녹인다. 단수수 시럽, 라임즙과 제스트를 넣어 잘 섞고 사용하기 전까지 따뜻하게 보관한다.

2. 옥수수 케이크를 만들기 위해 대형 무쇠 프라이팬을 중간 불에 올리고 버터를 넣어서 거품이 일 때까지 가열한다. 옥수수를 넣고 중강 불에서 부드러워질 때까지 약 4분간 익힌다. 볼에 옮겨 담고 한 김 식힌다.

3. 소형 볼에 옥수수 가루와 밀가루, 설탕, 커리, 소금, 검은 후추, 카이엔 페퍼, 베이킹 파우더, 베이킹 소다를 넣고 거품기로 잘 섞는다. 다른 중형 볼에 버터밀크와 달걀을 넣고 거품기로 잘 섞은 뒤, 앞의 가루 재료 섞은 것을 넣어 거품기로 잘 섞는다. 옥수수와 실파를 넣고 접듯이 섞는다.

4. 대형 프라이팬에 옥수수 오일 1작은술을 두르고 중간 불에 올린다. 옥수수 케이크 반죽을 1큰술 정도 떠서 팬에 넣고 중간에 한 번 뒤집어가면서 앞뒤로 노릇하고 바삭해질 때까지 한 면당 약 2분씩 굽는다. 꺼내서 종이 타월에 얹어 기름기를 제거하고 베이킹 시트에 담아 90℃의 오븐에 넣어 따뜻하게 보관한다. 나머지 옥수수 케이크도 같은 방법으로 굽는다.

5. 옥수수 케이크를 접시에 담고 따뜻한 단수수 라임 드리즐을 둘러 낸다.

드리즐 재료

무염 버터 2큰술
단수수 시럽 1/2컵
라임즙과 제스트 1개 분량

옥수수 케이크 재료

생 옥수수 낟알 1과 1/2컵(2대 분량)
다진 실파 6대 분량
달걀 2개(대)
무염 버터 2큰술
조리용 옥수수 오일 적당량
버터밀크 1과 1/4컵
옥수수 가루 1컵
밀가루(중력분) 1/2컵
설탕 1큰술
마드라스 커리 파우더 1과 1/2작은술
카이엔 페퍼 1/4작은술
베이킹 파우더 1/2작은술
베이킹 소다 1/4작은술
소금 1작은술
검은 후추 갓 간 것 1/2작은술

WTF POTATO SALAD

'미친 이거 뭐야' 감자 샐러드

내 이웃이자 신뢰할 수 있는 시식단인 스티븐이 지어준 이름이다. 나는 한두 입 먹고 나면 흥미가 떨어지는 단순한 감자 샐러드를 좋아하지 않는다. 오늘은 건강하게 채소만 먹고 싶은데, 그렇다고 너무 건강하기만 하고 지루한 식사를 할 생각은 없는 날의 저녁을 위해 만들어낸 레시피다. 스티븐을 초대했고 그는 내 새로운 감자 요리를 맛보기 위해 와인잔을 한 손에 들고 찾아왔다. 아직 이름을 정하지 못한 상태였는데, 그는 한 입 먹자마자 "미친 이거 뭐야, 맛있는데!" 하고 소리쳤다. 이 감자 샐러드의 이름은 그렇게 정해졌다.

구운 햄이나 스테이크에 곁들여 내자.

분량 곁들임 6인분

드레싱 재료

다진 마늘 2쪽 분량

마요네즈(듀크 추천) 3/4컵

디종 머스터드 2작은술

사워크림 2큰술

생 레몬즙 2와 1/2큰술

핫 소스(내가 제일 좋아하는 브랜드는 텍사스 피트다) 5방울

파프리카 가루 1/2작은술

쿠민 가루 1/2작은술

천일염 1/4작은술

검은 후추 갓 간 것 1/2작은술

감자 샐러드 재료

곱게 깍둑 썬 컨트리 햄 170g

잘 문질러 씻은 핑거링 감자 900g
(다 자란 후에도 길고 작고 뭉뚝한 모양의 감자 품종 - 옮긴이)

얇게 송송 썬 표고버섯 110g

심과 씨를 제거하고 길게 썬 빨강 파프리카 1개 분량

심과 씨를 제거하고 길게 썬 노랑 파프리카 1개 분량

1. 드레싱을 만들자. 볼에 모든 재료를 넣고 거품기로 잘 섞는다. 덮개를 씌워서 사용하기 전까지 냉장고에 보관한다.

2. 감자 샐러드를 만들기 위해 먼저 중형 냄비에 달걀을 넣고 실온의 물 4컵을 부어서 중강 불에 올린다. 잔잔하게 한소끔 끓으면 그때부터 12분간 달걀을 삶는다. 달걀을 건져서 흐르는 찬물에 차갑게 식힌다. 껍질을 조심스럽게 벗겨서 찬물이 담긴 볼에 넣고 사용하기 전까지 냉장고에 보관한다.

3. 그동안 소형 프라이팬에 올리브 오일을 두르고 중간 불에 올린다. 버섯과 간장, 후추를 넣고 계속 휘저으면서 버섯이 숨이 죽고 노릇노릇해질 때까지 6~8분간 볶는다. 접시에 옮겨 담아 보관한다.

4. 대형 냄비에 물 8컵과 소금을 넣은 뒤 감자를 담고 센 불에 올려 한소끔 끓인다. 감자를 이쑤시개로 찔렀을 때 부드럽지만 살짝 단단한 정도가 될 때까지 16분간 삶는다.

가능하면 하루 전에 만들어 유리 용기에 담고 뚜껑을 단단히 닫아서 냉장고에 하룻밤 동안 보관하자. 그리고 먹기 전에 꺼내서 실온으로 되돌린다. 하룻밤이 지나는 동안 드레싱이 채소에 스며들어 맛이 훨씬 조화로워진다.

5. 불에서 내리고 감자 냄비에 깍지 완두콩을 넣는다. 2분간 실온에 그대로 둔 다음 감자와 깍지 완두콩을 채반에 밭쳐 흐르는 찬물에 차갑게 식힌다.

6. 감자를 한 입 크기로 썰어 대형 볼에 넣는다. 깍지 완두콩과 표고버섯, 햄, 파프리카, 셀러리, 오크라 피클을 넣는다. 드레싱을 채소가 적셔질 정도로 두르고 조심스럽게 버무린다. 맛을 보고 소금과 후추로 간을 맞춘다.

7. 대형 접시에 샐러드를 담고 반으로 자른 완숙 삶은 달걀을 얹어 낸다.

얇게 송송 썬 셀러리 2대 분량

얇게 송송 썬 오크라 피클
(코르니숑 7개로 대체 가능) 4개 분량

깍지 완두콩 110g

달걀(유기농 권장) 2개(대)

올리브 오일 2작은술

간장 1작은술

천일염 1큰술(취향껏)

검은 후추 갓 간 것 1/4작은술(취향껏)

BUTTER BEANS

WITH GARLIC-CHILE AND CELERY LEAVES

마늘 고추 셀러리 잎을 가미한 흰강낭콩

내가 가장 좋아하는 콩 레시피다. 여름 내내 이것만 먹으면서 살 수도 있다. 냉동 콩이나 통조림 콩은 사용하지 말자. 수확 직후의 은은한 풍미가 사라져버린 상태이기 때문이다. 신선한 흰강낭콩을 구할 수 없다면 어린 리마 콩을 사용해도 좋다. 다만 두 콩이 같은 종류라고 생각해서는 안 된다.

이 요리에 어울리는 훌륭한 페어링은 풀바디 베르멘티노로, 내가 특히 좋아하는 선택지는 라 스피네타La Spinetta의 와인이다.

분량 곁들임 또는 첫 번째 코스 4인분

다진 베이컨 1/4컵

껍질을 벗긴 흰강낭콩 450g

다진 양파 1컵

곱게 다진 토마토 1컵

다진 마늘 1쪽 분량

셀러리 잎(설명 참조) 1줌(소)

닭 육수 1컵

물 1컵

사과 식초 2작은술

생 레몬즙 여러 방울

무염 버터 1큰술

레드 페퍼 플레이크 1/4작은술

소금과 검은 후추 갓 간 것 약간

1. 대형 냄비에 베이컨을 넣고 중간 불에 올려서 기름이 녹아나올 때까지 약 3분간 굽는다. 양파, 토마토, 마늘을 넣고 잘 섞어가며 5분간 볶는다.

2. 흰강낭콩과 닭 육수, 물, 식초, 레드 페퍼 플레이크, 버터를 넣고 한소끔 끓인다. 불 세기를 줄이고 가끔 휘저으면서 콩이 부드러워질 때까지 약 30분간 뭉근하게 익힌다.

3. 소금과 후추로 간하고 레몬즙을 넣는다. 그릇에 나누어 담고 셀러리 잎을 얹어 낸다.

셀러리 잎을 가니시로 사용할 때는 한 단 중 가장 옅은 색을 띠고 부드러운 것을 골라야 한다. 향이 짙으니 적당량만 사용하도록 하자. 줄기에 달린 채로 두었다가 식탁에 내기 직전에 따는 것이 좋다.

SOFT GRITS

부드러운 그리츠

주로 나는 테네시 주의 앤슨 밀스에서 밀가루를 구입하는데, 다음은 앤슨 밀스에서 제안하는 레시피를 보고 고안해낸 것이다. 모든 그리츠(옥수수가루를 물이나 우유로 익혀서 죽처럼 만드는 요리 - 옮긴이)는 익는 속도와 스타일이 다르기 때문에 어떤 브랜드의 제품을 구입했느냐에 따라 조리 시간을 조절해야 한다. 다행인 점은 그리츠를 망치는 일은 애초에 거의 불가능하다는 것이다. 원하는 질감이 될 때까지 계속 액상 재료를 첨가하면서 익히면 된다. 하지만 너무 끈적끈적하게 익히면 맛이 좋지 않으니 주의하자. 나는 그리츠에 치즈를 넣지 않지만 원한다면 내기 직전에 좋아하는 체다 치즈를 몇 작은술 정도 갈아서 넣어도 좋다. 남은 그리츠는 하룻밤 동안 보관할 수 있다. 다시 데울 때는 물을 소량 넣고 소금 간을 맞추는 것을 잊지 말자.

분량 곁들임 4인분

1. 중형 냄비에 물을 붓고 중간 불에 올려서 약 3분간 가열해 한소끔 끓인다. 그리츠를 넣고 나무 주걱으로 계속 휘저으면서 6분간 익힌다. 약한 불로 줄이고 딱 맞는 뚜껑을 닫는다.

2. 소형 냄비에 닭 육수를 넣고 따뜻하게 데운다. 8~10분 간격으로 그리츠 냄비의 뚜껑을 열고 닭 육수 1/2컵을 넣어서 잘 섞는 것을 닭 육수를 전부 사용할 때까지 반복한다. 35분 후 그리츠의 상태를 확인한다. 너무 곤죽 같지 않고 부드럽고 매끄러운 상태여야 한다. 우유를 넣고 10분 더 익힌다. 나는 살짝 흐르는 질감의 그리츠를 선호하지만 그건 철저히 개인의 취향이다. 원하는 질감이 될 때까지 조리한다.

3. 불에서 내린다. 소금과 후추로 간을 맞춘다. 차가운 버터와 간장을 넣어서 나무 주걱으로 잘 섞은 다음 바로 낸다.

앤슨 밀스 굵은 그리츠(295쪽 구입처 참조) 1/2컵(85g)

작게 깍둑 썬 차가운 무염 버터 2큰술

닭 육수 1과 1/2컵

우유 1/2컵

물 1컵

간장 2작은술

고운 천일염 약간

검은 후추 갓 간 것 1/4작은술

BOURBON-GINGER-GLAZED CARROTS

버번 생강 글레이즈드 당근

나는 레시피 이름에 생강이 들어가면 제대로 생강 맛이 나야 한다고 생각하는 사람 중 하나다. 세상에 신선한 생강을 대체할 수 있는 재료는 없고, 그래서 이 레시피에도 신선한 생강을 듬뿍 넣는다. 버번과 황설탕을 넣어서 따뜻하게 데우면 생강 향이 두드러지며 두툼한 립아이 스테이크나 천천히 익힌 브리스킷과 잘 어울리는 당근 요리가 완성된다. 아시아 향신료가 남부의 풍미와 어떻게 조화롭게 어울릴 수 있는지 보여주는 훌륭한 예시다.

분량 곁들임 4~6인분

대형 프라이팬에 버터를 넣고 센 불에 올려서 데운다. 당근을 넣고 살짝 부드러워질 때까지 약 6분간 볶는다. 황설탕과 생강을 넣고 설탕이 녹을 때까지 약 2분간 휘저어가며 익힌다. 버번 위스키와 오렌지 주스를 부어서 바닥에 눌어붙은 부분을 긁어낸다. 당근을 포크로 찌르면 푹 들어가고, 국물은 졸아서 시럽처럼 될 때까지 6~8분간 익힌다. 소금과 후추로 간을 해서 낸다.

길게 반으로 자른 어린 당근 450g 또는 약 0.5cm 두께로 둥글게 송송 썬 큰 당근(설명 참조) 450g(약 5개)

껍질을 벗기고 곱게 다진 생 생강 (설명 참조) 3큰술

생 오렌지 주스 1개 분량

버번 위스키 3큰술

무염 버터 4큰술

황설탕 1/4컵

소금 2작은술

검은 후추 갓 간 것

이 레시피에는 어린 유기농 당근의 크기와 질감이 제일 잘 어울린다. 섬벨리나 당근Thumbelina carrots (모양이 작고 통통하며 부드럽고 달콤한 당근 품종 - 옮긴이)이 최적의 선택지일 것이다. 풍미가 짙고, 농산물 마켓에서 볼 수 있는 것 중에 가장 예쁜 당근이다.
생강을 다질 때 칼로 써는 것이 힘들다면 그레이터를 사용해보자.

FRIED GREEN TOMATO-CILANTRO RELISH

녹색 토마토 튀김과 고수 렐리쉬

렐리쉬의 다재다능함에 한계란 없다. 사실 여기에는 특별히 무엇을 함께 먹으라고 추천해야 할지 모르겠는데, 그 목록이 끝도 없기 때문이다. 브리스킷과 차가운 고기 요리, 데친 새우, 심지어 버터를 약간 바른 토스트와 함께 먹어보자. 토마토를 먼저 튀긴 덕분에 깊이 있는 맛이 더해져 이 자체만으로도 거의 한 끼 식사가 된다. 나는 짭짤한 감자칩과 맥주만 곁들여도 전혀 후회하지 않을 거라는 사실을 알고 있다. 원한다면 두 배로 늘려서 만들어보자. 냉장고에서 보름 정도는 보관할 수 있다.

분량 약 2컵

올리브 오일 1/4컵

0.5cm 두께로 저민 녹색 토마토 1.13kg

다진 양파 1/2컵

다진 마늘 2쪽 분량

다진 생 고수 3큰술

디종 머스터드 1큰술

셰리 식초 1/2작은술

설탕 1작은술

펜넬 가루 1/2작은술

쿠민 가루 1/2작은술

소금 1과 1/4작은술

검은 후추 갓 간 것 1/2작은술

1. 대형 프라이팬에 올리브 오일 1작은술을 두르고 센 불에 올려서 달군다. 녹색 토마토를 적당량씩 넣어서 한 켜로 깐 다음 한 면당 약 2분씩 튀긴다. 필요하면 중간에 올리브 오일을 더 두르고 접시로 옮겨 담는다.

2. 모든 토마토를 튀긴 뒤 남은 올리브 오일을 팬에 붓고 양파와 마늘을 넣어 약한 불에서 양파가 반투명하고 부드러워질 때까지 약 4분간 익히고 불에서 내린다.

3. 튀긴 토마토를 곱게 다져서 중형 볼에 넣는다. 양파와 마늘을 넣고 섞은 다음 고수, 머스터드, 식초, 설탕, 펜넬, 쿠민, 소금, 후추를 넣고 마저 섞는다. 이 렐리시는 밀폐용기에 담아서 냉장고에 2주간 보관할 수 있다.

나는 고수를 다질 때 잎과 줄기를 모두 사용한다. 남은 고수는 줄기째 물을 담은 컵에 꽂아서 냉장고에 넣으면 1주간 신선하게 보관할 수 있다.

편집자

에스네 클라크Ethne Clark를 처음 만난 것은 〈오가닉 가드닝〉에 칼럼을 써 달라는 요청을 받았을 때였다. 그는 계절에 대한 변함없는 사랑과 헌신의 마음으로 잡지를 통째로 채소에 헌정하는 사람이다. '레시피 하나랑… 대충 이 음식을 왜 좋아하시는지 몇 줄 써주세요'라는 식의 칼럼 요청이 아니었다. 셰프로 일하면서 채소에 대한 나의 사랑을 25자로 줄여달라는 요청은 수없이 받아봤다. 그런데 여기 이 사람은 나에게 800자를 제시했다. 에스네는 내게 겨울 시금치에 대한 이야기를 들려달라고 했다. 첫 번째 칼럼을 보낸 지 일주일 후 그는 나에게 전화를 걸어와 그다음 해에 이 이야기를 시리즈로 써줄 수 있겠느냐고 요청했다. 그를 위해, 또 우리 뒷마당과 농지에서 자라는 무한한 작물에 대해 글을 쓸 수 있게 되어 영광이었다.

"역사적으로 구대륙에서 채소와 과일은 '차고 습한 것'으로 여겨 신체 컨디션의 불균형을 초래하고 건강을 해칠 수 있는 재료라고 생각했습니다. 하지만 계몽주의 시대가 열리고 17세기에 신대륙의 농산물이 유입되어 지친 유럽인의 입맛과 정원에 활기를 불어넣으면서 상황이 바뀌었지요. 육류를 많이 먹던 가정에서도 채소가 독립된 메인 코스로 자리 잡았고, 육류는 반찬이 되었습니다. 갑자기 유행을 탄 시골 빈민의 식단은 우리 건강에도 좋은 것이었죠. 엘리자베스 시대의 철학자 프랜시스 베이컨 경은 "전능하신 신이 처음으로 정원을 심었고, 이는 참으로 인간의 가장 순수한 즐거움이다."라고 썼습니다. 수 세기 동안 우리는 텃밭에서 양배추를 가지런히 줄지어 가꾸고 당근을 부드럽게 솎아내고 허브를 뽑아 입맛을 되살리고 연말이면 수확물을 거두며 위안을 얻었습니다. 잘 살아온 삶에 대한 은유이지요."

—에스네 클라크,
〈오가닉 가드닝〉 편집자

BOURBON & BAR SNACKS

버번과 안주

독감이 나으려면 모자 하나를
침대 기둥에 걸어두고 두 개로
보일 때까지 위스키를 마신다.
— 켄터키의 오래된 민간 요법

일요일에 죄를 짓고 일요일에 회개하라. 가슴에 새겨야 할 말이다.
루이빌에서 가장 중요한 토요일은 켄터키 더비가 열리는 날이자
나를 처음 이곳으로 이끈 날이기도 하다.
행운이 탄생하고 동시에 가슴 아픈 일이 잔뜩 일어나는 날이다.
일주일 내내 폭식과 음주, 도박, 자부심에 충만한 욕망 등 기대할 수 있는
온갖 종류의 문제가 줄지어 발생하며, 나를 비롯한 대부분의 루이빌 사람들을
절정으로 이끌어 1년 중 최고의 주말을 맞이하게 한다.
대화를 나누는 사람 누구나 각자가 좋아하는 말에 대해 모르는 바가 없다.
모두가 술 한 잔을 대가로 팁을 주고받는다.

더비는 스포츠 이벤트이면서 파티이기도 해서 어디를 가나 이상한 모자와 시어서커 수트가 보이고, 종료 직후에는 도시 곳곳에 낙점된 표딱지가 색종이 조각처럼 흩뿌려져 있다. 익숙한 나팔 소리가 더비의 시작을 알릴 때쯤이면 대부분의 사람들은 보통 사람이 한 달 동안 마시는 것보다 더 많은 술과 베이컨을 먹어 치운 상태다. 버번 위스키가 없다면 더비는 진정한 더비가 될 수 없다. 전통적으로는 민트 줄렙을 마신다고 하지만 사실 대부분의 현명한 술꾼들은 백랍 컵에 담긴 민트 줄렙을 의무적으로 마신 다음, 숙성시킨 버번 위스키에 얼음과 물을 섞은 조금 더 문명화된 칵테일로 돌아선다. 버번의 역사와 전설은 켄터키의 정체성에 깊이 뿌리내리고 있어 어느 것이 먼저라고 말하기 어려울 정도다. 위스키는 담배와 말(첫 더비가 개최된 것은 1875년이다)과 함께 켄터키 주의 생계와 정체성의 근간이 되어왔다. 이제 담배 농사는 쇠퇴의 길을 걷고 있고, 우위를 차지했던 말 산업에 있어서도 루이지애나와 펜

실베이니아 같은 주에 자리를 내주고 있다. 하지만 버번만큼은 그 자리에 계속 남아 있다. 켄터키는 여전히 전 세계 버번 위스키의 95% 이상을 생산하고 있으며 1999년 이후에는 생산량이 두 배 이상 증가했다. 켄터키 주와 가장 밀접하게 연관된 증류주가 바로 버번이다. 전 세계를 여행하면서 아주 멀리 떨어진 곳에도 가봤지만, 사람들에게 켄터키 출신이라고 말하면 다들 가장 먼저 프라이드 치킨을 언급한다! 두 번째는 더비다. 그리고 세 번째는 항상 밝은 미소를 동반하는 버번 위스키다.

어떤 버번이 최고의 버번인지에 대해서는 많은 논쟁이 있다. 버번이 오래될수록 증발로 인해 손실된 액체가 많아지고(이를 '천사의 몫'이라고 부른다) 가격은 높아진다. 하지만 그렇다고 해서 반드시 최고의 버번이 되는 것은 아니다. 도수는 어느 정도가 되어야 하는지, 배럴은 햇빛을 얼마나 쬐어야 하는지, 어떤 물을 사용해야 하는지 등에 대한 토론은 순식간에 논쟁으로 변한다. 그리고 논쟁은 곧

불화가 된다. 모든 버번 제조업체는 다른 버번을 마시는 것이 시간 낭비인 열 가지 이유를 제시할 수 있다. 내가 50여 개에 이르는 주요 버번 브랜드의 버번을 전부 마셔보는 데에는 제법 오랜 시간이 걸렸다. 나는 갈트 하우스 꼭대기에 있는 오래된 'D.마리'D.marie에서 버번 진열대를 따라 한 모금씩 마셔보며 몽롱한 오후를 보냈다. 잿더미에서 구해낸 희귀한 스티첼 웰러Stitzel-Weller 버번을 맛보기 위해 50달러를 지불하기도 했다. 살짝 홀짝여본 다음 순간 한 모금을 꿀꺽 마시고 말았다. 남북 전쟁에서 남군이 소리쳤던 것처럼 발을 구르며 신나게 소리를 질렀고, E. H. 테일러 대령Col. E. H. Taylor의 거만한 태도에 대해 잘난 척하며 훈수를 뒀다. 버번 위스키의 성배인 패피 반 윙클Pappy Van Winkle 23년산도 마셔봤고, 자격 없는 제자처럼 한 모금만 더 달라고 애원하기도 했다. 위스키를 마시는 것은 값싼 노력으로 할 수 없는 일이다. 게다가 나만의 확고한 의견을 가지려면 몇 년이 걸린다. 8년간 꾸준히 버번 위스키를 마신 끝에 나는 나름의 결론에 도달했다. 나는 내 마음에 들지 않는 버번 위스키를 본 적이 없다고. 내가 절대 마시지 않는 와인은 많고, 너무 끔찍해서 이름도 거론하고 싶지 않은 맥주도 있다. 당나귀 엉덩이 같은 맛이 나는 스카치 위스키도 만나봤고 아내의 향수를 들이켜는 것 같은 기분이 들게 하는 진도 있었다. 보드카는 맛이랄 것이 거의 없지만 가향을 하면 이야기가 좀 다른데, 그러면 화학 약품 같은 맛이 난다. 데킬라의 맛은 좋아하지만 마시기 시작하면 항상 맛보게 되는 바닥의 맛은 좋아하지 않는다. 코냑은 맛있지만 너무 비싸고 럼은 디저트를 떠올리게 한다. 그러니 내 입엔 버번이 딱이다.

버번은 주로 옥수수를 사용하는 중성 곡물 알코올로 시작해서 내부를 까맣게 태운 오크통에서 숙성시킨다. 내가 생각하는 버번의 이치는 다음과 같다. 어떤 중성 알코올이든 까맣게 그을린 오크통에 넣고 몇 년 동안 숙성시키면 최소한 즐겁게 마실 수 있다. 물론 훈연 향이 강한 버번, 캐러멜 향이 강한 버번, 향나무 향이 강한 버번 등의 특징이 있긴 하지만 이는 개인 취향의 차이일 뿐이다. 아무리 지독하게 상업적으로 만든 버번이라 하더라도 나는 마음에 든다. 단 한 번도 외면한 적이 없다. 자주 듣는 질문인 "가장 좋아하는 버번 위스키는 무엇인가요?"에 대한 답은 다음과 같다. 지금 내가 손에 들고 있는 것.

그 이유는 이 갈색 술에 대한 단순한 개인적인 선호도를 넘어선다. 버번 증류소는 버번이라 불리는 위스키의 품질을 보존하고 보호하기 위해 집단적인 노력을 기울여왔다. 스코틀랜드의 '스카치'나 프랑스의 '샴페인'처럼 '버번'이라는 단어는 켄터키와 애팔래치아 지역의 구릉지에 뿌리를 두고 전통을 이어온 오랜 귀한 역사를 지니고 있으며, 그 이름을 팔아먹을 방법을 찾아 고혈을 빨아먹으려는 사람은 항상 수없이 존재해왔다. 지금도 끊임없이 계속되는 싸움이다. 현재 라벨에 '버번'이라는 단어를 사용하는 것은 법에 의해서 엄격하게 통제되고 있으며, 덕분에 병에 담을 수 있는 위스키의 최고 수준의 기준을 상징할 수 있게 됐다. 모든 버번은 위스키이지만 모든 위스키가 버번인 것은 아니다.

나에게 최고의 일요일은 언제나 새해 첫 일요일이다. 이날이 되면 나는 반드시 뉴 시온 침례교회의 A. 러셀 어카드 목사의 설교를 들으러 간다. 한 해를 시작하는 좋은 방법이다. 러셀 목사는 내 친구이자 헌신적인 미식가다. 그는 대부분의 키가 큰 남자들이 그러하듯 사람들이 하는 말을 잘 들을 수 있도록 약간 앞으로 몸을 숙이고 다닌다. 그리고 매우 부드럽고 신중한 목소리로 말하기 때문에 우리도 앞으로 숙여 듣게 되어서, 그가 말하는 모든 것이 더 중요하게 들린다. 그의 설교를 들으면 혈류에 짜릿한 전기가 통하는 느낌을 받는다. 모든 단어는 신중하게 선택된 것이다. 하지만 모든 위대한 연설가가 그렇듯이 공감을 불러일으키는 것은 그 단어의 전달력과 무게감이다. 어카드 목사의 온화한 태도는 꾸준히 리듬을 타며 사랑과 화합, 자선이라는 공동의 환희가 치솟아 오르게 한다. 그 사이에 오르간이 울리고, 합창단은 너그러워진 영혼을 담아 박수를 친다. 이 경험을 말로 설명하려는 것은 이를 비하하는 것이나 마찬가지다. 남부의 풍성한 전통은 너무나 강력하고 역사가 유구해 마치 역사로 통하는 창이라도 되는 것처럼 그에 이끌리게 된다.

나는 종교인이 아니지만 신념을 믿는다. 공동체를 믿는다. 어카드 목사는 매주 일요일마다 공동체의 믿음을 회복시킨다. 처음 그의 교회에 들어섰을 때 나는 내가 공유받지 못한 어려움과 역사를 겪은 공동체에서 눈에 띄는 존재가 되는 것이 긴

장되었다. 남들과 다르다는 것, 외부인이 들여다보는 시선에 대해 긴장했다. 하지만 사실 들여다보는 외부인은 나였다. 이때 평생 누구와도 대화하는 것을 불편해 한 적이 없는 아내가 나와 함께해준 것이 큰 도움이 되었다. 모두가 얼마나 관대하게 우리를 대해주는지, 그리고 나의 불안감을 파악하고 실제로 내 마음을 편안하게 해주기 위해 얼마나 노력하는지, 그 모습을 보고 깊은 감동을 받았다. 공동체를 이루는 모두가 나를 무척이나 환영해서 첫 설교가 끝날 무렵에는 나 또한 박수를 치며 "아멘"을 외치고 있었다.

나는 내 마음에 들지 않는 버번 위스키를 본 적이 없다.

전통에 따라 우리는 일요일 예배 후에 루이빌 최고의 소울 푸드 레스토랑으로 꼽히는 프랑코스Franco's에서 식사를 한다. 소스를 바른 돼지고기와 훈연한 콩, 족발, 간과 양파, 콜라드 조림, 그리고 마을에서 가장 짜고 맛있는 프라이드 치킨을 마음껏 먹는다. 레스토랑에는 단순한 손님이 아니라 친구와 가족들로 가득 차 있다. 많은 전통으로 함께 묶인 사이이지만 그중에서도 가장 강력한 전통은 좋은 음식을 사랑하는 것이다. 프랑코스에서 식사를 할 때면 언제나 가족 식사 자리에서 장난을 치는 아이들의 웃음소리가 들리는데, 그럴 때마다 어렸을 때 우리 가족이 한국 식당에서 식사를 하던 모습이 떠올라 깜짝 놀란다. 항상 같은 메뉴를 주문하기 때문에 아무도 메뉴판을 보지 않고, 식당에 있는 모든 사람이 아는 사이이기 때문에 아이들은 자유롭게 돌아다닐 수 있다. 그리고 아무리 음식이 맛있어도 누군가는 항상 무언가에 대해 불만을 제기한다. 이런 비슷한 점들이 나를 슬며시 웃게 한다.

그리고 음식이 있다. 아주 다르지만 마음을 위로받는 느낌과 그 짠맛, 매운맛, 단맛은 모두 익숙한 감각이다. 남부의 소울 푸드를 먹고 자라지는 않았지만 따뜻한 콜라드 한 그릇과 삶은 갈비 한 접시가 어쩌면 이렇게 다 잘될 것 같은 기분이 들게 하는지 나는 이해할 수 있다. 그리고 나는 언제든지 내 수비드 서큘레이터를 짭짤하고 바삭한 프라이드 치킨이 담긴 스티로폼 용기와

바꿀 의향이 있다. 프랑코스에서 처음 식사를 한 순간은 오랫동안 마음 한구석에 묻어두었던 자국 문화의 요리에 대한 기억을 되찾게 해주는 시작이기도 했다. 어린 시절에 먹었던 모든 음식의 이미지와 소울 푸드의 문화적인 복합성을 겹쳐 보기 시작했고, 그러자 이미지 위에 투사지를 깔고 같은 곡선을 그려 나가는 것처럼 예상치 못했던 평행선이 보이기 시작했다. 할머니가 만일 살아 계셨다면 당장이라도 할머니의 음식이 얼마나 그리운지 말씀드리고 싶다. 하지만 동시에 한 소울 푸드 레스토랑과 미국 남부의 가장 엉망일 주방에서 할머니의 영혼을 찾았다고도 이야기하고 싶다. 죽 한 그릇과 그리츠 한 그릇 사이에는 그리 큰 차이가 존재하지 않는다고.

나는 프랑코스에서 밥을 먹을 때마다 프라이드 치킨과 콩, 콜라드 그린, 족발, 그리고 일요일에 나오는 스페셜 메뉴로 배를 채운다. 과하게 단 아이스티를 마시면서 분홍색 천을 씌운 부스에 기대어 '아, 버번 아이스티를 곁들일 수 있다면 얼마나 좋을까?' 하고 생각하곤 한다. 하지만 오늘은 일요일이니까. 일요일은 버번을 마시지 않는 날이다. 그날은 천국의 몫이므로.

JALAPEÑO-SPIKED BOURBON JULEP

할라페뇨 버번 줄렙

민트 줄렙은 더비 축제의 일부로 모두가 이 의식에 참여한다. 하지만 솔직히 말해서 내가 마셔본 대부분의 줄렙은 지나치게 달고 텁텁해서 다 마시기는 힘들었다. 그래서 내 나름의 줄렙을 만들었다. 초록빛에 민트 향이 나고 마지막에 매콤함을 가미해 한 모금 더 마시고 싶어지는 맛이다. 백랍 또는 은색 줄렙 컵에 담아서 목련 나무가 있는 베란다에 앉아 마셔보자.

분량 1잔

생 민트 잎 4~6장, 장식용 1줄기
장식용 저민 할라페뇨 1조각
할라페뇨 심플 시럽(이어지는 레시피 참조) 28g
으깬 얼음
버번 위스키 70g
클럽 소다 약간

줄렙 컵 바닥에 민트 잎을 넣고 심플 시럽을 부은 다음 나무 머들러나 나무 주걱으로 가볍게 잎을 으깬다. 으깬 얼음을 컵에 2/3 정도로 채운다. 버번 위스키를 붓고 조심스럽게 저은 다음 다시 으깬 얼음을 가득 채운다. 클럽 소다를 약간 붓는다. 민트 줄기와 할라페뇨 조각으로 장식해서 바로 낸다.

할라페뇨 심플 시럽

분량 1과 1/2컵

씨째 다진 할라페뇨 2개 분량
물 1컵
설탕 1컵

1. 소형 냄비에 물과 설탕, 할라페뇨를 넣고 한소끔 끓이면서 잘 휘저어 설탕을 녹인다. 불에서 내린 다음 20분간 실온에서 재운다.

2. 체에 걸러서 한 김 식힌 뒤 밀폐용기에 담아서 냉장고에 보관한다.

할라페뇨 시럽은 냉장고에서 영원히 보관할 수 있다. 다른 칵테일에 넣어도 맛있는데, 과일 샐러드에 두르면 매콤한 맛을 가미할 수 있다.

KENTUCKY MULE

켄터키 뮬

긴 밤이 될 것 같으면 이 잔부터 시작하는 칵테일 중 하나다. 신선한 생강이 위장을 안정시키고 부비동을 열어주며, 버번이 오감을 깨운다. 하지만 주의하자. 너무 맛있어서 저녁 식사를 시작하기도 전에 훌렁훌렁 마셔버리다 음식 맛을 전혀 느끼지 못하게 될 수도 있다. 신선한 생강 심플 시럽이 핵심이니 절대 이 과정은 건너뛰지 말도록 하자.

분량 1잔

장식용 둥글게 저민 라임 1조각
장식용 얇게 저민 생 생강 1조각
생강 심플 시럽(이어지는 레시피 참조) 28g
생 라임즙 1/4작은술
버번 위스키 42g
클럽 소다 또는 진저 비어 85g

록 글라스에 얼음을 채우고 버번 위스키와 라임즙, 심플 시럽을 붓는다. 클럽 소다를 채워서 조심스럽게 젓는다. 라임과 생강으로 장식해 바로 낸다.

생강 심플 시럽

분량 1과 1/2컵

물 1컵
설탕 1컵
다진 생강 85g

1. 소형 냄비에 물과 설탕, 생강을 넣고 한소끔 끓이면서 잘 휘저어 설탕을 녹인다. 불에서 내리고 20분간 실온에서 재운다.

2. 체에 걸러서 한 김 식힌다. 밀폐용기에 담아서 냉장고에 수 개월간 보관할 수 있다.

다른 칵테일에 넣거나 바닐라 아이스크림에 둘러서 먹어보자.

칵테일

제대로 된 민트 줄렙이나 괜찮은 올드 패션드를 만드는 복잡한 방법에 대해서라면 며칠이고 계속해서 이야기할 수 있다. 나는 셰프만큼이나 최고의 믹솔로지스트의 열정을 존중하지만, 칵테일을 만들 때 너무 조바심을 내지 않으려고 노력한다. 모름지기 칵테일은 마시는 것보다 만드는 데 더 오랜 시간이 걸려서는 안 되기 때문이다. 당연히 직접 만든 우아하고 복잡하지 않은 칵테일 레시피도 여러 개 있다. 나에게 칵테일은 디너 코스와도 같다. 칵테일 한 잔으로 식사를 시작하고 보통 또 다른 한 잔으로 식사를 마무리하지만 식사를 하는 중에는 마시지 않는다.

그리고 언제나 다양한 숙성도의 좋은 버번 위스키를 여러 종류 준비해둔다. 오래 숙성한 버번일수록 다른 재료와 잘 섞이지 않기 때문이다. 마실 만한 가치가 있는 대부분의 버번은 콜라나 달콤한 믹서 재료를 섞는 것이 불경스러운 일일 때가 많다. 가장 오래된 버번에는 얼음을 한 조각 넣는 것으로 그치겠지만, 내가 가장 좋아하는 방법은 버번과 물을 2:1로 섞은 다음 얼음 한 조각을 넣는 것이다. 마셔보면 그냥 이게 정답이라는 느낌이 든다. 칵테일을 만드는 데에 사용할 버번을 고를 때는 보통 평균보다 조금 좋은 제품을 선택하지만 10년 이상 숙성된 버번은 절대 칵테일에 넣지 않는다. 또한 플라스틱 갤런 병에 들어 있는 버번도 사용하지 않는다.

버번의 본질

버번이라는 이름이 붙으려면 옥수수를 51% 사용한 위스키여야 하고, 미국에서 만들어져야 하며 미국산 오크통에서 숙성되어야 한다. 또한 병입할 때 최소 40도(80프루프) 이상의 도수가 되어야 한다. 대부분의 버번은 얼마 되지 않는 켄터키 증류소에서 생산되며 또한 대대로 내려오는 방식 그대로 만들어 창을 통해 햇빛과 온기가 들어오는 거대한 창고에 보관한다. 버번의 특징을 설명하는 풍미는 여러 가지가 있다. 나는 버번 병에 들어 있는 것은 그 자체로 역사와 이야기라고 여긴다. 비밀 블렌딩 레시피, 은밀한 나무통 거래, 은은하게 흐르는 달빛, 범람, 그리고 토네이도. 많은 사람들이 켄터키에서 버번이 탄생한 것은 석회암이 녹은 물 덕분에, 루이빌이 주요 교역지였기 때문에, 금주법 덕에, 그리고 혹은 날씨 때문이라고 이야기한다. 모든 게 다 사실일 수 있겠지만 내가 보기에는 켄터키의 이 고집스럽고 정신 나간 사람들이 자연의 시련과 반란, 전쟁, 정부의 금지령, 전면적인 배신에도 불구하고 이 갈색 물을 생산하기로 결심한 덕분이다. 비록 버번이 오늘날 대담한 젊은 믹솔로지스트가 새롭게 즐겨 찾기 시작한 술로 보일 수도 있지만, 그 자체는 여전히 여러 세대에 걸쳐 버번을 지켜온 회복력이 강인한 사람들에 의해 만들어지고 있다.

BOURBON SWEET TEA

버번 스위트 티

나는 이 술을 탄 스위트 티를 피처 병이나 큰 유리 메이슨 병에 넣어다가 만든다. 딱 한 잔만 마신다는 것이 불가능할뿐더러 종일 두어도 맛이 변하지 않기 때문이다. 사용하는 차의 종류는 원하는 대로 고르면 된다. 그리고 맛이 부드러운 버번을 넣자.
기본적으로 달콤한 차이기 때문에 나는 설탕을 많이 넣는다.
복숭아가 제철이라면 저민 복숭아를 넣어서 장식해보자.
얼음을 잔뜩 준비해서 같이 내는 것이 좋다.
하지만 절대 아이스티 잔에 담아 내지는 말자. 누군가가 무알코올 아이스티라고 생각하고 크게 한 모금 들이켜서 저녁을 망치게 될 수도 있다(오히려 좋아할 수도 있겠지만). 대신 작은 와인 잔이나 코디얼 잔에 따라서 내자.

분량 대형 피처 병 1개, 6~8인분

웨지 모양으로 썬 레몬 1개 분량
웨지 모양으로 썬 라임 1개 분량
웨지 모양으로 썬 오렌지 1개 분량
장식용 둥글게 썬 라임
홍차 티백 2~3개
물 3컵
버번 위스키 1컵
설탕 1/2컵

1. 홍차를 우리자. 소형 냄비에 물과 설탕을 넣어서 한소끔 끓이면서 잘 휘저어 설탕을 녹인다. 설탕물을 단지에 넣고 홍차 티백을 넣어서 원하는 강도에 따라 5~10분간 우린다. (아주 진하게 우린 홍차를 선호하면 더 오래 두어도 좋다.)

2. 티백을 제거하고 레몬과 라임, 오렌지를 넣은 다음 버번 위스키를 붓는다. 덮개를 씌워서 차갑게 식힌다.

3. 소형 유리잔에 담아 둥글고 얇게 저민 레몬으로 장식해 낸다.

THE REBEL YELL

레벨 옐

나는 이 악명 높은 음료에 항상 레벨 옐 버번 위스키를 사용한다. 최고의 버번은 아니지만 키스 리차드(영국의 록 밴드 롤링스톤스의 멤버. 한때 레벨 옐 위스키를 즐겨 마셨다고 알려져 있다 - 옮긴이)에게 딱 좋은 버번이라면 나에게도 딱 좋은 버번이다. 솔직히 레벨 옐은 대부분의 사람들이 생각하는 것보다 훨씬 좋은 술이다. 나는 언제나 집에 한 병씩 보관하고 있다.

분량 1잔

장식용 저민 오렌지 1장

달걀흰자 1개(대) 분량

얼음 적당량

버번 위스키 56g

생 오렌지 주스 14g

리건스 오렌지 비터스(295쪽 구입처 참조) 2대시

생 레몬즙 1대시

설탕 1대시

셰이커에 버번 위스키와 오렌지 주스, 레몬즙, 설탕, 오렌지 비터스, 달걀흰자를 넣고 얼음을 가득 채운다. 세차게 셰이킹한 다음 록 글라스에 담는다. 저민 오렌지로 장식해서 바로 낸다.

칵테일에 생 달걀흰자를 사용할 때는 반드시 신선한 달걀을 사용하고 되도록 유기농을 고르는 것이 좋다. 달걀흰자가 걸쭉하고 노른자에 잘 달라붙어 있으면 신선한 달걀이다.

THE NEW-FASHIONED

뉴 패션드

누구에게나 자신만의 방식으로, 현대적으로 재해석한 올드 패션드 칵테일이 있다. 훌륭한 고전 칵테일이지만 지나치게 달콤한 경우가 많고, 내 생각에 마라스키노 체리를 넣는 것은 그리 상쾌하고 자연스러운 선택으로 보이지 않는다. 블랙베리와 타임은 잘 어울리는 조합으로 버번과도 잘 맞는다. 오래된 고전 칵테일을 기념하는 우아하고 현대적이면서 좋은 방법이 되어준다.

분량 1잔

블랙베리 3개
생 타임 2줄기
오렌지 웨지 조각 1개(소)
피 브라더스 오렌지 비터스
(295쪽 구입처 참조) 2대시
버번 위스키 56g
얼음
클럽 소다 약간
각황설탕 1개

1. 장식을 만든다. 타임 줄기 하나에 블랙베리 한 알을 끼워서 마치 줄기 달린 체리처럼 만든다.

2. 대형 올드패션드 글라스에 황각설탕을 넣고 오렌지 비터스와 오렌지 웨지, 남은 블랙베리 2개, 타임 줄기를 넣는다. 나무 머들러나 나무 주걱으로 잘 으깨어 페이스트를 만든다. 버번 위스키를 붓고 얼음을 채워서 휘젓는다. 그 위에 클럽 소다를 붓고 타임 블랙베리 '체리'로 장식한 다음 바로 낸다.

RHUBARB-MINT TEA
WITH MOONSHINE
문샤인 루바브 민트 티

문샤인은 동네 와인 가게에서 편하게 구하기는 힘들지만 일단 손에 넣기만 하면 지금껏 마셔본 중 가장 맛있고 화사한 음료라는 것을 알 수 있을 것이다. 나무통에서 숙성시키기 전의 위스키는 화이트 도그나 화이트 라이트닝, 또는 기본적으로 문샤인이라고 불리는 투명한 옥수수 리큐어로 증류된 상태다. 오늘날에는 화이트 도그가 더 널리 판매되고 있다. 많은 버번 증류소에서 열성적인 애호가를 위해 화이트 도그를 병입해서 판매하기 때문이다. 깨끗하고 달콤하며 상쾌한 맛이 특징이다. 문샤인을 구할 수 없다면 민트 티만으로도 훌륭한 맛을 느낄 수 있다. 아래의 차 레시피는 칵테일에 필요한 것보다 많은 양이기 때문에 약간 자제가 필요한 날이라면 차만 마셔도 좋다.

분량 약 2L

손질해서 5cm 길이로 송송 썬 루바브 8대 분량

생 민트 1단

물 6컵

크랜베리 주스 1컵

설탕 2컵

음료 1잔당 필요한 재료

장식용 얇은 반달 모양 라임 1/2개

장식용 고수 1줄기

얼음

문샤인 또는 화이트 도그 56g
(생략 가능)

1. 중형 냄비에 물과 크랜베리 주스, 설탕을 넣고 한소끔 끓인 다음 루바브를 넣는다. 약한 불로 줄이고 20분간 뭉근하게 익힌다. 불에서 내린 다음 15분간 재운다.

2. 장식용 민트 줄기 1개를 남겨두고 나머지 민트를 모두 루바브 냄비에 넣어 1시간 30분간 재운다.

3. 차를 체에 거른 뒤 냉장고에 넣어 차갑게 식힌다.

4. 음료를 만든다. 소형 메이슨 병에 얼음을 가득 채운다. 문샤인을 붓고 나머지 공간에 루바브 차를 붓는다. 반달 모양 라임 조각과 민트 줄기, 고수 줄기로 장식해서 바로 낸다.

켄터키의 간장

버번이 주는 선물은 술에서 끝나지 않는다. 오래된 나무통에는 여전히 풍미가 진하게 남아 있어서 스카치 위스키에서 맥주, 핫 소스까지 모든 것에 버번의 향을 더하는 용도로 사용할 수 있다. 버번 나무통에서 숙성시킨 마이크로 브루어리 간장이 있다는 이야기를 처음 들었을 때 사실 나는 회의적이었다. 그러다 지역 신문에서 맷 제이미의 사진을 봤다. 백인이 만든 간장이라고? 분명 맛이 없을 거라고 확신했지만 역시 세상은 놀라움으로 가득 찬 곳이었다. 맷의 블루그래스 간장(295쪽의 구입처 참조)은 내가 맛본 간장 중 최고의 맛이었다. 일반적으로 간장을 사용하는 모든 레시피에 쓸 수 있지만 시판 간장보다 더 부드럽고 맛이 조화롭다. 맷의 양조장은 내 레스토랑에서 10분도 채 걸리지 않는 곳에 있었다. 나는 그저 냄새나는 창고 한가운데에 가만히 앉아 있기 위해 맷의 양조장에 자주 들린다. 기찻길과 역사 깊은 부처타운이 내려다보이는 루이빌 한가운데에서 발효 간장이 선사하는, 태고의 유전적인 편안함이라고밖에 설명할 수 없는 그 향에 둘러싸여 있는 상황은 나에게 있어서 더없이 비현실적인 일이다.

BOILED PEANUTS

삶은 땅콩

남부 지방의 오랜 전통인 삶은 땅콩은 미국인도 잘 이해하기 어려운 음식이다. 나도 삶은 땅콩을 좋아하기까지는 시간이 좀 걸렸다. 하지만 나를 믿고 한번 먹어보라. 삶은 땅콩은 정말 맛있다. 나는 간장을 조금 넣는데, 그러면 땅콩에 풍성한 감칠맛이 더해진다. 땅콩은 볶지 않은 생 땅콩이나 풋땅콩을 껍질째 사용해야 한다.

분량 2와 1/2컵

1. 대형 냄비에 땅콩과 물 8컵, 소금, 간장을 넣고 잘 섞은 다음 한소끔 끓인다. 불 세기를 줄이고 시간 여유가 얼마나 있는지에 따라 4~6시간 동안 뭉근하게 익힌다. (오래 익힐수록 좋지만 우리 상황이 항상 그렇게 여유롭지는 않으니까.) 1시간마다 수위를 확인한다. 필요하면 물 1L를 부어서 항상 수위가 높은 상태를 유지하게 한다.

2. 땅콩을 건져서 차갑게 식힌다.

3. 삶은 땅콩을 볼에 담아서 손님들이 직접 껍질을 까서 먹게 한다. 껍질을 버리는 용도로 빈 볼도 같이 낸다. 밖에서 먹는 경우라면 껍질 그대로 허브 정원에 던져버리자. 멋진 비료가 될 것이다. 남은 땅콩은 냉장고에 1주간 보관할 수 있다.

생 땅콩 또는 풋땅콩(껍질째) 450g

소금 1/4컵

간장 2큰술

EDAMAME AND BOILED PEANUTS

풋콩과 삶은 땅콩

처음 이 요리를 생각해냈을 때는 마치 머릿속에서 120와트짜리 전구가 폭발한 것 같은 기분이었다. 나는 어디서나 볼 수 있는 일본 간식인 풋콩을 평생 먹어왔다. 처음으로 삶은 땅콩을 먹었을 때 그 부드럽고 통통한 질감은 마치 풋콩 같지만, 깊은 감칠맛은 신선한 대두의 풋풋한 채소 맛과는 정반대의 풍미를 느끼게 한다고 생각했다. 그러다 이 두 가지를 합하면 어떨까 싶었다. 궁극의 남부 간식과 일본 대표 간식의 만남이라. 크리미한 타히니 드레싱이 이 둘을 어우러지게 하는 역할을 한다.

2011년의 남부 푸드웨이 연합 심포지엄 점심 식사에서 처음 선보인 이후 계속해서 만들고 있는 요리. 식사를 시작하는 메뉴로 아주 좋으며, 얼음과 레몬 트위스트 하나를 넣은 노일리 프랏^{Noilly Prat} 드라이 베르무트 한 잔을 곁들일 것을 추천한다.

분량 간식 4~6인분

껍질을 벗긴 익힌 풋콩(설명 참조) 1컵
껍질을 벗긴 삶은 땅콩(251쪽) 1컵

타히니 드레싱 재료

타히니(설명 참조) 1/2컵
참기름 3큰술
물 1/4컵
생 레몬즙 2큰술
간장 1과 1/2큰술
소금 1/2작은술
참깨 2작은술

1. 타히니 드레싱을 만들자. 참깨를 제외한 모든 재료를 믹서에 넣고 짧은 간격으로 여러 번 곱게 간다. 너무 되직하면 물을 약간 더해서 크리미한 비네그레트 같은 농도로 만든다. 볼에 옮겨 담고 참깨를 넣어서 접듯이 섞는다. 사용하기 전까지 냉장고에 보관한다.

2. 볼에 풋콩과 삶은 땅콩을 넣고 타히니 드레싱을 둘러서 골고루 버무린다. 소형 볼에 담아서 낸다.

타히니는 중동 및 인도 요리에 사용하는 되직한 참깨 페이스트다. 병이나 캔으로 판매하며 뚜껑을 열어보면 보통 페이스트에서 분리된 오일이 맨 위에 고여 있다. 이 기름은 사용해야 하니 버리지 말자. 내용물 전체를 대형 볼에 쏟아 붓고 튼튼한 거품기로 힘차게 뒤섞어서 오일과 페이스트가 다시 잘 섞이게 해야 한다. 그런 다음 다시 볼에 부으면 사용할 준비가 된 것이다.

일본어로 에다마메는 꼬투리 속에 들어 있는 어린 대두, 즉 풋콩을 뜻한다. 대부분의 고메 식료품점에서 냉동 제품으로 구입할 수 있다. 해동 속도도 빠르고 껍질은 질기지만 콩이 퐁 튀어나와서 까기도 쉽다.

BACON CANDY AND CURRIED CASHEWS

베이컨 캔디와 커리 캐슈

짭짤한 견과류와 달콤한 베이컨. 두 세상의 장점만 모은 음식이다. 나는 손님 접대를 할 때마다 이 간식을 작은 그릇에 담아서 내는데, 더 많이 내면 손님들이 죄다 먹어 치워서 배가 부른 나머지 저녁을 잘 먹지 못하기 때문이다. 저녁 식사 전에 버번 칵테일에 곁들이기에도 아주 좋다. 레시피가 간단해서 약간의 노력만으로 얼마나 큰 효과를 낼 수 있는지를 보여주는 음식이기도 하다. 땅콩이나 피칸, 아몬드를 넣어도 잘 어울린다. 하지만 마카다미아나 잣으로 만드는 것은 추천하지 않는다.

분량 간식 4인분

깍둑 썬 사과나무 훈제 베이컨
6장 분량

캐슈 1컵

카이엔 페퍼 1/4작은술

마드라스 커리 파우더 2작은술

설탕 2큰술

소금과 검은 후추 갓 간 것 1꼬집씩

1. 오븐을 175℃로 예열한다.

2. 대형 프라이팬을 중간 불에 올려 달군다. 깍둑 썬 베이컨을 넣고 지방이 거의 녹아나와 바삭해지기 시작할 때까지 5~6분간 익힌다. 베이컨 기름은 팬에 1큰술 정도만 남기고 소형 볼에 따라낸 뒤 따로 보관한다.

3. 팬에 설탕을 넣고 베이컨 표면이 골고루 반짝거리기 시작할 때까지 2~3분간 볶는다. 캐슈와 커리 파우더, 카이엔 페퍼, 소금, 검은 후추를 넣고 골고루 버무린다. 이때 너무 건조해 보이면 베이컨 지방을 1작은술 둘러서 잘 섞는다.

4. 베이킹 시트에 유산지를 깔고 캐슈 혼합물을 부어 한 층으로 고르게 편다. 오븐에 넣어 살짝 노릇해질 때까지 12분간 굽는다. 밀폐용기에 담아서 실온에 1주간 보관할 수 있다.

PORTOBELLO MUSHROOM JERKY

WITH TOGARASHI

토가라시를 뿌린 포르토벨로 버섯포

'진짜' 육포를 만들려면 건조기와 많은 시간이 필요하지만, 우리 집에는 둘 다 없고 아마 여러분도 마찬가지일 것이다. 버섯포는 육포의 맛과 질감을 모방한 것이지만 훨씬 짧은 시간 안에 만들 수 있다. 완벽하게 건강한 간식이자 비건 친구에게도 내놓을 수 있는 음식이다. 나는 겨울 샐러드의 토핑으로 쓰기도 한다. 노스 코스트 브루잉 컴퍼니의 올드 라스푸틴 임페리얼 스타우트 Old Rasputin Imperial Stout를 머그잔에 따라 곁들이는 것을 추천한다.

분량 간식 3~4인분

1. 오븐 가운데 단에 선반을 설치하고 오븐을 160℃로 예열한다. 베이킹 시트에 식힘망을 얹는다.

2. 포르토벨로 버섯을 깨끗하게 닦은 다음 약 0.3cm 두께로 얇게 저민다. 소형 냄비에 버섯과 나머지 재료를 넣고 약한 불에서 가볍게 한소끔 끓인 후 단수수 시럽이 완전히 녹을 때까지 4~6분간 뭉근하게 익힌다.

3. 냄비에서 버섯을 건지고 양념장은 그대로 둔다. 식힘망을 얹은 베이킹 시트에 버섯을 펼쳐 담고 붓에 양념장을 묻혀 골고루 바른다. 버섯을 뒤집어서 뒷면에도 양념장을 고루 바른다.

4. 오븐에 넣어 버섯이 살짝 쪼그라들고 짙은 색을 띠지만 아직 쫀득한 질감이 남아 있을 정도로 25분간 굽는다. 오븐 온도를 190℃로 높이고 10분 더 굽는다. 오븐에서 꺼낸 다음 버섯을 식힘망에 얹은 채로 식힌다.

5. 버섯을 소형 접시에 높이 쌓아 담는다. 남은 버섯은 밀폐용기에 담아서 냉장고에 수일간 보관할 수 있다.

포르토벨로 버섯갓 2개
(대, 총 280~340g)
단수수 시럽 또는 꿀 1큰술
올리브 오일 1/3컵
간장 3큰술
생 레몬즙 2작은술
토가라시(설명 참조) 1작은술

토가라시는 아시아 식품 전문점에서 흔히 볼 수 있는 일본의 혼합 향신료다. 산탄총 탄알 모양의 귀여운 병에 담겨 있다. 종류는 다양하지만 기본 토가라시는 칠리 파우더에 말린 오렌지 껍질, 말린 해초, 참깨, 기타 씨앗류 등을 섞어서 만든다. 표고버섯, 느타리버섯, 양송이버섯, 꾀꼬리버섯 등을 같은 방식으로 손질해서 다양한 버섯포를 만들어보자. 야생버섯 중에는 뿔나팔버섯이나 곰보버섯 등 너무 연약해서 포로 만들기엔 어려운 것도 있다.

ASPARAGUS AND CRAB FRITTERS

아스파라거스 게살 프리터

모든 안주가 계속 입에 넣게 되는 탐닉적인 맛일 필요는 없다. 아스파라거스가 제철인 봄이 오면 만드는 음식이다. 마지막에 민트를 넣어서 허브 향을 내지만, 조금 더 프랑스 느낌을 내고 싶으면 타라곤을 쓰기도 한다. 나는 1/4 크기로 작게 만들어서 간식으로 내지만 큼직하게 만들어서 민들레 잎과 레몬 비네그레트로 만든 샐러드를 곁들이면 식사의 첫 번째 코스로도 제격이다.

곁들일 와인에 있어서는 나는 아르헨티나산 토론테스^{Torrontés}의 단순하고 화사한 풍미를 너무나 사랑하지만, 시중에는 영 품질이 떨어지는 것이 많으니 모쪼록 양질의 상품으로 잘 고르도록 하자.

분량 간식 4~6인분

점보 크기 게살 225g

얇게 어슷썬 아스파라거스
(설명 참조) 8대 분량

장식용 레몬 웨지

다진 생 민트 1/4컵

달걀 1개(대)

조리용 올리브 오일

디종 머스터드 1작은술

우유(전지유) 1컵

핫 소스(내가 제일 좋아하는 브랜드는
텍사스 피트다) 4방울

밀가루(중력분) 1컵

옥수수 전분 1큰술

소금 1작은술

검은 후추 갓 간 것 1/2작은술

1. 중형 볼에 밀가루와 옥수수 전분을 넣고 거품기로 잘 섞는다. 달걀을 깨서 넣고 거품기로 잘 섞는다. 우유를 천천히 부으면서 거품기로 잘 섞어서 팬케이크 반죽 같은 반죽을 만든다. 아스파라거스와 게살, 핫 소스, 머스터드, 민트, 소금, 후추를 넣고 마저 섞는다.

2. 중형 프라이팬에 올리브 오일 1큰술을 두르고 중간 불에 올려서 달군다. 프리터 반죽을 1큰술 정도씩 떠서 서로 간격을 두고 프라이팬에 올린 다음 바닥이 바삭하고 노릇해질 때까지 2분간 굽는다. 뒤집어서 뒷면도 노릇하게 바삭해지고 가운데 부분이 완전히 익을 때까지 1~2분간 더 굽는다. 건져서 종이 타월에 얹어 기름기를 제거한다. 나머지 반죽으로 같은 과정을 반복한다.

3. 프리터를 접시에 옮겨 담고 레몬 조각을 곁들여서 바로 낸다.

아주 신선한 아스파라거스만 사용해야 하는 레시피다. 싹 끄트머리가 단단하게 닫혀 있고 줄기는 탄탄하며 밝은 녹색을 띠어야 한다.

CRISPY FRENCH FRIES

바삭바삭 프렌치프라이

내가 제일 좋아하는 감자튀김 레시피는 레스토랑에서 일반적으로 사용하는 방법인데, 초벌 튀김을 한 번 한 다음에 바삭하게 튀기는 것이다. 그러면 프랑스 비스트로에서 파는 것처럼 노릇노릇하고 바삭바삭하게 만들 수 있다. 이 레시피는 김치 푸틴(258쪽)에 필요한 것보다 양이 많지만, 아무래도 감자튀김을 만들면서 중간에 집어먹지 않는 건 불가능한 일이니까.

분량 간식 2인분 또는 아주 배고픈 사람 1인분 또는 곁들임 4인분

잘 문질러 씻은 아이다호 감자 3개(대)
튀김용 땅콩 오일 8컵
천일염과 검은 후추 갓 간 것

1. 감자를 0.5cm 두께의 프라이 모양으로 길게 썬다. 썬 감자는 얼음물을 담은 대형 볼에 넣는다. 이때 감자가 물에 완전히 잠기도록 해야 한다. 냉장고에 30분간 보관한다.

2. 속이 깊은 대형 냄비에 오일을 붓고 160℃로 가열한다. (오일은 1.5cm 깊이로 붓고, 이때 오일 위로 냄비 공간이 7.5cm 이상 비어 있어야 한다.)

3. 감자를 건져서 종이 타월에 올리고 여분의 종이 타월을 얹어서 물기를 제거한다. 이때 최대한 마른 상태가 되어야 한다. 오일이 원하는 온도가 되면 감자를 적당량씩 나누어 넣고 흐늘거리면서 살짝 노릇해질 때까지 4~6분간 튀긴다. 그물국자로 조심스럽게 감자를 건져서 종이 타월에 올리고 15분간 그대로 튀김 냄비 옆에 둔다.

4. 오일 온도를 190℃로 높인다. 감자튀김을 다시 뜨거운 오일에 적당량씩 나눠서 넣고 노릇하고 바삭해질 때까지 2~3분 더 튀긴다. 감자튀김을 건져서 새 종이 타월에 얹어 기름기를 제거한 다음 바로 소금과 후추를 뿌려서 낸다.

KIMCHI POUTINE

김치 푸틴

'김치를 넣으면 뭐든 더 맛있어진다'의 범주에 속하는 레시피다. 내가 처음 푸틴을 먹어본 것은 몬트리올에 있는 마틴 피카드의 '오 피에 드 코숑'$^{Au Pied de Cochon}$에서였는데, 그 이후로 푸틴이 내 머릿속을 잠식해버렸다. 푸틴은 녹인 치즈 커드와 그레이비를 얹은 감자튀김으로, 기름지고 녹진한 모든 것에 대한 삐딱한 오마주다. 최근 들어 푸틴은 미국에서 다양한 형태로 그 명성을 떨치고 있다. 피카드 셰프는 푸아그라를 올리는데, 나는 소심하게 김치를 얹어 먹는다. 푸틴에 브루어리 휘게의 델리리움 트레멘스$^{Delirium Tremens}$ 큰 병을 하나 곁들여서 내보자.

분량 간식 2인분 또는 아주 배고픈 사람 1인분

바삭한 프렌치프라이(230쪽) 갓 튀긴 것, 지름 15cm 크기 무쇠 프라이팬에 한 층으로 깔 수 있을 만큼

다진 적양배추 베이컨 김치(182쪽) 1/4컵

다진 생 이탈리언 파슬리 1작은술

무염 버터 1큰술

헤비 크림 3/4컵

치즈 커드(설명 참조) 1/2컵

닭 육수 1/4컵

간장 1작은술

밀가루(중력분) 1큰술

카이엔 페퍼 한 꼬집

소금과 검은 후추 갓 간 것, 입맛에 따라 조절

1. 오븐을 175℃로 예열한다.

2. 그레이비를 만든다. 지름 15cm 크기의 프라이팬에 버터를 넣고 불에 올려 녹인다. 밀가루를 넣고 휘저으면서 약한 불에 3분간 익혀 루를 만든다. 천천히 크림과 닭 육수, 간장을 부으면서 잘 휘저어 매끄럽게 섞고 카이엔 페퍼와 소금, 후추로 간한다. 사용하기 전까지 따뜻하게 보관한다.

3. 지름 15cm 크기의 무쇠 프라이팬 바닥에 프렌치프라이를 담는다. 치즈 커드와 김치를 뿌린다. 오븐에 넣고 치즈가 따뜻하게 녹을 때까지 약 5분간 굽는다.

4. 팬을 오븐에서 꺼내고 그레이비를 두른다. 다진 파슬리를 뿌리고 팬째 바로 낸다.

치즈 커드는 전통적으로 푸틴에 사용하는 새콤한 산유로 만든 우유 고형물이다. 신선한 것을 구하기 쉽지 않기 때문에 잘 녹는 하바티 치즈나 잭 치즈를 갈아서 대체해도 괜찮다.

PIMENTO CHEESE

피멘토 치즈

피멘토 치즈에는 남부에 살고 있는 가족들의 수만큼이나 다채로운 버전이 있다. 나는 여행을 하면서 그 레시피들을 수집했고 이제는 나만의 하이브리드 버전을 만들어냈다. 간단한데 당연하게도 맛있는 데다 만들기도 참 쉽다. 피멘토 치즈는 그릴드 치즈 샌드위치나 버거, 맥앤치즈에 넣거나 올리브에 채우는 등(다음 쪽 참조) 다양하게 활용할 수 있으므로 반드시 냉장고에 한 그릇씩 마련해두어야 한다.

분량 약 3과 1/2컵

건져서 다진 피멘토(즙은 따로 보관한다) 1병(110g) 분량

다진 마늘 1쪽 분량

샤프 체다 치즈 간 것 400g

마요네즈(듀크 추천) 1/2컵

우스터 소스 1방울

핫 소스(내가 제일 좋아하는 브랜드는 텍사스 피트다) 1방울

소금과 검은 후추 갓 간 것 적당량

푸드 프로세서에 치즈와 마늘, 우스터 소스, 핫 소스, 마요네즈를 넣고 짧은 간격으로 여러 번 갈아서 아직 거친 느낌이 남아 있도록 잘 섞는다. 볼에 옮겨 담고 건져낸 피멘토를 넣어서 잘 섞는다. 필요하면 피멘토 병조림 즙을 섞어서 농도를 크리미하게 조절한다. 소금과 후추로 간을 맞춘다. 밀폐용기에 담아서 냉장고에 1주간 보관할 수 있다.

FRIED OLIVES
STUFFED WITH PIMENTO CHEESE

피멘토 치즈를 채운 올리브 튀김

바 위의 바삭한 빵 옆에 놓인 피멘토 치즈 한 병보다 더 매력적인 게 있을까. 그럼에도 한입 가득 넣는 그 크리미한 치즈가 내가 좋아하는 버번에 곁들일 최고의 안주라고 하기는 어렵다고 늘 생각했다. 그래서 버번과 잘 어울리는 간식을 하나 만들어냈다. 올리브 튀김은 색다른 새로운 메뉴라고 할 수는 없지만 피멘토 치즈를 채우면 톡 쏘면서도 크리미한 풍미를 더할 수 있다.

분량 올리브 튀김 12개

1. 올리브를 건져서 종이 타월로 물기를 제거한다. 올리브 안에 빨강 파프리카가 박혀 있는 제품은 이쑤시개로 파프리카를 빼낸 뒤 쓴다. 소형 지퍼백에 피멘토 치즈를 채우고 치즈를 하단 가장자리로 모은 다음 윗부분을 단단하게 돌려 잡아서 소형 짤주머니를 만든다. 하단 가장자리를 작게 삼각형 모양으로 잘라낸다. 올리브 안에 피멘토 치즈를 짜서 채운다.

2. 소형 볼 3개로 올리브 오일 튀김옷을 만들 준비를 한다. 볼 1개에 밀가루를 담는다. 다른 볼에는 달걀과 올리브 오일을 넣고 가볍게 풀어 섞는다. 나머지 볼에는 빵가루를 담는다. 올리브를 밀가루에 담갔다가 달걀물을 입힌 다음 마지막으로 빵가루를 골고루 입혀서 접시에 담는다. 바로 튀기거나, 튀기기 전까지 1시간 동안 냉장고에 보관할 수 있다.

3. 묵직한 대형 냄비에 땅콩 오일을 붓고 중간 불에 올려서 175℃로 가열한다. 올리브를 한 번에 하나씩 조심스럽게 오일에 넣고 가끔 뒤집으면서 2~3분간 노릇노릇하게 튀긴다. 그물국자로 뜨거운 오일에서 조심스럽게 올리브를 건진 다음 종이 타월에 얹어 기름기를 제거한다.

4. 올리브가 아직 따뜻할 때 소형 접시에 담는다. 그리고 요즘 마음에 쏙든 진 마티니와 함께 즐긴다.

씨를 제거한 올리브 12개(대)
피멘토 치즈(앞 쪽 참조) 1/4컵
달걀 1개(대)
올리브 오일 1작은술
튀김용 땅콩 오일 2컵
밀가루(중력분) 1/4컵
고운 말린 빵가루 1/4컵

올리브는 충분히 짠 편이기 때문에 튀긴 뒤 다시 소금 간을 하는 일은 없지만 어떤 브랜드의 제품을 사용하는가에 따라서 소금 간을 해야 할 수도 있다. 전체적으로 소금을 치기 전에 한 개 먹고서 맛을 확인해보자.

FRIED PICKLES

피클 튀김

음식에 관한 위대한 논쟁 중 하나는 어떤 모양의 피클 튀김, 즉 길쭉한 쪽과 칩 모양 중에 어느 것이 더 맛있느냐는 것이다. 나는 양쪽 모두에 공감한다. 길쭉한 피클 튀김은 뜨거운 피클즙과 튀김 반죽의 비율이 높아서 한 입 먹을 때마다 촉촉하고 짭짤한 피클즙을 느낄 수 있지만, 끝까지 먹기 전에 튀김옷이 피클에서 떨어져버리는 단점이 있다. 칩 모양 피클은 튀김옷을 딱 붙잡고 있을 수 있는 표면적이 더 넓지만 튀김옷의 비중이 크면 케첩이 너무 많이 묻어나서 피클의 맛을 압도해버릴 수 있다. 하지만 어느 쪽이든 피클 튀김은 맛있는 음식이다. 나는 피클 튀김에 곁들일 수 있는 온갖 종류의 멋진 양념을 만들어봤지만 결과적으로 하인즈 케첩보다 더 좋은 것은 없었다. 간단 캐러웨이 피클(189쪽)이나 장인이 만든 양질의 피클로 만들어보자. 이 피클은 따뜻할 때 신문지에 싸서 케첩과 대량의 냅킨과 함께 내자. 구스 아일랜드 비어 컴퍼니의 소피Sofie 큰 병 하나를 함께 마시는 것을 추천한다.

분량 곁들임 4인분

건져서 종이 타월로 물기를 제거한 피클 슬라이스 1컵

곁들임용 케첩 적당량

옥수수 오일 3컵

코셔 소금 약간

반죽 재료

라거 맥주 1병(340g)

밀가루(중력분) 2컵

카이엔 페퍼 2작은술

마늘 가루 1큰술

양파 가루 1큰술

코셔 소금 1큰술

훈제 파프리카 가루 1작은술

쿠민 가루 1작은술

검은 후추 갓 간 것 1작은술

1. 반죽을 만들자. 대형 볼에 밀가루와 마늘 가루, 양파 가루, 소금, 카이엔 페퍼, 훈제 파프리카 가루, 쿠민 가루, 검은 후추를 넣고 잘 섞는다. 맥주를 천천히 부으면서 거품기로 계속 잘 섞은 뒤 15분간 실온에서 휴지한다.

2. 묵직한 대형 냄비에 오일을 넣고 175℃로 가열한다. 길쭉한 피클을 사용할 경우에는 하나씩 반죽에 담갔다가 흔들어서 여분의 반죽을 털어내고 뜨거운 오일에 조심히 넣는다. 적당량씩 나눠서 노릇하고 바삭해질 때까지 2~3분간 튀긴다. 슬라이스 피클을 사용할 경우에는 모든 피클을 한꺼번에 반죽에 넣고 그물국자로 피클을 건져서 흔들어 여분의 반죽을 털어낸다. (하나씩 하는 것보다 시간이 좀 더 걸릴 수 있다.) 피클을 조심스럽게 냄비에 넣고 똑같이 튀긴다. 건져서 종이 타월에 얹어 기름기를 제거하고 소금을 조금 뿌려 간한다. 케첩을 곁들여 바로 낸다.

PRETZEL BITES
WITH COUNTRY HAM
컨트리 햄을 가미한 프레츨 바이트

부드러운 프레츨은 오븐에서 막 꺼내 아직 따끈따끈할 때 먹는 것이 가장 맛있다. 짭짤한 햄과 잘 녹은 체다 치즈를 감싼 폭신한 반죽이 버번이나 벨기에식 맥주와 더없이 잘 어울리는 완벽한 안주가 되어준다. 나는 한입 크기로 동글동글하게 만드는 것을 좋아하지만 매듭 모양으로 빚거나 땋아서 만들어도 좋다.

분량 바이트 50~60개

곱게 깍둑 썬 컨트리 햄 1/2컵

씨를 제거하고 곱게 깍둑 썬 할라페뇨 2큰술

곱게 깍둑 썬 샤프 체다 치즈 1/4컵

녹인 무염 버터 4큰술

디종 머스터드 1/2컵

꿀 1큰술(생략 가능)

뜨거운 물 4컵

따뜻한 물(40~46℃) 1/4컵

따뜻한 우유(40~46℃) 1/4컵

밀가루(중력분) 2와 1/2컵

베이킹 소다 4작은술

액티브 드라이 이스트 1과 1/2작은술

황설탕 3큰술과 1작은술

프레츨 소금(295쪽 구입처 참조) 적당량

1. 컵에 이스트와 황설탕 1작은술, 따뜻한 물 1/4컵을 넣고 잘 섞어서 이스트가 활성화되어 거품이 생길 때까지 5~8분간 그대로 둔다. 다른 컵에 남은 황설탕 3큰술과 따뜻한 우유를 넣고 잘 휘저어 녹인다.

2. 반죽 도구를 장착한 스탠드 믹서 볼에 밀가루와 이스트 혼합물, 우유 혼합물을 넣고 느린 속도로 약 4분간 돌려 잘 섞는다. 중간 속도로 높여 한 덩어리로 뭉쳐질 때까지 돌린다. 이때 반죽을 너무 오래 치대지 않도록 주의한다.

3. 반죽을 볼에 옮겨 담아서 랩을 씌우고 따뜻한 곳에 두어 두 배로 부풀 때까지 2시간 동안 발효시킨다.

4. 반죽이 부풀면 덧가루를 뿌린 작업대에 옮겨서 4등분한다. 각 조각을 공 모양으로 빚는다. 각 조각마다 컨트리 햄 2큰술과 체다 치즈 1큰술을 넣고 조심스럽게 반죽해 섞는다. 각각 약 2cm 굵기의 긴 로프 모양으로 빚는다. 페이스트리 커터나 날카로운 칼로 2.5cm 길이로 썰어서 베이킹 시트에 담는다. 약 30분간 휴지한다.

5. 오븐을 200℃로 예열한다.

6. 중형 냄비에 따뜻한 물 4컵과 베이킹 소다를 넣고 아주 잔잔하게 한소끔 끓인다. 그물국자로 프레츨 반죽을 한 번에 다섯 개 정도씩 넣고 정확히 20초간 데치다 바로 건져 다른 베이킹 시트에 서로 1.5cm 간격을 두고 올린다.

7. 프레츨 소금을 반죽 위에 뿌리고 오븐에서 노릇노릇 통통하게 부풀 때까지 8~12분간 굽는다.

8. 작은 볼에 디종 머스터드와 할라페뇨를 넣고 잘 섞는다. 단맛이 필요하면 꿀을 조금 섞는다. 따로 둔다.

9. 구운 프레츨에 녹인 버터를 붓으로 골고루 바르고 뜨거울 때 할라페뇨 머스터드를 곁들여 낸다.

증류업자

모든 버번 위스키는 다 비슷비슷한 술이라 생각하는가? 패피 반 윙클을 한 병 집어 들기만 해도 수 세대에 걸친 위스키 지식과 버번에 대한 순수한 접근이 그 자체로 품격 있는 버번을 탄생시킨다는 것을 알 수 있다. 줄리안 반 윙클Julian Van Winkle은 수많은 사람이 찾아다니는 이 버번을 만든 주인공이다. 나는 줄리안과 10년 가까이 알고 지냈고, 이 전설적인 술에 대해 많은 책을 읽고 글도 썼지만(그리고 내 공정한 몫보다 더 많이 마셨지만) 그와 대화를 나눌 때마다 새로운 것을 배운다.

"버번 위스키의 모든 색과 대부분의 풍미는 위스키가 거멓게 그을린 층을 지나 나무통의 판으로 퍼져 나가는 과정에서 비롯됩니다. 켄터키의 더운 날씨 속에서 일어나는 일이죠. 날씨가 서늘해지면 위스키는 나무통의 판에서 빠져나가 다시 나무통 내부 공간으로 들어가면서 그을린 층을 다시 한 번 통과합니다. 대부분의 버번 나무통은 미국산 참나무를 그슬어 만들기 때문에 기본적으로 동일합니다. 유일한 차이점이 있다면 통에 쓰인 나무판이 참나무의 각각 다른 부위에서 온 것일 수 있어, 그것이 위스키에 조금씩 다른 풍미를 가미하기도 한다는 겁니다. 우리는 통나무의 바깥쪽 부분인 변재보다는 심재 부분으로 만든 나무통을 선호합니다. 변재는 위스키에 어린 풋내를 불어넣을 수 있는데 그건 용납할 수 없죠. 한 나무통에 들어 있는 위스키라도 다른 창고나 창고 내 다른 위치로 옮겨서 풍미를 바꿀 수 있어요. 또한 바람이 잘 통하는 금속 외장 창고를 선호하는데, 최상의 풍미 프로필을 만들어내기 때문입니다."

—줄리안 반 윙클,
켄터키 주 프랭크포트의
패피 반 윙클 버번 생산자

BUTTERMILK & KARAOKE
버터밀크와 노래방

케이크를 다 굽기 전까지
달걀 껍질을 버려서는 안 된다.
— 미국 남부의 미신

내 주방에는 항상 음악이 흘러나온다.
하루 중 매 시간대마다 다른 템포로. 서비스 직전에는
동기 부여를 위해 빠르고 시끄러운 음악을 튼다.
아침 이른 시간에는 클래식 메탈과 컨트리 록이 뒤섞인다.
가끔 아침에 페이스트리 셰프와 단둘이 있을 때는 헤이즐 앤드 앨리스나 존 프라인의
포크송을 틀기도 한다. 주방에서 하는 일에는 리듬이 있다.
도마에 부딪히는 일정한 칼질 소리, 볼 안에서 속도를 높여가는 거품기,
볶음 팬을 휘두르는 일정한 움직임에서 그 리듬이 들린다.
칼질하는 소리만 들어도 그 셰프의 실력이 얼마나 뛰어난지 알 수 있다.

길리안 웰치의 노래처럼 조용하지만 꾸준하고 강렬하다. 음악은 언제나 내 주변을 둘러싸고 있다. 밤이 되면 루이빌은 커다란 무대가 된다. 나는 블루그래스 페스티벌에서 마이클 클리블랜드의 번개 같은 바이올린 연주를 듣거나, 조니 베리 앤드 아웃라이어의 음악에 맞춰 춤을 추기 위해 콘서트홀을 찾거나, 동네 술집에서 타이론 코튼의 블루스와 가스펠을 포크에 접목한 노래를 듣는 등 음악을 찾아 온 도시를 돌아다닌다.

비평가는 음식에 대해 이야기할 때 언제나 음악적 묘사를 사용한다. 음식은 노래하고, 재료에는 음표가 있고, 풍미는 조화를 이루고, 바비큐는 울린다. 그 은유는 무궁무진하다. 나는 문자 그대로는 표현할 수 없는 생각들을 전할 수 있어 은유의 방식을 좋아한다. 내가 엘비스처럼 요리하고 싶다고 말하면 여러분은 무슨 뜻인지 바로 이해할 것이다. 문자 그대로 엘비스가 요리하는 방식을 따르고 싶다는 것이 아니라 엘비스가 대담하게, 얽매이지 않고 세

상을 뒤흔들며 살았던 그 방식대로 요리하고 싶다는 뜻이다. 나는 가정과 레스토랑 양쪽에서 수많은 위대한 요리사를 존경하고 그로부터 배워왔으며, 그중 최고의 요리사는 언제나 멜로디로 영감을 주었다. 맛있는 수프 한 그릇은 사랑 노래와 같다. 나는 교향곡과 같은 식사를 한 적도 있고, 가끔은 모든 요소가 너무 완벽해서 심금을 울리는 라이브 콘서트처럼 사람을 슬프게 만드는 요리를 만나기도 한다. 디저트는 기분을 좋게 만드는 노래와 같아서 최고의 디저트를 만나면 의자 위에서 춤을 추게 된다. 난 루이빌로 오기 전까지는 디저트를 거의 만들어본 적이 없다. 내 손에서는 항상 타운스 반 잔트의 노래처럼 약간 음울한 디저트가 나오는 것 같았다. 나는 너무 진지하고 걱정이 많아서 재미있는 디저트를 만들지 못했다. 하지만 남부의 식사는 항상 행복한 마무리로 끝난다. (대체로 술을 더 많이 마시자고 약속하면서 끝난다.) 웃지 않기가 어렵다. 유쾌한 분위기는 전염성이 있다. 당연하게 들릴지 모르지만 나

는 이 사실을 깨닫기까지 시간이 좀 걸렸다. 브루클린의 한인 아파트에서 남부의 아늑한 주방으로 거주를 옮기게 된 여정의 일부라고 할 수 있겠다. 그리고 그 어딘가에 컨트리 노래가 있다.

나를 잘 아는 사람이라면 내가 노래방을 좋아한다는 사실도 알고 있을 터다. 마이크를 손에 쥐면 원초적인 무언가가 나를 사로잡는다. 카우보이 셔츠를 입고 노래방에서 틀린 음정으로 노래를 부르는 내 모습을 상상해보면 이해가 될 것이다. 예전에는 노래를 잘하지 못해서 영 부끄러웠다. 하지만 잘하든 못하든 노래를 하고 있으면 아주 신나는 기분이 된다. 스콧 머츠는 언제나 함께 술 한잔과 노래를 즐기는 내 친구이자 뮤지션이다. 조금만 부추겨도 그는 내 식당에 앉아서 빈티지 기타를 꺼내 들고 〈죽은 꽃〉Red Streak을 괴롭게 열창하곤 한다. 그는 내가 음치라는 것을 알고 있지만 그래도 함께 노래를 하자고 권한다. 그리고 항상 결과와 상관없이 내 진심을 다해서 노래하라고 격려한다. 그는 음정이 아니라 열정이 중요하다고 말했다. 한 곡은 언제나 다음 곡으로 이어지고, 그렇게 우리는 여러 곡을 함께 부른다. 번번이 몇 잔 더 들어가면 내 노래는 조금 더 나아지는데, 적어도 내가 듣기엔 그렇다.

버터밀크를 처음 먹었을 때는 솔직히 썩 마음에 들진 않았다.

복잡한 페이스트리 기술에 대해 이야기하면서 책 한 권을 가득 채울 수도 있지만, 그래서는 우리가 디저트를 원하는 이유와, 또 디저트에서 원하는 것이 무엇인지에 대해서는 설명하지 못한다. 우리는 디저트가 우리를 노래하게 만들고 얼굴엔 미소가 가득하게 해주기를 바란다. 요리를 좋아하는 대부분의 사람들은 마치 디저트를 만드는 데에는 다른 기술이 필요하기라도 한 것처럼 디저트 만들기를 못내 두려워한다. 전혀 그렇지 않다. 다만 조금 다른 어휘가 필요하고, 조금 더 조용해야 하고, 인내심을 가져야 할 뿐이다. 디저트를 만드는 것은 노래방에서 노래하는 것과 비슷하다고 하겠다. 처음에는 어색하지만 일단 시작하면 멈추고 싶지 않을 테니까. 실력이 영 부족할 수도 있지만, 아무렴 뭐 어떻단 말인가? 연습하고 인내하며 배우면 될 일이

다. 왜냐하면 맛있는 디저트는 방 안을 환희로 가득 채울 수 있다는 것을 당신도 알고 있으니까. 한 절반쯤만 괜찮아도 사람을 행복하게 만든다. 그것이 계속해서 노력해야 하는 충분한 이유가 되어준다.

가끔 노래방에서 노래를 부를 때면 잔뜩 붐비는 방에 혼자 있는 것 같은 기분이 든다. 나와 기계에서 흘러나오는 멜로디, 그리고 화면에서 반짝이며 움직이는 가사만이 존재할 뿐이다. 뭔가를 초월한 느낌. 다른 사람에게는 우습게 들릴지도 모르지만, 한 동양인 사업가가 눈을 지그시 감은 채 뺨을 타고 뜨거운 눈물이 흐르는 모습으로, 화면을 볼 필요도 없을 정도로 익히 알고 있는 가사에 맞춰 몸을 흔들며 노래를 부르는 모습을 본 적이 있다면 그 기분을 이해할 것이다. 나 또한 깊이 이해하고 있다. 나는 내 뿌리인 브루클린에서 멀리 떠나왔고 한국에 있는 내 조상과는 더더욱 멀어졌지만, 그럴수록 어렸을 때 살던 고향집이 생각난다. 이제는 나이가 들었지만 마이크를 잡으면, TV 앞에서 속옷 차림으로 노래를 부르던 어린 한국 아이로 돌아가는 나 자신을 발견한다. 어쩌면 타고난 본성은 피할 수 없는 것일지도 모른다. 그걸 인정하는 데 평생이라는 시간이 필요했던 걸지도 모른다.

버터밀크를 처음 먹었을 때는 솔직히 썩 마음에 들진 않았다. 이름만 보고 시큼한 맛이 아닌 버터 맛이 날 줄 알았기 때문이다. 알고 보니 다른 재료와 함께 섞어야 그 맛을 제대로 느낄 수 있었다. 나는 루이빌에 대해서도 같은 감정을 느낀다. 루이빌은 나에게 최고의 맛을 가져다주었다. 루이빌은 나에게 놀라운 새로운 정체성을 부여함과 동시에 내가 처음부터 가지고 있었던 정체성을 재발견할 수 있게 해줬다. 버터밀크는 나에게 상징적인 식재료다. 행복한 재료다. 그래서 디저트를 만들 때 자주 사용한다. 사람들은 디저트에 버터밀크가 들어갔다는 말을 들으면 언제나 "와아!" 하고 반응한다. 아마 저마다의 버터밀크에 대한 일화, 행복한 엔딩을 가지고 있을 것이다. 이 챕터에 소개하는 모든 디저트에는 어떤 형태로든 버터밀크가 들어간다. 일반 우유로 대체할 수 있지만 그러면 새콤한 맛이 사라진다. 그리고 사람들이 내가 만든 음식을 보고 "와아!" 하고 감탄하는 모습을 보고 싶지 않은가?

2011년, 거의 20년 만에 처음으로 한국을 방문할 기회가 있었다. 마음이 무척 동요되는 경험이었다. 고국에 대해 어떤 기분이 들지, 그들이 나에게 어떻게 반응할지 확신할 수 없었다. 서울은 색채와 향기, 에너지로 가득한 아름다운 도시다. 사람들은 나를 따뜻하게 포용했고, 낯선 이의 얼굴에서 내 얼굴을 마주하는 경험은 매혹적이었다. 내 증조부모님이 걸었을지도 모르는 거리를 걸을 땐 꿈만 같았다. 나는 같은 거리를 여러 번 빙빙 맴돌며 길거리 포장마차와 야외 그릴에서 음식을 먹었다. 익숙한 음식을 손으로 가리키며 주문하고 특유의 발효된 향을 들이마시자 마치 조상의 의식 속, 우주적인 유아기로 돌아가는 듯한 기분이 들었다. 마늘을 잔뜩 먹고 노래방에 가서 노래를 불렀다. 루이빌로 돌아가는 비행기 안에서는 레스토랑에서 나를 본 적이 있다는 낯선 사람 옆에 앉게 되었다. 잠시 대화를 나누다가 서로에게 공통의 친구가 몇 있다는 사실을 알게 되었다. 그는 나를 만나러 내 레스토랑에 방문하겠다고 약속했다. 공항에 도착해서 헤어질 때가 되자 그는 나에게 "집에 돌아온 것을 환영한다"라고 말했다. 내가 이곳에 사는 이유를 다시금 일깨워주는 아름다운 인사였다.

나는 바그너스 파머시에서 튀긴 볼로냐 샌드위치와 감자튀김으로 점심을 먹었다. 이곳은 말 조련사와 기수들이 즐겨 찾는 처칠 다운스 옆의 오래된 랜드마크와 같은 식당이다. 편안한 분위기에 음식도 충분히 맛있다. 옆 테이블의 손님들과도 자연스레 대화를 나누게 되고, 종업원은 친절하지만 자기주장이 뚜렷하다. 그렇게 항상 활기찬 곳이다. 내 레스토랑과는 전혀 다르지만 아주 꼭 맞는 가게 고유의 음악이 어디선가 흘러나온다. 나는 이제 이런 곳이 가장 집처럼 느껴진다는 것을 알고 있다. 집은 내가 집이라고 부르는 곳이 아니라 익숙한 노래나 인사말, 또는 잠시 멈추고 내 주변의 모든 것에 감사하게 만드는 어떤 맛이다. 집은 감사의 장소다. 그리고 좋은 음식은 "감사합니다"라고 말할 수 있는 가장 좋은 이유가 되어준다. 우리 모두는 수많은 정체성을 아우르며 때에 따라 수많은 모자를 썼다 벗었다 하는데, 어떻게 오직 한곳만을 집이라고 부를 수 있을까? 내 주방에서는 식료품 저장실의 재료를 바꾸는 것만으로 수많은 장소를 여행할 수 있다. 그리고 그 모든 곳이 나에게는 집처럼 느껴진다. 이것이 우리 모두의 주방이 지닌 변화무쌍한 아름다움이다. 이 책이 내 주방을 들여다볼 수 있는 기회가 되었길 바라고, 또 초대받을 만한 가치가 있었기를 바란다.

오, 라디오에서 〈올드 크로우 메디신 쇼〉를 틀었다. 이제 휘핑크림을 추가한 체리 파이를 주문할 생각이다.

TOGARASHI CHEESECAKE
WITH SORGHUM
단수수 토가라시 치즈케이크

어렸을 때 말을 잘 들으면(자주 있는 일은 아니었다) 아주 드물게 브루클린의 주니어스에서 파는 치즈케이크라는 귀한 간식을 얻어먹을 수 있었다. 당시 케이크 한 조각이 아마 내 머리보다 더 컸을 것이다. 정말이지 마법에 홀린 듯한 시간이었고, 돌이켜보면 아마 그 이후로 나는 그 감성적인 치즈케이크와의 연결고리를 계속 찾아 헤맸던 것 같다. 이 레시피는 토가라시를 잔뜩 넣은 어른을 위한 치즈케이크다. 원래는 짭짤한 요리 레시피에 잔뜩 넣어서 매콤한 맛을 더하는 역할로 쓰이지만 여기서는 케이크에 넣어 날카롭고 매콤한 풍미로 진하고 묵직한 맛의 균형을 맞춰주는 효과를 낸다. 진한 녹차나 차이를 곁들여 내자.

분량 8~10인분

크러스트 재료

진저스냅 쿠키 잘게 부순 것(생강과 당밀, 계피 등을 넣어서 만든 쿠키 - 옮긴이) 2큰술

녹인 무염 버터 5큰술

설탕 2와 1/2큰술

필링 재료

달걀 4개(대)

실온의 생 염소치즈 110g

실온의 크림치즈 170g

장식용 단수수 시럽 약 1큰술

버터밀크 1/2컵

생 레몬즙과 제스트 간 것 1개 분량

설탕 1/2컵과 2큰술

토가라시(설명 참조) 1작은술

토가라시가 없으면 카이엔 페퍼와 참깨를 조금씩 뿌린다.

1. 오븐을 175℃로 예열한다.

2. 크러스트를 만들자. 중형 볼에 잘게 부순 과자와 설탕, 녹인 버터를 넣고 포크로 골고루 촉촉해지도록 잘 섞는다. 지름 23cm 크기의 바닥이 분리되는 원형 팬 바닥에 넣고 꾹꾹 눌러 바닥을 만든다. 오븐에서 노릇하고 바삭해질 때까지 약 10분간 굽는다. 꺼내서 완전히 식힌다. 오븐 온도는 160℃로 낮춘다.

3. 이제 치즈케이크 필링을 만들자. 패들 도구를 장착한 스탠드 믹서 또는 수동 전기 거품기를 준비하고 볼에 염소 치즈와 크림치즈, 버터밀크를 넣은 다음 매끈하고 보송보송해질 때까지 4~5분간 휘젓는다. 설탕을 조금씩 넣으면서 매끄럽게 잘 섞는다. 달걀을 한 번에 하나씩 깨트려 넣으면서 매번 골고루 잘 섞는다. 레몬 제스트와 레몬즙을 넣고 다시 잘 섞다가 토가라시 1/2작은술을 넣고 마저 섞는다.

4. 쿠키 바닥 위에 치즈케이크 필링을 붓는다. 남은 토가라시 1/2작은술을 뿌린다. 새는 곳이 없도록 알루미늄 포일로 틀을 잘 감싼 다음 대형 로스팅 팬에 넣는다. 로스팅 팬에 뜨거운 물을 틀 높이의 1/3 정도 잠길 만큼 붓는다.

5. 오븐에서 치즈케이크가 살짝 부풀어 오를 때까지 1시간 20분간 굽는다. 케이크 틀을 중탕에서 꺼낸 다음 실온에서 식힌 후 냉장고에 넣어 최소 2시간 이상 식힌다. (치즈케이크는 랩으로 단단하게 싸서 냉장고에 5일간 보관할 수 있다.)

6. 먹기 전에 케이크 틀 가장자리를 칼로 둘러서 틀과 케이크를 분리한다. 케이크를 꺼내 식사용 쟁반에 담는다. 단수수 시럽을 약간 두른 다음 잘라서 낸다.

염소 치즈

염소 치즈에는 염소젖의 지방산과 소보다 더 다양한 것을 먹고 자라는 염소의 식단 덕분에 독특한 신맛과 허브의 풍미가 있다. 또한 소젖이나 양젖 치즈보다 소화가 잘 된다. 유당불내증이 있는 사람도 염소 치즈는 안심하고 먹을 수 있다.

나는 치즈케이크처럼 치즈가 많이 들어가는 레시피에는 우유 치즈보다 염소 치즈를 사용하는 것을 선호하는데, 더 가볍고 톡 쏘는 맛이 나며 단백질 함량이 높기 때문이다. 루이빌에서 북쪽으로 딱 40분밖에 떨어져 있지 않은 인디애나 주 그린빌은 미국 최고의 염소 치즈가 생산되는 곳이니 역시 나는 운이 좋은 셈이다. 주디 샤드 Judy Schad는 그 유명한 카프리올(카프리올 고트 치즈는 인디애나 주 그린빌에 자리한 장인 염소 치즈 업체다 - 옮긴이) 표면 숙성 염소 치즈를 25년 이상 만들어왔다. 그가 만드는 소피아라는 다른 치즈는 재로 그려진 마블링에 주름진 지오트리쿰 곰팡이 껍질이 특징이며, 아주 섬세해서 완전히 다른 범주의 멋진 맛을 선보인다. 크로커다일 티어는 수작업으로 성형하고 파프리카를 아주 살짝 뿌린 치즈로, 찻숟가락으로 떠서 먹기 좋을 정도의 밀도 높고 크리미한 질감이 되도록 숙성시킨다. 나는 최상급 디저트를 만들고 싶을 때는 단수수를 두른 토가라시 치즈케이크(270쪽)를 신선한 염소 치즈 대신 주디의 표면 숙성 치즈를 동량으로 넣어 굽는다. 껍질까지 전부 갈아서 남김없이 넣는다. 그러면 치즈케이크라고 부르는 것이 모욕일 정도로 신성한 치즈케이크가 탄생한다. 나는 이것을 디저트용 카프리올이라고 부른다.

CHILLED BUTTERMILK-MAPLE SOUP
WITH BOURBON-SOAKED CHERRIES

체리 버번 절임을 더한
차가운 버터밀크 메이플 수프

이 수프는 구할 수 있는 최고의 버터밀크로 만들어야 한다. 나는 켄터키 주의 윌로우 힐스 농장Willow Hills Farm에서 버터밀크를 구입한다. 가능하면 인근의 낙농장을 찾아보자. 이 레시피는 기본 버터밀크에 감미료만 살짝 더하는 것이라 가장 좋은 버터밀크를 사용해야 맛있다. 버터밀크의 담백한 풍미가 버번의 복합적이면서도 깊이 있는 향과 잘 어우러진다. 크림과 과일이라는 불변의 음양 조합이라 유행을 타지 않는 음식이다.

분량 6인분

씨를 제거한 생 체리 225g

퓨어 메이플 시럽 5큰술

양질의 버번 위스키 1과 1/2컵

바닐라 익스트랙 1작은술

버터밀크(설명 참조) 1과 1/2컵

생 귤 주스 10큰술

설탕 3/4컵

1. 묵직한 중형 냄비에 버번과 귤 주스 4큰술, 설탕, 바닐라 익스트랙을 넣고 센 불에 올려서 한소끔 끓인 후 6분간 바글바글 끓인다. 불에서 내리고 체리를 넣어 잘 저은 다음 실온에서 식힌다. 잔열이 체리가 뭉개지지 않도록 천천히 절여주는 역할을 한다.

2. 볼에 체리와 절인 즙을 전부 붓고 냉장고에 최소 1시간 이상 넣어 차갑게 식힌다.

3. 그동안 다른 볼에 버터밀크와 메이플 시럽, 남은 귤 주스 6큰술을 넣어서 잘 섞는다. 냉장고에 최소 1시간 이상 넣어서 차갑게 식힌다.

4. 개별 그릇에 버터밀크 수프를 나누어 담는다. 가운데에 체리를 몇 개 올리고 버번 시럽을 약간 둘러 차갑게 해서 낸다.

버터밀크가 묽은 편이면 크렘 프레슈나 사워크림을 섞어서 살짝 걸쭉해지게 한다.

BUTTERMILK AFFOGATO

버터밀크 아포가토

때때로 사소한 것이 가장 큰 기쁨을 전해주기도 한다. 길고 무거운 식사 후에는 바닐라 젤라토와 진한 에스프레소 한 잔으로 만드는 이탈리아 전통 디저트인 아포가토만큼 적절한 것이 없다. 루이지애나에서는 커피에 구운 치커리를 살짝 뿌려 먹는 것이 전통이다. 내 버터밀크 아이스크림은 가볍고 새콤한 맛이 특징인데, 이 둘이 모이면 정말이지 환상적인 조화를 보여준다. 아이스크림은 레시피에 필요한 것보다 양이 많지만 냉장고에 보관하면 유용하게 사용할 수 있다.

분량 4인분

버터밀크 아이스크림(이어지는 레시피 참조) 4스쿱(소)

치커리 가루 1꼬집(생략 가능)

에스프레소 샷 4개

소형 볼에 아이스크림을 나누어 담는다. 따뜻한 에스프레소에 치커리 가루를 1꼬집 작게 넣는다. 볼에 에스프레소를 한 샷씩 부어서 바로 낸다.

버터밀크 아이스크림

분량 약 1.94L

헤비 크림 2컵

버터밀크 1컵

설탕 1컵

1. 중형 냄비에 헤비 크림과 설탕을 넣고 중간 불에 올려서 설탕이 녹을 때까지 잘 휘저어가며 가열한다. 볼에 옮겨 담고 실온에서 식힌다.

2. 크림 혼합물에 버터밀크를 넣고 거품기로 천천히 휘저어 섞은 다음 냉장고에 넣어서 1시간 동안 차갑게 식힌다.

3. 버터밀크 크림 혼합물을 아이스크림 기계에 넣고 설명서대로 처닝(우유나 크림 등을 잘 휘저어 섞는 것. 아이스크림이나 버터 등을 만들 때 반드시 필요한 과정이다 - 옮긴이)한다. 냉동 용기에 담아서 먹기 전까지 냉동 보관한다.

TOBACCO COOKIES
담배 쿠키

담배 농장은 켄터키 역사에서 큰 비중을 차지하고 있고 지금도 윈체스터를 운전하며 지나가다 보면 옆으로 거대한 담뱃잎 경작지를 볼 수 있다. 담배에 빠지는 것은 매우 PC(정치적 올바름을 뜻하는 'Political Correctness'의 약자. 차별적인 언어 사용 및 행동을 피하는 신념 또는 사회 운동 – 옮긴이)하지 않은 일이라는 것은 알고 있지만, 그래도 나는 담배에 왠지 모를 낭만을 느끼기 때문에 역사적으로도 중요한 이 작물에 대한 찬사를 담아 다음의 쫀득쫀득한 쿠키를 만들어냈다. 코코넛 플레이크를 조리해서 마치 씹는 담배와 비슷한 질감을 구현했다. 그런 다음 반죽에도 담배 풍미를 약간 첨가하는데, 마지막 한 입에서 감질나게 톡 쏘는 느낌을 받고 싶지 않다면 생략해도 무방하다. 차가운 우유와 버터밀크를 반씩 섞어 잔에 부어서 따뜻한 쿠키에 곁들여 내자. 우유와 쿠키를 좀 더 어른스럽게 즐기고 싶다면 우유를 살짝 데운 다음 위스키 한 샷을 넣어 곁들여도 좋다.

분량 쿠키 약 24개

담배 코코넛 플레이크 재료

꾹 눌러 담은 가당 코코넛 플레이크 1컵

원두커피 1과 1/2컵

담배수(이어지는 레시피 참조) 2큰술(생략 가능) 또는 물 2큰술

콜라 3/4컵

당밀 2작은술

설탕 2큰술

---

1. 오븐을 180℃로 예열한다. 베이킹 시트에 유산지를 깐다.

2. 코코넛 플레이크를 만들자. 중형 냄비에 코코넛과 커피, 콜라, 당밀, 설탕, 담배수를 넣는다. 센 불에 올려서 한소끔 끓인 다음 수분이 전부 증발할 때까지 약 20분간 바글바글 끓인다. 코코넛 플레이크를 베이킹 시트에 옮겨 담고 실온에서 식힌다.

3. 쿠키를 만들기 위해 소형 볼에 밀가루와 베이킹 파우더, 소금을 넣고 포크로 잘 섞는다. 초콜릿과 버터는 중탕으로 녹인 뒤 한 김 식힌다.

4. 다른 볼에 달걀과 설탕, 버터밀크, 바닐라, 담배를 넣고 거품기로 잘 섞는다. 초콜릿 혼합물을 넣고 잘 섞은 다음 밀가루 혼합물을 넣어서 마저 섞는다.

담뱃잎은 반드시 양질의 시가에서 꺼내야 한다. 담배수(다음 레시피 참조)를 만들기 위해서 시가를 풀 때 적당량을 덜어서 다져 쿠키 반죽용으로 사용한다.

5. 반죽을 1큰술씩 떠서 준비한 베이킹 시트에 올린다. 굽는 동안 형태가 퍼지기 때문에 서로 간격을 충분히 두어야 한다.

6. 쿠키마다 담배 코코넛 플레이크를 조금씩 뿌린다. 오븐에서 쿠키 윗면이 살짝 갈라지고 가운데는 아직 부드러운 상태가 될 때까지 10~12분간 굽는다. 꺼내서 그대로 3분간 식힌다. 스패출러로 들어 올려서 식힘망에 올린다. 또는 완전히 식힌 다음 밀폐용기에 담아서 1주간 보관할 수 있다.

쿠키 재료

다진 세미스위트 초콜릿 400g
다진 담뱃잎(설명 참조) 2작은술
달걀 2개(대)
무염 버터 2큰술
버터밀크 1큰술
바닐라 익스트랙 1작은술
밀가루(중력분) 1과 1/4컵
베이킹 파우더 1/4작은술
설탕 1/3컵
소금 1꼬집

담배수
분량 3컵

양질의 시가 1개
따뜻한 물 3컵

1. 시가의 껍질을 벗겨서 제거한다. 안쪽의 담뱃잎을 꺼내서 따뜻한 물에 3분간 헹군다.

2. 소형 볼에 따뜻한 물 3컵을 붓고 담뱃잎을 넣어서 10분간 담가둔다. 물을 체에 걸러서 모으고 담뱃잎은 버린다. 담배수는 니코틴의 쏘는 느낌과 함께 상당히 강한 향이 난다.

MUTSU APPLE TEMPURA
WITH BUTTERMILK CARAMEL
버터밀크 캐러멜을 가미한 무츠 사과 튀김

농산물 시장에 사과가 풍성하게 나오기 시작하면 비로소 가을이 왔음을 알 수 있다. 무츠(일본 아오모리 현에서 유래한 녹색 사과로 즙이 많고 향기롭다 – 옮긴이)는 즙이 많은 품종 중에서 제일 맛있는 사과다. 과일을 튀기는 것은 다소 신성 모독 같은 행동처럼 보이기도 하지만 진심으로 맛있다. 결이 살아 있는 튀김옷은 바삭바삭하고 속의 과일은 따뜻하고 촉촉하며 달콤하다. 사과를 너무 얇게 썰면 튀겼을 때 아삭함이 사라지고, 너무 두꺼우면 가운데까지 따뜻해지지 않기 때문에 적당한 두께로 잘 썰어야 한다. 나는 껍질 쪽이 내 엄지 정도 두께가 되도록 웨지 모양으로 썬다. 원한다면 사과 껍질을 벗겨도 좋지만 나는 그대로 튀기는 것을 좋아한다. 여기에 캐러멜과 시나몬을 조금씩 뿌리면 중독성 강한 디저트가 완성된다.

사과 튀김은 갓 튀긴 뜨거운 상태로 제공해야 하지만 사람들이 순식간에 먹어치울 수 있으니 모인 사람이 얼마 되지 않더라도 여기서 제안한 분량만큼 만드는 것이 좋다. 페어링으로는 내 친구 그렉 홀이 만드는 거장다운 풍미의 도수 높은 사과주 레드 스트릭^{Red Streak}이 더 말할 필요도 없이 이 사과 튀김과 정말, 정말 잘 어울린다.

분량 4~6인분

심을 제거하고 1.3cm 두께의 웨지 모양으로 썬 무츠 사과 2개 분량

장식용 슈거파우더 적당량

장식용 시나몬 가루 약간

캐러멜 소스 재료

부드러운 실온의 무염 버터 2큰술

튀김용 옥수수 오일 3컵

헤비 크림 1/2컵

버터밀크 1과 1/2큰술

물 1/4컵

설탕 1컵

1. 캐러멜 소스를 만들자. 소형 냄비에 설탕과 물을 넣고 중강 불에 올려서 설탕이 짙은 호박색이 될 때까지 약 10분간 가열한다. 팬을 기울여가면서 고르게 가열되도록 해야 하지만 어떤 상황에서도 캐러멜을 휘저어서는 안 된다. 캐러멜이 짙은 호박색이 되면 불에서 내리고 3분간 식힌다.

2. 크림을 넣고 골고루 잘 섞는다. 거의 실온으로 식힌 다음 버터와 버터밀크를 넣고 잘 섞는다. 용기에 옮겨 담고 먹기 전까지 냉장 보관한다.

3. 묵직한 냄비에 옥수수 오일을 1.5cm 깊이로 붓고 175℃로 가열한다.

4. 그동안 튀김 반죽을 만든다. 중형 볼에 밀가루와 옥수수 전분, 설탕, 소금을 넣고 잘 섞은 뒤 레드 불을 부어서 골고루 잘 섞는다.

5. 포크나 이쑤시개를 이용해서 사과를 적당량씩 튀김 반죽에 푹 담 갔다가 건져 조심스럽게 뜨거운 오일에 넣는다. 튀김옷이 바삭해 지고 사과가 전체적으로 따뜻해질 때까지 45초에서 1분 정도 튀 긴다. 그물국자 등으로 사과를 건져서 종이 타월에 얹어 기름기를 제거한다.

6. 바로 소형 접시에 담아서 슈거파우더를 뿌리고 시나몬을 아주 살 짝만 뿌린 다음 캐러멜 소스를 둘러서 낸다.

튀김을 만들 때는 다음 식재료를 넣기 전 기름에 남아 있는 반죽 찌꺼기를 모조리 제거하는 것이 중요하다. 그러면 기름이 타는 것 을 막을 수 있다. 항상 튀김 기름의 상태를 주의 깊게 관찰해서 온 도는 일정하게 175℃를 유지하도록 조절해야 한다.

튀김 반죽 재료

레드불 1과 1/4컵

밀가루(중력분) 1컵

옥수수전분 1/3컵

설탕 1큰술

코셔 소금 1꼬집

PEACH AND RHUBARB KUCHEN

복숭아 루바브 쿠헨

켄터키 주에서도 내가 살고 있는 지역은 독일의 영향을 많이 받았다. 지역 내의 식습관에서는 옛날식 요리 문화가 거의 사라졌지만 독일식 케이크인 쿠헨을 파는 가게는 여전히 여러 군데가 있다. 쿠헨은 독일어로 '케이크'라는 뜻으로 종류가 다양하다. 내가 소개할 쿠헨은 말도 안 될 정도로 가벼우면서도 동시에 밀도가 높은 케이크다. 나는 복숭아와 루바브가 모두 풍성하게 나는 초여름에 이 케이크를 만든다.
가벼운 모스카토 다스티 Moscato d'asti 를 곁들여 내면 사람들의 즐거운 비명 소리를 듣게 될 것이다.

분량 6~8인분

버터밀크 휘핑 크림(이어지는 레시피 참조)

쿠헨 재료

껍질을 벗기고 씨를 제거한 후 웨지 모양으로 썬 복숭아 2개(대) 분량

손질해서 1.3cm 길이로 송송 썬 루바브 110g(약 3/4컵)

달걀 2개(대)

실온의 부드러운 무염 버터 6큰술, 그릇용 여분

실온의 크림치즈 85g

버터밀크 1/2컵

바닐라 익스트랙 1작은술

밀가루(중력분) 1과 1/2컵

베이킹 파우더 1작은술

설탕 3/4컵

소금 1/4작은술

토핑 재료

으깬 피스타치오 1/2컵

설탕 1/4컵

잘게 썬 무염 버터 2큰술

1. 오븐을 190℃로 예열한다. 23×33cm 크기의 베이킹 그릇의 바닥과 옆면에 실온의 버터를 살짝 펴 바른다.

2. 쿠헨을 만들자. 소형 볼에 밀가루와 베이킹 파우더, 소금을 넣고 포크로 잘 섞는다.

3. 스탠드 믹서에 패들 도구를 장착하고(또는 핸드 믹서를 사용한다) 볼에 버터와 크림치즈, 설탕, 바닐라, 크림을 넣고 중강 모드로 매끈하고 크리미해질 때까지 2분간 휘젓는다. 달걀과 버터밀크를 넣고 2~3분 더 골고루 잘 섞는다. 밀가루 볼의 내용물을 천천히 넣으면서 골고루 잘 섞는다. 필요하면 중간에 고무 스패츌러로 볼 가장자리를 깨끗하게 닦아내가며 섞는다.

4. 베이킹 그릇에 반죽을 붓고 과일을 올린 뒤 살짝 눌러서 고정시킨다. 그 위에 으깬 피스타치오와 설탕을 뿌리고 군데군데 작은 버터 조각을 올린다.

5. 오븐에서 쿠헨의 가운데 부분을 꼬치로 찌르면 반죽이 묻어나오지 않고 윗면은 노릇노릇해질 때까지 50~60분간 굽는다. 오븐에서 꺼내 수 분간 식힌 다음 썰어서 따뜻할 때 버터밀크 휘핑크림을 곁들여 낸다. 만약 남는다면 랩으로 잘 싸서 냉장고에 수 일간 보관할 수 있다.

버터밀크 휘핑크림

분량 약 2와 1/2컵

헤비 크림 1컵
버터밀크 6큰술
슈거파우더 3큰술

대형 볼에 헤비 크림과 버터밀크, 슈거파우더를 넣고 핸드 믹서나 스탠드 믹서를 이용해 느린 속도로 거품이 단단하게 설 때까지 휘젓는다. 덮개를 씌워서 사용하기 전까지 냉장 보관한다.

CHESS PIE
WITH BLACKENED
PINEAPPLE SALSA
블랙 파인애플 살사를 곁들인 체스 파이

체스 파이의 종류는 그 이름에 대한 유래만큼이나 다양하다. 민속학에서는 오후에 만들어서 그날 저녁에 먹기 전까지 상자^{chest}에 넣어 보관하는 전통에서 유래한 이름으로, 시간이 지나며 상자^{chest}가 체스^{chess}로 변했다고 한다. 체스 파이는 찐하고 말도 안 되게 달콤하다. 여기에 소량의 땅콩 오일로 가볍게 볶은 파인애플을 넣어 화사함을 가미했다. 파인애플 살사는 고전적인 남부식 디저트에 어울리지 않는 재료라고 생각할 수도 있겠지만, 처음에는 이상하게 여겨지더라도 한번 먹어보면 잘 어울린다는 걸 알 수 있다.

워낙 달콤한 디저트라서 디저트 와인을 곁들일 필요는 없다. 버번 위스키를 따거나 숙성 호밀 위스키를 한 모금 곁들여보자.

분량 파이 2개, 각 6인분

파인애플 살사 재료
껍질과 심을 제거하고 1.3cm 두께의 링 모양으로 썬 파인애플 1개 분량

땅콩 오일 약 1/3컵

생 라임즙과 제스트 간 것 2개 분량

다크 럼 1큰술

황설탕 3큰술

반죽 재료
1.3cm 크기로 깍둑 썬 차가운 무염 버터 8큰술

1.3cm 크기로 깍둑 썬 차가운 식물성 쇼트닝 1/4컵

얼음물 6큰술

밀가루(중력분) 2와 3/4컵

설탕 3큰술

소금 1과 1/2작은술

1. 파인애플 살사를 만들자. 묵직한 대형 프라이팬에 오일 2작은술을 두르고 센 불에 올린다. 파인애플 2~3개를 넣고 앞뒤로 거뭇해질 때까지 한 면당 약 3분간 굽는다. 건져서 종이 타월에 얹어 기름기를 가볍게 제거하고 도마에 올린다. 나머지 파인애플로 같은 과정을 반복하면서 필요하면 팬에 오일을 조금씩 더 둘러 굽는다.

2. 까맣게 구운 파인애플을 곱게 다진다. 볼에 담고 라임 제스트와 라임즙, 럼, 황설탕을 넣는다. 덮개를 씌우고 사용하기 전까지 냉장 보관한다.

3. 반죽을 만들기 위해 푸드 프로세서에 밀가루와 설탕, 소금을 넣고 짧은 간격으로 여러 번 갈아 섞는다. 버터와 쇼트닝을 넣고 다시 버터가 작은 완두콩 크기가 되어서 크럼블처럼 보일 때까지 짧은 간격으로 10~12번 돌린다. 물을 1큰술씩 넣으면서 계속 짧은 간격으로 돌려 반죽이 거칠게 한 덩어리로 뭉쳐지게 한다. 반죽이 한 덩어리가 되면 바로 반죽을 멈춘다.

4. 반죽을 꺼낸 다음 반으로 잘라서 둘 다 원반 모양으로 빚는다. 랩으로 잘 싸서 냉장고에 1시간 이상 차갑게 휴지한다.

5. 지름 22cm 크기의 파이 틀 2개를 냉장고에 30분간 넣어 차갑게 식힌다.

6. 반죽 하나를 덧가루를 뿌린 작업대에 올린다. 밀대로 반죽을 90도로 돌려가면서 30cm 크기의 원형으로 민다. 필요하면 덧가루를 바닥에 추가로 뿌려가며 민다. 반죽을 들어 올려서 차가운 파이 팬 하나에 올린 다음 아랫부분과 가장자리에 밀착되게 잘 밀어 넣는다. 바깥쪽으

로 늘어지는 반죽은 주방용 가위나 칼로 잘라낸다. 나머지 파이 반
죽도 원형으로 밀어서 같은 과정을 반복한다. 둘 다 냉장고에 차갑
게 보관한다.

7. 오븐 가운데 단에 선반을 설치하고 오븐을 175℃로 예열한다.

8. 필링을 만들자. 중형 볼에 모든 재료를 넣고 거품기로 잘 섞은 뒤
파이 안쪽에 각각 3/4 정도를 채운다. 파이 가운데를 꼬챙이로 찌
르면 반죽이 묻어나지 않고 윗면에 살짝 막이 생길 때까지 오븐에
넣어 30~35분간 굽는다. 꺼내서 식힘망에 올려 식힌다. 파이는 실
온으로, 더 맛있으려면 살짝 따뜻하게 낸다. 식은 파이는 랩으로 잘
싸서 서늘한 응달(찬장 등)에 하루까지 보관할 수 있다.

9. 먹기 전에 파이를 6등분해서 접시에 담은 후 파인애플 살사를 얹어
서 낸다.

필링 재료

달걀 6개(대)
달걀노른자 3개(대) 분량
녹인 무염 버터 6큰술
버터밀크 1컵
고운 옥수수 가루 5큰술
증류 백식초 1큰술
바닐라 익스트랙 1큰술
넛멕 간 것 1작은술
소금 1작은술

WHISKEY-GINGER CAKE

WITH PEAR SALAD

배 샐러드를 곁들인 위스키 생강 케이크

내 이웃인 페이스트리 셰프 레아 스튜어트가 루이빌에서 열린 잭 다니엘스 만찬을 위해 만든 케이크다. 너무 마음에 들어서 레시피를 '빌려'왔다. 아니, 모두가 그렇게들 하지 않나? 레시피를 빌려와서 나만의 방식으로 변주하는 것 말이다. 대부분의 위스키 맛 디저트는 너무 묵직하고 시럽이 많이 들어가서 내 입에는 맞지 않는다. 나는 위스키의 풍미가 세련되고 당당하게 드러나길 바란다. 그래서 레아의 레시피를 가지고 머리를 싸매며 나름 제대로 된 맛을 내기 위해 노력했다. 다음은 그 결과물로, 전통 생강 케이크에 신선한 배를 넣어서 현대적인 느낌을 구현했다.

양질의 위스키나 뉴 패션드(247쪽) 등의 칵테일을 곁들여서 중요한 식사의 우아한 마무리 디저트로 대접해보자.

분량 최대 10인분

케이크 재료

생 생강 간 것(그레이터 사용)
1큰술

달걀 4개(대)

포도씨나 카놀라 등 중성 오일 1/2컵

부드러운 실온의 무염 버터 10큰술

버터밀크 1과 1/2컵

무가당 코코넛 밀크 1/2컵

체에 친 밀가루(박력분) 4와 1/3컵

베이킹 소다 2와 1/2작은술

생강 가루 1과 1/2작은술

꾹 눌러 담은 황설탕 2와 2/3컵

1. 오븐 가운데 단에 선반을 설치하고 160℃로 예열한다. 지름 20cm 크기의 원형 케이크 틀 2개 각각 안쪽에 기름을 가볍게 칠한다.

2. 이제 케이크를 만들자. 패들 도구를 장착한 스탠드 믹서 볼에 오일과 버터, 황설탕을 넣고 3분간 잘 섞는다. 달걀을 한 번에 하나씩 깨트려 넣으면서 매번 골고루 잘 섞은 다음 생강 간 것을 넣어서 약 2분간 마저 섞는다. 필요하면 중간에 고무 스패츌러로 볼 가장자리를 깨끗하게 훑어 넣어가며 돌린다.

3. 소형 볼에 버터밀크와 코코넛 밀크를 넣어서 잘 섞는다. 대형 볼에 밀가루와 베이킹 소다, 생강 가루를 넣고 거품기로 잘 섞는다.

4. 스탠드 믹서 볼에 버터밀크 혼합물과 가루 혼합물을 교대로 천천히 조금씩 넣으면서 중약 속도로 골고루 잘 섞어 반죽을 만든다.

5. 준비한 케이크 틀에 반죽을 붓는다. 오븐에서 가운데를 꼬챙이로 찌르면 반죽이 묻어나지 않을 때까지 45분간 굽는다. 꺼내서 10분간 식힌 다음 케이크를 꺼내서 식힘망에 얹어 완전히 식힌다.

→ 다음 장에 계속

프로스팅 재료

부드러운 실온의 무염 버터 340g

실온의 크림치즈 110g

양질의 위스키 1/4컵

바닐라 익스트랙 1작은술

슈거파우더 450g

장식 재료

양주 배 1개

생 라임즙과 제스트 간 것 1개 분량

화학 처리를 하지 않은 보리지 꽃(생략 가능)

6. 프로스팅을 만들기 위해 패들 도구를 장착한 스탠드 믹서 볼에 버터와 크림치즈를 넣고 중간 속도로 2분간 매끄럽게 잘 섞는다. 위스키와 바닐라를 넣고 매끄럽게 잘 섞다가 느린 속도로 줄여서 슈거파우더를 조금씩 넣어가며 매끄럽게 잘 섞는다. 사용하기 전까지 실온에 보관한다.

7. 케이크를 조립한다. 케이크 스탠드나 큰 쟁반에 구워진 케이크 시트 하나를 올린다. L자 스패출러로 프로스팅을 떠서 케이크 옆면과 윗면에 얇고 고르게 펴 바른다. 두 번째 케이크 시트를 올리고 나머지 프로스팅을 옆면과 윗면에 고르게 펴 바른다. 케이크 가장자리를 매끈하게 다듬되 꼭 완벽한 모양으로 만들 필요는 없다. (수제 케이크는 항상 약간 기울어져 있어야 한다. 그래야 먹을 때 더 재미있다.)

8. 먹기 직전 배의 심을 제거한 다음 얇은 원형과 가느다란 막대 모양으로 나누어 썰고 볼에 담아 라임즙과 제스트를 넣어서 골고루 버무린다. 케이크 윗면을 라임에 버무린 배로 장식한 다음 보리지 꽃(사용 시)을 뿌려서 완성한다. 먹을 때는 한 조각씩 잘라서 접시에 낸다. 남은 케이크는 랩으로 잘 싸서 냉장고에 넣어 3일까지 촉촉하게 보관할 수 있다.

버터밀크

버터밀크에는 두 가지 종류가 있다. 원래 버터밀크는 크림을 교반해서 버터를 만들 때 나오는 액상 부산물인 유청을 말한다. 유백색에 산성을 띠는 유청은 음료로 마시거나 다양한 레시피에 쓰인다. 오늘날의 마켓에서 판매하는 배양 버터밀크 Cultured buttermilk는 저지방 우유에 유산균인 스트렙토코커스 락티스 Streptococcus lactis를 첨가해서 발효시킨 것이다. 옛날식 버터밀크보다 더 새콤하고 걸쭉하다.

저온 살균을 거치지 않은 우유를 구할 수 있다면 따뜻하고 어두운 곳에 여러 날 보관해서 살짝 새콤해지게 만들어 환상적인 버터밀크를 만들 수 있다. 하지만 버터밀크뿐만 아니라 시중에서 판매하는 대부분의 우유는 병원균을 죽이기 위해 가열하는 과정에서 좋은 효소까지 죽고 마는 저온 살균 처리를 한다. 가능하면 인근 낙농장에서 버터밀크를 구입하도록 하자. 건강한 젖소에서 생산한 우유는 저온 살균 처리를 거치더라도 더 걸쭉하고 톡 쏘는 맛이 나며 몸에도 더 좋다. 버터밀크는 산과 단백질의 함량이 높고 이름과는 달리 지방이 적다. 버터밀크를 베이킹에 사용하면 톡 쏘는 풍미를 더할 수 있어 매우 유용하다. 비스킷에서 팬케이크, 케이크, 파이 필링, 쿠키 등 모든 베이킹을 할 때 팽창제와 함께 섞으면 훨씬 촉촉하고 부드러운 질감을 구현할 수 있다.

참고 이 장의 모든 버터밀크 레시피는 일관성을 위해 저온 살균 처리를 거친 배양 버터밀크로 테스트한 것이다.

SWEET SPOONBREAD SOUFFLÉ

달콤한 스푼브레드 수플레

수플레는 아주 까탈스러운 작은 악마다. 아무런 운율도 이유도 없이 잘 부풀기도 하고 푹 꺼지기도 한다. 다음 레시피는 스푼브레드의 커스터드 같은 특징에 프랑스 전통 수플레의 머랭을 결합해서 성공률을 한층 높였다. 게다가 밀도도 조금 더 높다. 그래도 오븐에서 꺼내면 빨리 가라앉는 것은 마찬가지이니 꺼내어 신속하게 식탁에 가져가도록 하자. 나는 옥수수가 잘 익어 달콤해지는 여름에 즐겨 만든다. 슈거파우더나 캐러멜을 곁들여서 낸다.

분량 6~8인분

수플레 재료

옥수수 낟알 2컵(대, 약 3개 분량)

흰자와 노른자를 분리한 달걀 5개(대) 분량

무염 버터 4큰술

버터밀크 1컵

우유(전지유) 2컵

바닐라 익스트랙 1작은술

노란 옥수수 가루 1컵

시나몬 가루 1/2작은술

설탕 1/2컵과 2큰술

코셔 소금 1꼬집

장식용 슈거파우더 적당량

틀용 재료

부드러운 실온의 무염 버터 4큰술

설탕 1/2컵

1. 오븐을 200℃로 예열한다. 110~140g 용량 수플레 틀 6~8개(급하면 오븐용 커피잔을 사용해도 좋다) 안쪽에 버터를 넉넉히 바른다. 버터를 바른 틀 하나에 설탕을 한 줌 넣고 돌려가면서 바닥과 측면에 골고루 묻힌다. 남은 설탕을 다음 틀에 톡톡 두드려서 털어 넣고 나머지 틀에도 필요하면 설탕을 더 추가하면서 같은 방식으로 설탕을 묻힌다. 구울 준비가 될 때까지 틀을 냉장고에 넣어 보관한다.

2. 이제 수플레를 만들자. 중형 볼에 옥수수 가루와 버터밀크를 넣고 잘 섞은 다음 따로 둔다.

3. 대형 소테 팬에 버터를 넣고 중강 불에 올려서 녹인다. 옥수수 낟알을 넣고 부드러워질 때까지 4~5분간 볶는다. 우유와 설탕 2큰술, 바닐라, 시나몬, 소금을 넣고 한소끔 끓인 다음 5분간 뭉근하게 익힌다.

4. 옥수수 혼합물을 믹서에 넣고 강 모드로 돌려 퓌레를 만든다. 볼에 옮겨 담고 앞서 만들어둔 옥수수 가루 혼합물을 넣어서 잘 섞은 다음 실온에서 식힌다.

5. 식은 옥수수 혼합물에 달걀노른자를 넣고 골고루 섞는다.

6. 거품기 도구를 장착한 스탠드 믹서 또는 수동 전기 거품기를 준비하고 볼에 달걀흰자를 넣어서 부드러운 뿔이 설 때까지 섞는다. 남은 설탕 1/2컵을 천천히 넣으면서 단단하게 뿔이 설 때까지 계속 섞는다. 이것이 머랭이다. 옥수수 혼합물에 머랭을 넣고 스패출러로 살살 접듯이 섞는다. 완전히 고르게 섞이지 않고 줄무늬가 좀 생기더라도 괜찮다.

7. 반죽을 준비한 틀에 거의 가장자리까지 완전히 채운다. 틀을 베이킹 시트에 올리고 오븐에서 윗부분이 노릇노릇해지고 부풀어 오를 때까지 35분간 굽는다. 슈거파우더를 뿌려서 바로 낸다.

CORNBREAD-SORGHUM MILKSHAKE

(OR, "BREAKFAST")

콘브레드 단수수 밀크셰이크
(또는 '아침 식사')

이것은 사실 디저트라고 할 수도 없다. 계량을 할 필요도 규칙도 없는, 대충 빨리 만들 수 있는 레시피다. 한 친구는 이게 바로 진정한 남부 음식이라고 했을 정도다. 그 말을 믿으려면 직접 만들어보는 수밖에 없었다. 그리고 세상에, 진짜로 맛있었다. 여기 들어가는 콘브레드는 오래되어 잘 부스러지는 상태여야 한다. 여기서는 버터밀크 아이스크림을 추천하지만 나는 딸기 아이스크림, 커피 아이스크림으로도 만들어본 적이 있다.

긴 밤을 보낸 후 아침에 쭉 들이켜보자.

분량 배고픈 정도에 따라 2~4인분

버터밀크 아이스크림(274쪽) 또는
기타 아이스크림 2스쿱(대)

단수수 시럽 2큰술

라르도 콘브레드(224쪽)에서 남은
크럼블 한 주먹

믹서에 아이스크림과 콘브레드 크럼블을 넣고 대충 적당히 섞일 때까지 짧은 간격으로 여러 번 돌린다. 단수수 시럽을 넣고 몇 번 더 돌린 뒤 대형 머그잔이나 메이슨 병에 담아서 낸다.

이 밀크쉐이크를 여러 번 만들어 마셔보고 어느 정도의 단맛이 본인의 취향인지 확인해보자. 더 달콤하게 만들고 싶으면 단수수 시럽을 추가하면 된다.

단수수

단수수는 키가 큰 사탕수수 줄기처럼 생긴 단수수 식물에서 추출한 것이다. 동물 사료에서 에탄올 생산에 이르기까지 온갖 용도로 사용하는 곡물 수수와는 다르다. 단수수는 사탕수수처럼 묵직한 롤러 두 개로 줄기를 압착해 즙을 낸다. 그리고 즙이 끈적끈적한 호박색 시럽처럼 변할 때까지 천천히 끓인 다음 식혀서 병에 담는다. 꿀과 메이플 시럽 중간 정도의 색을 띠고 등급과 종류가 매우 다양하다.

켄터키의 농부들은 여러 세대에 걸쳐서 단수수를 재배해왔다. 그리고 대니 레이 타운센드Danny Ray Townsend는 전국 단수수 생산자 및 가공업자 협회의 내셔널 챔피언 상을 두 번이나 수상한 수수 생산자들 사이의 록 스타다. 그의 농장은 켄터키 주 윈체스터 근처인데 공교롭게도 내가 좋아하는 씹는 담배를 만드는 곳이기도 하다. 나는 최근에 본인이 운영하는 버번 배럴 푸드(295쪽 구입처 참조) 라벨을 달고 대니 레이의 단수수 시럽을 판매하는 맷 제이미와 함께 대니 레이를 만나러 여행을

다녀왔다. 대니 레이는 단수수 줄기를 잘라서 정확히 어느 부분에서 달콤한 즙이 나오는지 보여주었다. 그리고 사람들에게 옛날에는 어떤 방식으로 작업을 했는지 알려주기 위해 보관하고 있는 구식 용광로와 노새를 보여주었다. 그와 그의 가족이 여러 세대에 걸쳐 평생을 바쳐 온, 잘 알려지지 않은 작물에 대해 너무나도 유창하게 이야기하는 모습을 보면 인내와 헌신에 대한 교훈을 얻게 되었다. 나는 팬케이크에서 차, 밀크셰이크에 이르기까지 모든 요리에 대니 레이의 단수수 시럽을 사용한다. 대니 레이와 같은 사람들이 단수수를 생산하는 한 나는 계속해서 이 시럽을 마실 것이다.

COCONUT RICE PUDDING BRÛLÉE

코코넛 라이스 푸딩 브륄레

라이스 푸딩은 내가 뉴욕에서 일했던 식당에서 인기가 많은 디저트였다. 하지만 그 푸딩은 뭐랄까 좀 끔찍했다. 질감은 묵직하고 전분기가 넘쳤으며 조금만 들이마셔도 기침을 유발하는 먼지투성이 시나몬 가루가 그나마 유일한 위안거리였다. 나는 그래도 라이스 푸딩을 포기하지 않았다. 내 레시피는 훨씬 이국적이고, 윗면을 캐러멜화해서 훨씬 우아하게 마무리한다. 코코넛 밀크는 우유보다 지방 함량이 높기 때문에 나는 보통 예쁜 라메킨에 조금씩 담아서 낸다. 이 진한 디저트에는 린데만스의 프람보아즈 람빅Framboise Lambic이 딱 어울린다.

분량 6인분

라이스 푸딩 재료

장립종 쌀(백미, 설명 참조) 1/2컵

반으로 길게 가른 바닐라 빈 1개 분량

팔각 1개

헤비 크림 1/2컵

우유(전지유) 2와 1/2컵

무가당 코코넛 밀크 2와 1/4컵

버터밀크 1/2컵

설탕 1컵

황설탕 2큰술

장식용 재료

라즈베리 18개

생 바질 잎(타이 바질 추천)

1. 푸딩을 만든다. 묵직한 냄비에 쌀과 우유, 크림, 코코넛 밀크, 바닐라 빈, 팔각, 설탕을 넣고 약한 불에 올려서 뭉근하게 한소끔 끓인 뒤 가끔씩 휘저어가며 쌀이 부드러워질 때까지 55분에서 1시간 10분간 뭉근하게 익힌다. 볼에 옮겨 담고 실온에서 1시간 정도 식힌다. 식으면서 더 걸쭉해질 것이다.

2. 바닐라 빈과 팔각을 건져서 버린다. 푸딩에 버터밀크를 넣고 나무 주걱으로 천천히 잘 섞는다. 지름 10cm 크기의 라메킨 6개에 나누어 담고 냉장고에서 최소 2시간, 최대 하룻밤 동안 차갑게 식힌다.

3. 라이스 푸딩에 각각 황설탕 1작은술씩을 뿌리고 토치로 천천히 설탕을 녹여 짙은 캐러멜색이 되도록 한다. 살짝 한 김 식히면 설탕층이 더욱 단단해진다.

4. 푸딩에 라즈베리 3개와 바질 잎 약간씩을 얹어서 장식한 다음 낸다. (바로 내지 않으면 설탕층이 수분을 흡수해서 바삭함을 잃는다.)

나는 이 레시피에 스시용 쌀을 사용한다. 리소토용 아르보리오 쌀을 써도 좋지만 그러면 조리 시간이 조금 더 길어진다.

푸딩을 브륄레할 때는 브로일러를 사용해도 좋다. 그럴 때는 반드시 오븐 조리가 가능한 라메킨을 사용해야 한다. 베이킹 시트에 라메킨을 올리고 설탕을 뿌린 다음 브로일러의 열원 바로 아래에 놓는다. 설탕은 순식간에 타버릴 수 있으니 잘 지켜봐야 한다. 대부분의 브로일러를 사용할 때는 팬의 위치를 40초마다 돌려줘야 한다. 그러면 시간은 오래 걸려도 고르게 익고 잘 타지 않는다.

음악가

조니 베리[Johnny Berry]는 실제 홍키통크(컨트리 음악의 한 종류 - 옮긴이) 컨트리 음악가로 그의 밴드인 아웃라이어와 함께 컨트리 음악이 덜 화려하고, 더 투박했던 시절을 회상하게 만드는 복음과 같은 노래로 전국 각지의 무대를 뜨겁게 달구고 있다. 그의 라이브 쇼는 업템포의 후크와 사람들이 벌떡 일어나서 춤을 추고 싶어지게 만드는 가사로 이루어진 한 편의 마라톤과 같다. 어느 날 밤, 그와 함께 늦게까지 루이빌에서 좋은 셔츠를 살 수 있는 곳(레더헤드Leatherhead)과 좋은 맥주를 마실 수 있는 곳(홀리 그레일Holy Grale)에 대해 이야기하던 중 나는 그가 요리하는 걸 얼마나 좋아하는지 알게 되었다. 그는 내가 음악을 좋아하는 것만큼이나 요리하는 것을 좋아한다. 그리고 우리의 길들이 서로 교차될 때면 언제나 즐거운 시간이 펼쳐지곤 한다.

"나에게 요리와 음악 작업은 순간을 포착하고 싶다는 점에서 완전히 동일한 존재입니다. 밖을 내다봤는데 정원에서 잘 익어가는 토마토가 눈에 들어오면 그릴에 올리고, 맛이 농축될 때까지 한참 동안 그대로 둬서 불필요한 수분을 완전히 빼서 토마토의 본질만 남도록 해요. 곡을 쓰는 것도 그와 다르지 않지요. 내 삶에서 일어나는 모든 일에서 영감을 받을 수 있어요. 길을 걷다가도 무언가를 보고 어떤 깨달음을 얻기도 해요. 그 모든 생각과 단어들이 머릿속에 들어오죠. 그러면 이것들을 풍미가 가득해질 때까지 요리하는 거예요. 그 외의 쓸데없는 모든 것을 배제하면서요."

—조니 베리,
조니 베리와 아웃라이어 멤버

구입처

내 식료품 저장실에는 많은 재료가 있는데 그중 일부는 쉽게 구할 수 없는 것들이다. 만들고 싶은 레시피를 찾았는데 내가 사는 도시에서는 구할 수 없는 재료가 들어간다는 사실을 깨닫는 것보다 더 안 좋은 일은 없다는 것을 나도 정말 잘 알고 있다. 나는 한국산 재료를 많이 사용하지만 이 책의 어떤 레시피에도 사용하지 않은 한 가지 재료가 있는데, 인기 높은 한국의 고추 페이스트인 고추장이다. 이걸 제외한 것이 이상하게 느껴질 수 있지만, 사실 고추장은 실제로 한국 식료품점이 없는 동네에서는 쉽게 구할 수 없다. (또한 고추장은 양념으로 많이 사용하기 때문에 곁들이는 소스가 아니라 고추 자체를 하나의 풍미로 첨가하는 레시피를 소개하고자 했다.) 그 외의 나머지 재료는 아래의 구입처 목록에서 찾아볼 수 있다. 그리고 공들인 인터넷 검색의 힘을 과소평가하지 말자.

베이컨

벤튼스 스모키 마운틴 컨트리 햄
2603 Highway 411 North Madisonville, TN 37354-6356
전화번호: 423-442-5003
www.bentonscountryhams2.com

비터스
피 브라더스 오렌지 비터스

피 브라더스
453 Portland Avenue Rochester, NY 14605
전화번호: 800-961-FEES 또는 585-544-9530
www.feebrothers.com

리건스 오렌지 비터스

버팔로 트레이스 증류소
113 Great Buffalo Trace Frankfort, KY 40601
Tel: 800-654-8471 또는 502-696-5926

무쇠 팬

롯지 제조 회사
전화번호: 423-837-7181
www.lodgemfg.com

치즈
염소 치즈

카프리올 염소 치즈
10329 New Cut Road Greenville, IN 47124
전화번호: 812-923-9408
www.capriolegoatcheese.com

양젖 치즈

에버로나 데어리
23246 Clarks Mountain Road Rapidan, VA 22733
전화번호: 540-854-4159
www.everonadairy.com

피시 소스

레드 보트 피시 소스
전화번호: 925-858-0508
www.redboatfishsauce.com

그리츠

앤슨 밀스
1922-C Gervais Street Columbia, SC 29201
전화번호: 803-467-4122
www.ansonmills.com

햄

브라우닝스 컨트리 햄
475 Sherman Newton Road Dry Ridge, KY 41035
전화번호: 859-948-4HAM
www.browningscountryham.com

콜 빌 뉴섬스 숙성 켄터키 컨트리 햄
Newsom's Old Mill Store 208 East Main Street Princeton, KY 42445
전화번호: 270-365-2482
www.newsomscountryham.com

다르타냥
전화번호: 800-327-8246
www.dartagnan.com
타소 햄 구입

파더스 컨트리 햄
6313 KY 81
Bremen, KY 42325
전화번호: 270-525-3554
www.fatherscountryhams.com

핀치빌 농장
5157 Taylorsville Road Finchville, KY 40022
전화번호: 800-678-1521 또는 502-834-7952
www.finchvillefarms.com

더 허니베이크드 햄 컴퍼니
전화번호: 866-492-HAMS
www.honeybakedham.com
미 전역에 400개 이상의 점포 운영

펜 컨트리 햄
P.O. Box 88
Mannsville, KY 42758
전화번호: 800-883-6984 또는 270-465-5065
켄터키 주 내 고급 식료품점 또는 배달 주문 가능

스콧 햄
1301 Scott Road Greenville, KY 42345
전화번호: 800-318-1353 또는 270-338-3402
www.scotthams.com

메이플 시럽
블리스의 버번 나무통 숙성 퓨어 메이플 시럽

www.blisgourmet.com
서 라 테이블: www.surlatable.com
윌리엄 소노마: www.williams-sonoma.com

마요네즈

듀크
전화번호: 800-688-5676
www.dukesmayo.com

굴

래퍼해녁 리버 오이스터 LLC
전화번호: 804-204-1709
www.rroysters.com

프레츨 소금
www.nuts.com

쌀

캐롤라이나 쌀
전화번호: 800-226-9522
www.carolinarice.com
대부분의 슈퍼마켓에서 구입할 수 있으며 자사 웹사이트 및
기타 온라인 소매업체에서 대량 구입 가능

코쿠호 로즈 라이스

코다 농장
22540 Russell Avenue South Dos Palos, CA 93665
전화번호: 209-392-2191
www.kodafarms.com

단수수
버번 배럴 퓨어 단수수 시럽

버번 배럴 푸드
전화번호: 502-333-6103
www.bourbonbarrelfoods.com

간장
블루그래스 소이 소스

버번 배럴 푸드
전화번호: 502-333-6103
www.bourbonbarrelfoods.com

스푼빌 캐비아

슉맨스 피쉬 컴퍼니 앤 스모커리

3001 West Main Street Louisville, KY 40212

전화번호: 502-775-6487

www.kysmokedfish.com

타미콘 타마린드 농축액

대부분의 인도 마켓에서 구입 가능

기타 추천 제품

프레드 프로벤자의 DVD

서부 민속 생활 센터
https://www.westernfolklife.org/

르 크루제 더치 오븐

cookware.lecreuset.com
www.chefsresource.com 및 주요 백화점에서 구매 가능

남부 푸드웨이 연합

www.southernfoodways.org

감사의 말

이 책이 나올 수 있기까지는 정말 많은 사람의 도움이 있었다. 그들 모두에게 진심으로 감사를 전한다!

언더독의 챔피언인 프란신에게

나를 존경하는 아티산의 가족으로 환영하고 받아들여준 앤 브램슨에게

정확성과 무한한 노력을 보여준 주디 프레이에게, 족발을 더 먹게 해주길.

지혜와 정직함을 보여준 킴 위더스푼과 우리를 서로에게 소개해준 마리아에게

재능과 인내심, 환호, 그리고 레벨 옐 버번을 선사해준 그랜트에게

지칠 줄 모르는 헌신과 유머를 보여준 디미티에게, 클레이는 영원하다!

'나의 켄터키'를 카메라에 담아준 마이크 앤더슨에게

내 첫 에세이를 출판해준 다라에게

사려 깊은 의견을 들려주고 예이츠가 관련성이 높은 이유를 상기시켜준 딘에게

나를 록 스타처럼(사실은 그렇지 않은데) 대해준 메리 W.에게

아무도 나를 믿지 않았을 때도 나를 믿어준 에디와 샤론에게

끝없는 지원과 수많은 와인을 준 브룩에게

돌아가셔서 이제는 천국에 계신 할머니에게

나에게 그 모든 어린 시절을 주신 부모님에게

성장하는 중의 매일을 모험으로 만들어준 누나 줄리에게

더없이 멋진 저스틴과 로라에게!

무한히 섬세한 노력으로 서비스를 성공으로 이끌어준 내 직원 닉, 케빈, 케일럽에게

민디와 로버트, 그리고 610의 모든 분들에게, 항상 빚을 지고 있어 이 고마움을 어떻게 말로 표현해야 할지요.

부지런한 레시피 테스트와 유머 감각을 보여준 케이 천과 수잔 응우옌에게

남부의 다정한 집에서 나를 환영해준 말도 안 되게 재능 있는 모든 셰프들에게

우리 모두를 하나로 만들어준 존 T.에게

나를 입양해준 루이빌에게

내 레스토랑에서 식사를 한 모든 분들에게

나와 술 한 잔을 나눴던 모든 분들에게

그리고 사랑은 무한하다는 것을 가르쳐준 내 아내 다이앤에게.

INDEX

SMOKE & PICKLES

스모크&피클스

초판 1쇄 인쇄 2024년 12월 20일
초판 1쇄 발행 2025년 1월 8일

지은이 에드워드 리
펴낸이 최순영

출판1 본부장 한수미
컬처 팀장 박혜미
편집 김수연
디자인 onmypaper

펴낸곳 ㈜위즈덤하우스 **출판등록** 2000년 5월 23일 제13-1071호
주소 서울특별시 마포구 양화로 19 합정오피스빌딩 17층
전화 02) 2179-5600 **홈페이지** www.wisdomhouse.co.kr

ⓒ 에드워드 리, 2025

ISBN 979-11-7171-343-1 13590

· 이 책의 전부 또는 일부 내용을 재사용하려면 반드시 사전에 저작권자와
  ㈜위즈덤하우스의 동의를 받아야 합니다.
· 인쇄·제작 및 유통상의 파본 도서는 구입하신 서점에서 바꿔드립니다.
· 책값은 뒤표지에 있습니다.

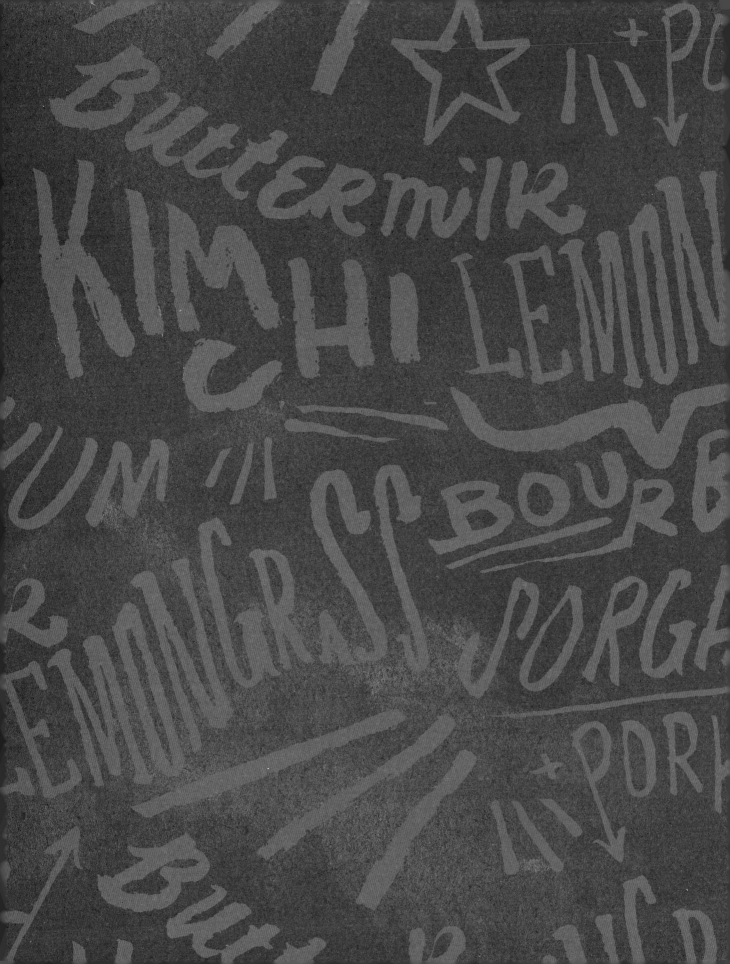